全国高等教育自学考试指定教材

软件工程

（2024年版）

（含：软件工程自学考试大纲）

全国高等教育自学考试指导委员会　组编

张琼声　编著

机械工业出版社

本书根据全国高等教育自学考试指导委员会最新制定的《软件工程自学考试大纲》，为参加高等教育自学考试的考生编写。编写过程中，参考了大量国内外的经典教材、资料，结合了作者讲授该课程的经验及教案，重点突出、知识脉络清晰，符合自学考试教材的要求。全书共七章，首先介绍了软件工程的基本概念和软件开发的基本过程、步骤；然后，依次阐述了面向过程的结构化软件开发方法；结合采用统一建模语言（UML）的案例阐述了面向对象的软件开发方法；移动应用开发的特殊性及开发过程；软件测试的基本方法与步骤；软件的可维护性及软件维护方法；软件项目的风险管理、成本管理及进度管理。

本书适合参加自学考试的考生阅读，也可作为相关专业“软件工程”课程的教材。

本书配有项目案例、习题解答等教辅资源，需要的读者可登录 www.cmpedu.com 免费注册，审核通过后下载，或扫描关注机械工业出版社计算机分社官方微信订阅号——身边的信息学，回复 76278 即可获取本书配套资源链接。

图书在版编目（CIP）数据

软件工程：2024 年版/全国高等教育自学考试指导委员会组编；张琼声编著. -- 北京：机械工业出版社，2024. 8（2025. 5 重印）. --（全国高等教育自学考试指定教材）.

ISBN 978-7-111-76278-2

Ⅰ. TP311. 5

中国国家版本馆 CIP 数据核字第 20240GQ385 号

机械工业出版社（北京市百万庄大街 22 号　邮政编码 100037）

策划编辑：王　斌　　责任编辑：王　斌　解　芳

责任校对：龚思文　丁梦卓　闫　焱　　责任印制：张　博

固安县铭成印刷有限公司印刷

2025 年 5 月第 1 版第 3 次印刷

184mm×260mm · 14. 25 印张 · 351 千字

标准书号：ISBN 978-7-111-76278-2

定价：55. 00 元

电话服务　　网络服务

客服电话：010-88361066　　机　工　官　网：www. cmpbook. com

010-88379833　　机　工　官　博：weibo. com/cmp1952

010-68326294　　金　书　网：www. golden-book. com

封底无防伪标均为盗版　　机工教育服务网：www. cmpedu. com

组 编 前 言

21 世纪是一个变幻难测的世纪，是一个催人奋进的时代。科学技术飞速发展，知识更替日新月异。希望、困惑、机遇、挑战，随时随地都有可能出现在每一个社会成员的生活之中。抓住机遇，寻求发展，迎接挑战，适应变化的制胜法宝就是学习——依靠自己学习、终生学习。

作为我国高等教育组成部分的自学考试，其职责就是在高等教育这个水平上倡导自学、鼓励自学、帮助自学、推动自学，为每一个自学者铺就成才之路。组织编写供读者学习的教材就是履行这个职责的重要环节。毫无疑问，这种教材应当适合自学，应当有利于学习者掌握和了解新知识、新信息，有利于学习者增强创新意识，培养实践能力，形成自学能力，也有利于学习者学以致用，解决实际工作中所遇到的问题。具有如此特点的书，我们虽然沿用了“教材”这个概念，但它与那种仅供教师讲、学生听，教师不讲、学生不懂，以“教”为中心的教科书相比，已经在内容安排、编写体例、行文风格等方面都大不相同了。希望读者对此有所了解，以便从一开始就树立起依靠自己学习的坚定信念，不断探索适合自己的学习方法，充分利用自己已有的知识基础和实际工作经验，最大限度地发挥自己的潜能，达到学习的目标。

欢迎读者提出意见和建议。

祝每一位读者自学成功。

全国高等教育自学考试指导委员会

2023 年 12 月

目 录

全国高等教育自学考试

软件工程
自学考试大纲

全国高等教育自学考试指导委员会　制定

大 纲 前 言

为了适应社会主义现代化建设事业的需要，鼓励自学成才，我国在20世纪80年代初建立了高等教育自学考试制度。高等教育自学考试是个人自学、社会助学和国家考试相结合的一种高等教育形式。应考者通过规定的专业课程考试并经思想品德鉴定达到毕业要求的，可获得毕业证书、国家承认学历并按照规定享有与普通高等学校毕业生同等的有关待遇。经过40多年的发展，高等教育自学考试为国家培养造就了大批专门人才。

课程自学考试大纲是规范自学者学习范围、要求和考试标准的文件。它是按照专业考试计划的要求，具体指导个人自学、社会助学、国家考试及编写教材的依据。

为更新教育观念，深化教学内容方式、考试制度、质量评价制度改革，更好地提高自学考试人才培养的质量，全国高等教育自学考试指导委员会各专业委员会按照专业考试计划的要求，组织编写了课程自学考试大纲。

新编写的大纲，在层次上，本科参照一般普通高校本科水平，专科参照一般普通高校专科或高职院校的水平；在内容上，及时反映学科的发展变化以及自然科学和社会科学近年来研究的成果，以更好地指导应考者学习使用。

全国高等教育自学考试指导委员会

2023年12月

Ⅰ 课程性质与课程目标

一、课程性质和特点

软件工程是高等教育自学考试软件工程、计算机科学与技术等专业本科阶段的专业课。该课程的特点是内容跨学科，融合了管理学和计算机软件开发技术的内容，阐述如何用工程化的方法来组织、管理软件项目的开发过程，组织软件开发团队，保证软件开发的进度，控制软件产品的成本和风险，保证软件产品的质量。

二、课程目标

课程的目标是使考生作为软件开发的参与者能够从软件开发的全局选择软件开发的方法和技术，控制软件开发进度，学会管理个人软件开发的过程。对于大的软件项目，掌握软件开发的过程与步骤，能够利用软件工程的原理组织项目开发团队、管理项目开发的过程；能够针对不同的软件开发项目选择合适的软件过程模型（如敏捷开发模型、瀑布模型）和软件开发方法（结构化开发方法、面向对象的软件开发方法）；掌握软件测试和调试方法、工具；能够控制软件开发的进度，评估软件开发的风险和成本；掌握分阶段审查、确保软件质量的方法；认识软件维护的重要性，掌握软件维护的方法。

三、与相关课程的联系与区别

本课程不专门讲述任何一种方向的专业知识，却又需要考生具有一定的专业基础，尤其是考生至少需要有程序设计类课程（如 C 语言程序设计、C++程序设计、数据结构）的实践经验，对操作系统、编译原理、数据库相关内容有所了解（可以通过信息技术基础课程或专业课程学习），否则会难以理解课程的内容。该课程若不结合案例，考生难以理解各种经验、准则、原则、模型的深意，更难以在对其领会后应用在软件项目开发中。

四、课程的重点和难点

本课程的重点是理解软件开发项目活动的有序过程，对不同的软件项目，能够制订合理的工作计划，知道先做什么，后做什么以及怎么做。重点内容是软件工程过程模型；结构化开发方法；面向对象的开发方法；软件测试与调试技术；软件项目进度、成本、风险的控制；软件维护方法。难点是软件需求和设计的建模，即如何获得完备、准确的需求信息并用需求规格说明书对其进行准确的描述，如何设计软件的体系结构和算法、数据结构，并利用规范的图、表、文字将其全面、准确地描述出来。

Ⅱ 考核目标

本大纲在考核目标中，按照识记、领会、简单应用和综合应用四个层次规定其应达到的能力层次要求。四个能力层次是递升的关系，后者必须建立在前者的基础上。各能力层次的含义如下。

识记（Ⅰ）：要求考生能够识别和记忆本课程中有关软件工程的基本概念及工作步骤、相关准则、建模常用图标、计算公式、软件质量评价相关的指标等并能够根据考核的不同要求，做正确的表述、选择和判断。

领会（Ⅱ）：要求考生能够领悟和理解本课程中有关软件工程的过程模型、结构化开发方法、面向对象的软件开发方法、软件测试的常用技术及测试步骤、软件项目管理原则及方法等。

简单应用（Ⅲ）：要求考生能够根据已知的条件和要求，对简单的问题进行求解；能画出需求、设计阶段建模需要的各种图、表；能设计简单的测试用例；能对软件开发的进度和风险、成本进行简单的定量或定性评估。

综合应用（Ⅳ）：要求考生能够针对给出的业务描述，建立需求模型，画出规范的需求建模中常用的图、表；针对给出的软件需求描述，设计合理的软件体系结构以及详细设计方案；能够分别用结构化方法和面向对象的方法建立软件设计模型；能够针对软件的特点和问题要求设计不同的软件测试用例。

Ⅲ 课程内容与考核要求

第一章 软件工程概述

一、学习目的与要求

本章要求考生掌握软件、软件工程的含义和软件工程学科的范畴；掌握软件开发的一般性过程；掌握软件过程模型，理解每种模型适合的软件系统、每种模型的主要工作步骤；掌握敏捷开发的基本思想、开发过程及工具。

二、课程内容

1. 软件
2. 软件工程
3. 软件过程
4. 软件过程模型
5. 敏捷开发

三、考核知识点与考核要求

1. 软件

识记：软件的定义；软件的特点。

2. 软件工程

识记：软件工程的定义、软件工程的研究领域。

领会：软件危机面临的问题。

3. 软件过程

识记：软件过程的定义；软件过程模型的定义；软件过程包含的4种基本活动；需求分析阶段的目标；软件设计阶段的目标；软件设计的步骤；软件设计的任务；软件实现阶段的任务。

4. 软件过程模型

领会：瀑布模型将软件过程划分哪几个阶段，每个阶段的任务，瀑布模型存在的问题；原型模型的软件开发过程，原型模型存在的问题；螺旋模型的特点，按照螺旋模型进行软件开发的过程；统一过程模型，统一过程模型包括的5个工作阶段及每个阶段的工作内容。

5. 敏捷开发

领会：敏捷开发的基本思想、过程和工具；Scrum 模型和 XP 模型的软件开发过程；Scrum 模型的团队、冲刺会议；XP 模型的关键任务。

四、本章重点、难点

本章的重点是软件工程的定义、软件工程要解决的问题及各种软件过程模型。难点是敏捷开发的应用。

第二章　结构化软件开发方法

一、学习目的与要求

本章要求考生掌握软件需求分析的任务、遵循的原则和需求分析的步骤；掌握需求规格说明书的内容及各种图表的用途，能够掌握需求分析的方法；掌握软件设计的任务、步骤、基本方法、软件设计的基本策略、软件设计文档的内容与形式；掌握概要设计的方法和详细设计的任务、过程和表达方法。

二、课程内容

1. 软件需求分析
2. 软件设计
3. 结构化系统设计
4. 详细设计

三、考核知识点与考核要求

1. 软件需求分析

识记：需求分析的任务；需求分析应遵循的原则；需求分析的5个步骤；数据流图的符号；数据字典使用的符号；结构化分析的定义。

领会：需求规格说明书的主要内容；数据流图、数据字典、分层数据流图。

简单应用：数据流图的作用及画法；数据字典的作用、对不同类型数据的描述方法；结构化语言、判定表、判定树。

综合应用：进行结构化分析；画数据流图；对分层数据流图中的数据和加工进行说明。

2. 软件设计

识记：软件设计的基本步骤；软件设计的任务；概要设计阶段的工作内容；设计规范的制定。

领会：软件体系结构的总体设计需要完成的工作内容；处理方式的设计涉及的内容；详细设计过程中需要完成的3个主要任务；软件设计的基本策略；数据结构设计包括的内容；可靠性的含义；模块的概念、模块的基本属性、模块化带来的好处、模块的独立性；分解、信息隐藏、模块独立性；模块间的耦合、非直接耦合、数据耦合、标记耦合、控制耦合、外部耦合、公共耦合、内容耦合；巧合内聚、逻辑内聚、时间内聚、过程内聚、通信内聚、信息内聚；概要设计阶段文档的构成。

3. 结构化系统设计

识记：软件结构的典型形式；变换型系统的组成；事务型系统的特征与组成；SC图的

表示符号。

领会：变换型结构的基本模型；事务型结构的基本模型。

综合应用：用变换分析法画SC图、用事务分析法画SC图、对软件模块结构的改进。

4. 详细设计

识记：详细设计的目的与任务；程序流程图的常用标准符号。

领会：详细设计的原则；结构复杂性度量；环域复杂度；交叉点复杂度。

综合应用：程序流程图；N-S图；伪代码。

四、本章重点、难点

本章的重点是需求分析的任务、工作步骤、表达需求的工具、需求分析文档的内容；结构化设计的步骤、任务、原则和设计文档的内容；结构化设计中模块的独立性。

难点是利用数据流图、数据字典、数据结构图、判定树、判定表等工具描述需求分析的结果；利用SC描绘软件结构；利用程序流程图、N-S图、伪代码等工具描绘软件的详细设计。

第三章　面向对象的软件开发方法

一、学习目的与要求

本章要求考生掌握面向对象的基本概念、UML常用图的画法和用途；掌握面向对象分析的过程和建模方法，能使用活动图、用例图、时序图、类图、状态图描述系统需求；掌握面向对象的设计过程、设计准则、软件的体系结构；能够用体系结构图、包图、构件图、部署图、时序图、设计类图描述软件系统的设计模型；掌握构件设计的基本思想和用户界面的设计原则。

二、课程内容

1. 面向对象的基本概念
2. 统一建模语言
3. 面向对象的需求分析
4. 面向对象的设计

三、考核知识点与考核要求

1. 面向对象的基本概念

识记：对象、类、封装、继承、多态、重载。

2. 统一建模语言

识记：UML的定义和用途。

领会：用例图、时序图、协作图、类图、状态图、组件图、部署图的作用及画法。

3. 面向对象的需求分析

识记：面向对象分析的任务；面向对象分析常用的5种图；活动图的作用与图标；用例

图的作用与规范；对象模型中的实体类、边界类、控制类；类的组成；类图的作用与规范；类中的属性和操作；类关系的图标；时序图的作用；状态图的作用与规范。

领会：基于用例实现的面向对象的建模步骤；对用例图的描述；类之间的关系：关联关系、泛化关系、整体-部分关系、依赖关系、多重性；类的筛选；时序图中的对象、消息、生命线、活动棒；状态图建模。

综合应用：确定系统的范围，建立系统的上下文模型；进行业务分析得到描述业务的活动图；根据活动图及与业务人员的沟通得到描述系统功能的用例图；通过识别类、对象、属性、操作与关联建立系统的分析类图；通过画时序图描述系统的交互过程和操作的顺序关系；建立动态模型的状态图，描述事件在不同用例之间的迁移，进一步描述系统的业务逻辑。

4. 面向对象的设计

识记：面向对象设计的任务；面向对象软件设计需要完成的工作；面向对象软件设计的基本步骤；包图的作用与规范；构件的定义与构件图规范；部署图的作用与规范；构件级设计主要关注的问题；构件级设计的基础；用户界面设计的黄金规则。

领会：面向对象软件设计的准则；模块化、抽象、信息隐藏、低耦合、高内聚、可重用；分层体系结构；三层架构；MVC 模式；MVC 模式的优点；MVC 模式的 Web 应用体系结构；构件级设计的重要性。

综合应用：用包图描述子系统；设计构件；画出基于实体类的构件图；设计系统的物理体系结构并用部署图对其进行描述；通过构件级设计，根据分析类图、时序图，经过设计过程确定每个设计类的属性和操作，通过反复迭代得到系统的设计类图。

四、本章重点、难点

本章的重点是面向对象的基本概念，UML 的常用图，面向对象需求分析的任务、工作步骤，表达需求的工具，需求分析模型的建立（用例图、分析类图、时序图、状态图）；面向对象设计的任务、方法和系统的设计模型。

难点是根据业务逻辑建立面向对象的需求模型，根据需求模型建立软件的设计模型（包图、构件图、部署图、设计类图）。

第四章　移动应用的设计与测试

一、学习目的与要求

本章要求考生了解移动应用的特点；掌握移动应用开发的 5 个迭代阶段；理解将敏捷开发与 5 个迭代阶段相结合的方法，并能够将这种方法应用到实际系统的开发中；理解移动应用界面设计需要特别注意的问题和用于界面设计的 3 种模型、移动计算环境的层次结构、环境感知的含义；掌握 WebApp 设计的内容、设计的基本思想及一些基本的方法；掌握移动应用测试要完成的工作内容及测试方法。

二、课程内容

1. 移动应用的特点
2. 移动应用开发的软件过程
3. 移动计算环境与环境感知 App
4. WebApp 设计
5. 移动软件的测试

三、考核知识点与考核要求

1. 移动应用的特点

识记：移动应用具有的 3 个特点。

领会：移动应用强调用户体验；需求及环境复杂；技术难度高；移动应用开发需要解决的技术难题。

2. 移动应用开发的软件过程

识记：移动应用采用敏捷开发模型；移动应用开发的 5 个迭代阶段。

领会：移动应用界面设计需要考虑的问题；用于移动应用的界面设计的 3 种模型；3 种设计移动应用程序的方法；在移动应用的设计中应该尽量避免的问题。

3. 移动计算环境和环境感知 App

识记：云计算的 3 层体系结构。

4. WebApp 设计

识记：保证 WebApp 质量的必要步骤；WebApp 设计的内容；WebApp 界面的目标；导航语义单元；导航元素；WebApp 构件。

领会：美学设计的参考原则；内容设计的任务；内容体系结构；WebApp 体系结构；MVC 体系结构的视图、控制器、模型部分的功能；导航设计的内容和方法；WebApp 构件设计；影响移动 App 质量的 6 个重要因素。

5. 移动软件的测试

识记：移动软件测试的目标；与用户体验相关的测试内容；WebApp 内容测试的 3 个目标；导航测试的内容；压力测试的内容；负载测试的内容。

领会：移动 App 测试应遵循的准则及策略；手势测试；虚拟键盘输入；语音输入和识别；警报和异常条件；Web 测试的内容和策略；内容测试方法；界面测试的策略和界面测试工作的内容；导航测试的方法；安全性测试的目的；解决安全性问题的技术；性能测试的目的；影响性能的因素；压力测试方法；负载测试方法；实时测试的必要性和进行实时测试的方法；人工智能测试中的静态测试、动态测试、基于模型的测试；基于模型的测试步骤；虚拟环境测试的内容及方法；α 测试与 β 测试；文档测试的两个阶段；文档测试可使用的测试技术。

四、本章重点、难点

本章的重点是移动应用（包括 WebApp）的特点、移动应用设计的内容及方法、移动应用的测试内容及技术。难点是基于构件的移动应用的建模。

第五章 软件测试

一、学习目的与要求

本章要求考生掌握软件测试的目的和测试的基本步骤；掌握软件单元测试、组装测试、确认测试、系统测试的目的、方法；动态测试的黑盒法和白盒法以及黑盒法和白盒法测试用例的设计方法；掌握穷举测试法、边界值分析方法；理解静态测试的内容、方法；掌握程序调试的方法和原则；了解软件测试工具。

二、课程内容

1. 软件测试概述
2. 软件测试的方法与技术
3. 单元测试
4. 组装测试
5. 确认测试
6. 静态测试
7. 调试技术
8. 软件测试工具

三、考核知识点与考核要求

1. 软件测试概述

识记：软件测试的定义；软件测试的步骤；软件测试的对象。

领会：软件测试的目标；软件测试工作应遵循的原则。

2. 软件测试的方法与技术

识记：黑盒测试原理；等价类；白盒测试原理；穷举测试的定义；选择测试的定义；边界值测试的目的。

领会：设计黑盒法测试用例的步骤；边界值分析方法选择测试用例的原则。

简单应用：黑盒测试中的等价类划分、测试用例的设计；白盒测试的语句覆盖、判定覆盖、条件覆盖、条件组合覆盖、判定-条件覆盖、路径覆盖技术的测试用例的设计；边界值分析方法测试用例的设计。

3. 单元测试

识记：单元测试的定义；单元测试的步骤；单元测试 5 个方面的内容；驱动模块；桩模块。

领会：模块接口测试；局部数据结构测试；路径测试；错误处理测试；边界测试。

4. 组装测试

识记：组装测试的 4 种组装方式。

领会：自顶向下组装测试的步骤；自顶向下组装测试的评价；自底向上组装测试的步骤；自底向上组装测试的评价；组装测试计划时应考虑的问题；组装测试完成的标志。

5. 确认测试

识记：确认测试的任务；软件配置复审的目的。

领会：确认测试阶段需要完成的工作及步骤；有效性测试的任务；系统测试的任务；软件测试的种类及其适用阶段。

6. 静态测试

识记：程序静态分析的几种方法；静态错误分析的工作内容。

领会：在程序的静态分析中使用各种引用表；错误分析的变量类型分析、引用分析、表达式分析、接口分析；人工测试的桌前检查、代码评审和走查。

7. 调试技术

识记：程序调试的任务；调试活动的组成；调试可采用的方法。

领会：程序调试的步骤；强行排错的方法；回溯法排错的基本方法；归纳法排错的步骤；演绎法排错的主要步骤；确定错误性质与位置的原则；修改错误的原则。

8. 软件测试工具

识记：静态分析工具的组成；测试数据自动生成工具的分类；动态测试工具按功能的分类。

领会：静态分析工具的功能；测试覆盖监视程序的工作过程；动态断言处理程序的工作过程；符号执行结果的两个用途；测试结果分析程序的功能；模块测试台的功能；集成测试环境的构成和作用。

四、本章重点、难点

本章的重点是软件测试的目标、对象、步骤；软件测试的黑盒法、白盒法、穷举测试法、选择测试法、边界值分析法；软件组装测试的方法；软件的调试方法；静态测试和动态测试方法。

难点是根据具体问题选择合适的测试方法，设计黑盒法、白盒法、边界值分析、选择测试的测试用例。

第六章　软 件 维 护

一、学习目的与要求

本章要求考生掌握软件维护的定义、分类、引起软件维护的原因、影响软件工作量的因素及软件维护成本的评估。掌握软件维护工作的基本步骤和工作流程，理解软件的可维护性及评价软件可维护性的指标，掌握提高软件可维护性的技术，理解软件维护中修改程序应注意的问题及软件维护过程中文档的重要性和维护文档的必要性。

二、课程内容

1. 软件维护概述
2. 软件维护的过程
3. 软件的可维护性

4. 提高软件可维护性的方法

三、考核知识点与考核要求

1. 软件维护概述

识记：软件维护的定义；软件维护的原因；软件维护的分类。

领会：影响维护工作量的因素；改正性维护、适应性维护和完善性维护采取的不同策略；维护工作量的模型。

2. 软件维护的过程

识记：软件维护期间对程序进行修改的3个步骤。

领会：维护机构的组织及组织内的分工；维护申请报告的内容；软件维护工作的一般步骤；维护档案记录；维护性能方面的度量值；分析理解程序必须完成的工作和所采取的方法；程序修改计划的内容及程序修改的方法；修改程序时应遵循的要求；重新验证程序的方法；修改代码的副作用；数据的副作用；文档的副作用。

3. 软件的可维护性

识记：软件可维护性的定义；衡量软件可维护性的7个指标；可理解性的定义；可靠性的定义及度量可靠性的方法；可测试性的定义；可修改性的定义；可移植性的定义及可移植性好的程序具有的特点；效率的定义；可使用性的定义。

领会：可理解的程序应具备的主要特性；程序修改难度的估算公式；间接定量度量可维护性的方法中涉及的指标。

4. 提高软件可维护性的方法

识记：模块化的优点；好的文档的作用及意义；3种历史文档。

领会：提高软件质量的技术和工具；保证软件可维护性的3种软件审查；验收检查必须遵循的最小验收标准；选择易维护的程序设计语言；改进程序文档。

四、本章重点、难点

本章的重点是软件维护工作的机构、软件维护的步骤、软件可维护性的度量、提高软件可维护性的方法。难点是理解在软件开发各阶段如何考虑和采取提高软件可维护性的方法。

第七章　软件项目管理

一、学习目的与要求

本章要求考生掌握项目管理工作涉及的对象、软件项目的开发步骤、软件项目的特点以及软件项目管理涉及的工作。理解软件度量的基本概念，掌握面向规模、面向功能以及软件质量的度量内容和度量方法。理解风险评估的意义，掌握风险评估的内容和风险识别、风险估计、风险驾驭与监控的基本方法。掌握软件开发成本评估的基本方法、软件项目进度计划、表示和控制的基本方法。

二、课程内容

1. 软件项目管理概述

2. 软件项目中的度量
3. 软件项目的评估
4. 进度计划及管理

三、考核知识点与考核要求

1. 软件项目管理概述

识记：软件项目管理的对象；参与软件项目的5类相关人员；在确定软件范围的活动中，问题分解的两个主要方面；软件项目管理的工作内容；软件项目管理中存在的困难；软件管理的主要职能。

领会：规划软件工程团队结构时应该考虑的7个项目因素；软件范围；问题分解；影响软件过程模型选择的因素；项目管理中可能会遇到的问题；成功的软件项目和精心设计的过程模型中存在的特征。

2. 软件项目中的度量

识记：软件产品的直接度量；软件产品的间接度量；软件生产率的度量公式；软件质量的度量公式；软件成本的度量公式。

领会：软件度量的目的；面向规模的度量指标；面向规模的数据表格；面向功能的软件度量指标；功能点的计算；功能点度量的适用范围；软件正确性的度量；软件可维护性的度量；软件完整性的度量；软件可使用性的度量。

3. 软件项目的评估

识记：风险估计的4种活动；风险范围的含义；风险事件的含义；评价风险的三元组中每个指标的含义；风险管理的任务；风险监控的3个主要目标；软件开发成本的估算依据。

领会：项目风险包括的问题；技术风险包括的问题；商业风险包括的问题；风险识别的任务与方法；风险参照水准；风险评价的步骤；风险管理步骤；软件开发成本估算方法：自顶向下的估算方法、自底向上的估算方法、差别估算方法；软件开发成本估算模型：IBM模型、Putnam模型、COCOMO模型。

4. 进度计划及管理

领会：进度管理的重要性；项目团队与软件生产率的关系；根据软件进度计划确定可并行的任务；PERT和CPM为项目提供的定量工具；软件进度与质量之间的关系。

简单应用：用甘特图表示软件项目的进度；任务网络图；进度追踪的方式。

四、本章重点、难点

本章的重点是软件项目管理工作的主要内容、软件的度量、软件项目的风险评估和成本评估、软件项目的进度管理。难点是软件质量的评估、风险控制和进度管理。

Ⅳ　关于大纲的说明与考核实施要求

一、自学考试大纲的目的和作用

课程自学考试大纲是根据专业自学考试计划的要求，结合自学考试的特点而确定。其目的是对个人自学、社会助学和课程考试命题进行指导和规定。

课程自学考试大纲明确了课程学习的内容、深度及广度，规定了课程自学考试的范围和标准。因此，它是编写自学考试教材和辅导书的依据，是社会助学组织进行自学辅导的依据，是自学者学习教材、掌握课程内容知识范围和程度的依据，也是进行自学考试命题的依据。

二、课程自学考试大纲与教材的关系

课程自学考试大纲是进行学习和考核的依据，教材是学习掌握课程知识的基本内容与范围，教材的内容是大纲所规定的课程知识和内容的扩展与发挥。课程内容在教材中可以体现一定的深度或难度，但在大纲中对考核的要求一定要适当。

大纲与教材所体现的课程内容应基本一致；大纲里面的课程内容和考核知识点，教材里一般也要有。反过来，教材里有的内容在大纲中不一定会体现。（注：如果教材是推荐选用的，其中有的内容与大纲要求不一致的地方，应以大纲规定为准。）

三、关于自学教材

《软件工程》，全国高等教育自学考试指导委员会组编，张琼声编著，机械工业出版社出版，2024 年版。

四、关于自学要求和自学方法的指导

本大纲的课程基本要求是依据专业考试计划和专业培养目标而确定的。课程基本要求还明确了课程的基本内容，以及对基本内容掌握的程度。基本要求中的知识点构成了课程内容的主体部分。因此，课程基本内容掌握程度、课程考核知识点是高等教育自学考试考核的主要内容。

为有效地指导个人自学和社会助学，本大纲已指明了课程的重点和难点，在章节的基本要求中一般也指明了章节内容的重点和难点。

本课程共 5 学分，其中 2 学分为实践环节。

五、对考核内容的说明

本课程要求考生学习和掌握的知识点内容都作为考核的内容。课程中各章的内容均由若干知识点组成，在自学考试中成为考核知识点。因此，课程自学考试大纲中所规定的考试内容是以分解为考核知识点的方式给出的。由于各知识点在课程中的地位、作用以及知识自身的特点不同，自学考试将对各知识点分别按 3 个或 4 个认知层次确定其考核要求。

六、关于考试方式和试卷结构的说明

1. 本课程的考试方式为闭卷，笔试，满分 100 分，60 分及格。考试时间为 150 分钟。

2. 本课程在试卷中对不同能力层次要求的分数比例大致为：识记占 20%，领会占 30%，简单应用占 30%，综合应用占 20%。

3. 要合理安排试题的难易程度，试题的难度可分为易、较易、较难和难 4 个等级。必须注意试题的难易程度与能力层次有一定的联系，但两者不是等同的概念。在各个能力层次中对于不同的考生都存在着不同的难度。在大纲中要特别强调这个问题，应告诫考生切勿混淆。

4. 课程考试命题的主要题型一般为单项选择题、填空题、名词解释题、简答题、应用题等题型。

在命题工作中必须按照本课程大纲中所规定的题型命制，考试试卷使用的题型可以略少，但不能超出本课程对题型的规定。

V 题型举例

一、单项选择题

在每小题列出的备选项中只有一项是最符合题目要求的，请将其选出。下列关于用例图的叙述中，正确的是【 】。

A. 用例图用于描述系统的业务　　B. 用例图用于表示系统中类的构成

C. 用例图用于描述系统的功能　　D. 用例图用于表示系统的状态变化

二、填空题

类的定义包括一组数据属性和对这组数据的一组合法________。

三、名词解释题

对象

四、简答题

状态图的作用是什么？如何识别对象的状态空间？

五、应用题

1. 请为下列C语言程序设计语句覆盖测试的测试用例。

```
#include <stdio.h>
int main(){
    int A, B, X;
    X=1;
    scanf("%d%d%d",& A,& B);
    if(A > 1 && B == 0){
        X = X * 100;
    }
    if(A == 2 || B == 2){
        X = X + 1;
    }
    printf("X = %d\n", X);
    return 0;
}
```

2. 某企业简化后的会计核算系统的业务流程说明如下。

1）会计人员根据原始单据和已存在的会计科目数据，填写记账凭证，系统生成记账凭证数据。

2）系统对记账凭证数据进行分类汇总，生成总账数据。

3）系统根据总账数据打印会计报表。

请完成下列任务。

1）该会计核算系统的数据流程图中有哪几个数据处理功能？有哪几个数据存储？

2）请画出该会计核算系统的数据流程图。

Ⅵ 参考答案

一、单项选择题

C

二、填空题

操作

三、名词解释题

答案：对象是面向对象开发模式的基本成分，是由描述该对象属性的数据以及可以对这些数据施加的所有操作封装在一起构成的统一体。

四、简答题

答案：状态图为对象的各种状态提供了建模方式，可以对系统的动态功能进行建模。通过分析对象的生命周期识别对象的状态空间。

五、应用题

1. 答案：

输入（A，B）	期望值	覆盖语句
（2，0）	101	X = X ＊100 和 X = X + 1

2. 答案：

1）该会计核算系统的数据流程图中有填写记账凭证、分类汇总、打印会计报表共 3 个数据处理功能；有会计科目、记账凭证、总账数据、会计报表共 4 个数据存储。

2）数据流程图如下：

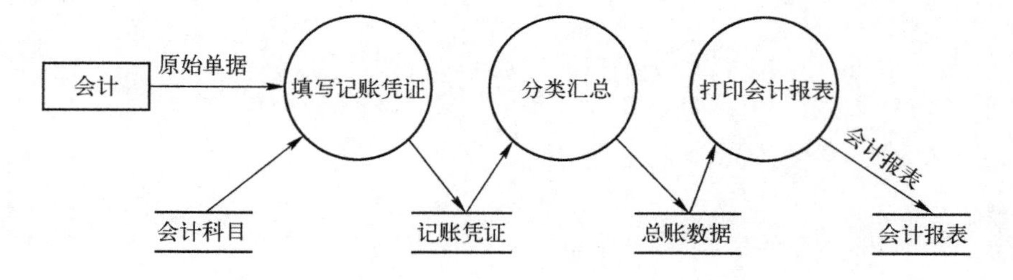

大纲后记

《软件工程自学考试大纲》是根据《高等教育自学考试专业基本规范（2021 年）》的要求，由全国高等教育自学考试指导委员会电子、电工与信息类专业委员会组织制定的。

全国高等教育自学考试指导委员会电子、电工与信息类专业委员会对本大纲组织审稿，根据审稿会意见由编者做了修改，最后由电子、电工与信息类专业委员会定稿。

本大纲由中国石油大学（华东）张琼声副教授编写；参加审稿并提出修改意见的有重庆邮电大学李伟生教授、上海交通大学姜丽红教授。

对参与本大纲编写和审稿的各位专家表示感谢。

全国高等教育自学考试指导委员会
电子、电工与信息类专业委员会
2023 年 12 月

全国高等教育自学考试指定教材

软件工程

全国高等教育自学考试指导委员会　组编

编 者 的 话

本书是根据全国高等教育自学考试指导委员会最新制定的《软件工程自学考试大纲》编写的自学考试教材。本书遵循考试大纲的要求，结合课程的学时、学分要求选编了七章内容，试图以简明的方式全面介绍软件工程学科的基本内容。

本书第一章介绍软件的定义、软件工程的定义、软件开发的一般过程以及软件过程的几种模型，包括瀑布模型、原型模型、螺旋模型、统一过程模型；重点介绍了适用于应用程序快速开发、演进的敏捷开发模型。第二章介绍结构化软件开发方法，包括软件需求分析、概要设计、详细设计、模块化设计。第三章介绍面向对象的基本概念、统一建模语言、面向对象的需求分析方法和建模过程；面向对象的软件设计步骤、准则、建模方法。第四章介绍移动应用的特殊性，结合移动应用的特殊性阐述开发移动应用的步骤、工作内容、相关技术。第五章介绍软件测试的目的、软件测试的基本方法和技术，阐述利用黑盒法和白盒法测试程序是否符合软件的功能和逻辑要求；介绍软件测试的一般步骤；说明软件单元测试、组装测试、确认测试、系统测试的目的、时机、内容、方法；说明软件测试的种类和使用时机；介绍程序的静态分析、软件调试技术和软件测试工具。第六章介绍软件维护的定义、软件维护的必要性、软件维护的策略，阐述如何组织软件维护工作，说明软件维护的工作流程、评价软件可维护性的指标、影响软件维护成本的因素。第七章重点介绍软件项目团队的组织、软件项目的风险评估及管理、软件项目的成本估算及软件项目的进度管理。

本书由中国石油大学（华东）张琼声副教授编写，赵梦田负责第二章内容的文字录入和图文审校及第三章中时序图、类图的生成；熊越完成了第一、四、五、六、七章的图和第二、三章部分图的绘制；郑子懿绘制了第二章的部分图；王川完成第五章测试用例的验证；刘文豪、张栋参与了部分图的改善；范志东对第三章图形的自动生成给予了帮助和建议；樊颖提供了电子资源中的需求与设计案例。特别感谢西安交通大学的李睿老师在本教材编写过程中，对有关新技术、新工具方面的问题提供了丰富的资料，就很多技术细节与编者进行了详细、深入的探讨，帮助校对和完善了教材的初稿，提出了保贵的建议。

本书虽力图给读者创造良好的阅读体验，但因作者水平有限，仍存在诸多遗憾，书中存在的不当和错误，敬请读者批评指正。

编 者

第一章 软件工程概述

学习目标：

1. 掌握软件、软件工程的含义和软件工程学科的范畴。

2. 掌握软件开发的一般性过程。

3. 掌握软件过程的生命周期模型，包括瀑布模型、原型模型、螺旋模型、统一过程模型。理解每种模型适合的软件系统、模型的主要工作步骤。

4. 掌握敏捷开发的基本思想、开发过程及工具。

教师导读：

1. 考生重点理解什么是软件和软件工程、软件工程课程的学习目标、软件开发的一般性过程。

2. 学习了本章内容后，考生应能了解针对不同的软件系统可以采用不同的软件过程模型（生命周期模型）。

3. 学习了本章内容后，考生应能了解软件工程课程知识的基本框架和知识体系，为后续内容的学习打好基础。

本章介绍软件的定义、软件工程的定义、软件开发的一般过程以及软件过程的几种模型，包括瀑布模型、原型模型、螺旋模型、统一过程模型。重点介绍了适用于应用程序快速开发、演进的敏捷开发模型。

第一节 软 件

一、软件的定义

软件从广义上讲是除设备、车辆、原材料之外的人的素质、技术水平、管理法规等无形的因素。在计算机专业领域，对软件的普遍认知常常限于程序，比如用 C、C++、Python、Rust、汇编语言等编写的应用程序或者系统程序。

在软件工程领域，把软件定义为计算机系统中与硬件相互依存的另一部分，是包括程序、数据及其相关文档的完整集合。其中，程序是实现特定功能的指令序列；数据是使程序能正常操纵信息的数据结构；文档是与程序开发、维护和使用有关的图文材料，包括用图文描述的需求分析文档、设计文档、测试文档、维护记录等。

二、软件的特点

软件与硬件相比具有的特点如下。

1）软件与硬件的生产方式不同。

2）软件的“磨损”与硬件形式不同。

3）软件的开发比硬件的生产具有更多的个性化细节，需要程序员定制。

4）软件比硬件具有更强的抽象性。

5）软件的开发成本比硬件的制造成本更难控制。

6）很多软件的功能涉及机构的组织、体制及管理方式、管理策略、管理细则等社会因素。

第二节 软件工程

一、软件危机

电子计算机诞生以后，随着计算机硬件技术的进步、高级程序设计语言的出现，计算机的应用领域日益广泛，需要开发各种规模大小不一、功能各异的软件。在一些大型软件的开发中遇到了进度不断延迟、成本难以控制、软件质量难以保证、软件维护非常困难等问题。例如，IBM 公司在为其 IBM 通用机开发操作系统的过程中，软件不能如期交付使用，投资金额不断追加，系统运行中不断发现新的程序缺陷，整个项目的完成投入了几千人年的时间，操作系统开发投入的资金高达数亿美元。其项目负责人，图灵奖获得者 Frederick Phillips Brooks 由此意识到软件开发中存在的问题，撰写了软件工程界的经典著作《人月神话》，在书中提出了软件项目管理和软件开发方法的新观点。

在上述背景下，软件危机的概念被提出，用于描述软件开发中遇到的如下主要问题：

1）软件开发缺乏计划性。

2）软件需求不够充分。

3）缺乏软件开发过程的规范。

4）软件开发的成本和进度难以控制。

5）没有评测软件产品质量的标准和方法。

6）软件难以维护。

二、软件工程简介

为了解决软件危机问题，计算机科学家经过反复实践，提出了软件工程的概念。软件工程是从管理和技术两方面研究如何更好地开发和维护计算机软件的一门学科，软件工程的基本思想是按工程化的原则和方法组织软件开发。

软件工程的主要研究领域包括软件开发的过程应该依次包含哪些步骤，如何了解并描述用户对软件功能和性能等方面的需求，如何进行合理的软件设计并描述软件设计方案，如何实现软件的编程以使得软件具有更好的质量并更容易维护，如何进行软件测试以保证程序功能正确且程序中隐藏的错误尽可能少，如何进行软件项目管理以保证项目进展顺利等。

经过几十年的发展，软件工程领域硕果累累，大大提高了软件开发的效率和质量，产生了各种软件开发方法，提出了不同的软件过程模型、软件开发工具、代码生成工具、代码补全工具、代码测试工具等。软件工程领域的研究成果大量应用到软件项目的管理和开发中。

第三节 软件过程

一、软件过程概述

软件过程是为了获得软件产品，在软件工具的支持下由软件工程师遵循一定的步骤完成的一系列软件工程活动。虽然不同的软件开发团队在开发不同的软件产品时可能选择不同的软件过程，但一般而言，软件过程都需要包含以下 4 种基本活动。

1）软件需求分析。通过软件需求分析，完成对软件功能、行为、性能、接口等方面的需求调查、了解，并用规范的软件工程语言对软件需求进行描述，形成软件需求分析文档。

2）软件设计和实现。通过软件设计和实现阶段的活动，设计并实现需求分析阶段定义的功能和性能要求。

3）软件测试。通过软件测试确定软件功能的正确性和性能是否符合软件需求分析文档描述的要求。

4）软件演进。改进、完善软件的功能以满足用户不断变化的需求。

软件过程的 4 种基本活动及先后关系如图 1-1 所示。

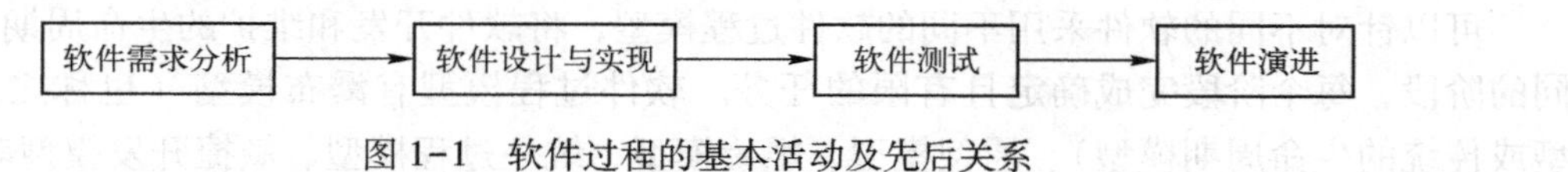

图 1-1 软件过程的基本活动及先后关系

二、软件需求分析

软件需求分析阶段的工作是决定软件开发成败的关键阶段，这个阶段出现错误会导致软件设计与程序实现的错误，出现程序员最头疼的不断返工、修改代码等问题，项目也可能因此而延期交付、成本增加。

软件需求分析阶段的目标是了解用户需求，确定用户需要软件的程序部分完成什么功能，并通过需求分析文档将用户需求清晰、规范地表达出来，形成内容完整、准确、详细的软件描述文档。需求分析的过程可分为以下 4 个阶段。

1）可行性研究。

2）分析用户需求。

3）描述需求。

4）需求有效性验证。

三、软件设计与实现

软件设计的目标是把软件需求转化为软件表示。从工作步骤和管理角度，可将软件设计分为概要设计和详细设计两个阶段。概要设计阶段的工作是将软件需求转化为数据结构和软件的体系结构。详细设计阶段的工作是通过对软件体系结构的细化，得到软件各组成部分的详细数据结构和算法。

从软件设计的技术内容角度，可将软件设计的任务分为数据设计、体系结构设计、实现过程设计。

软件的实现是程序员根据软件设计文档编写程序以实现系统功能的过程。

四、软件测试

软件实现阶段生成的程序必须经过软件测试以发现并纠正程序中的错误，保证程序实现的功能和逻辑是正确的，符合需求分析文档的要求。软件测试需要通过几个不同的阶段，采用不同的策略和技术完成。

五、软件演进

在开发软件的过程和用户使用软件的过程中，可能会因为政策、规则、工作内容、程序运行环境、用户使用程序的习惯等因素对程序产生新的需求，导致程序需要变更。软件开发者需要了解变更需求、设计变更方案、实现程序变更、对变更后的程序进行测试。软件演进就是不断根据用户的需求对程序进行修改、完善的这种循环往复的过程。

第四节 软件过程模型

可以针对不同的软件采用不同的软件过程模型，将软件开发和维护的生命周期划分为不同的阶段，每个阶段完成确定且有限的任务。软件过程模型有瀑布模型（也称之为线性模型或传统的生命周期模型）、原型模型、螺旋模型、统一过程模型、敏捷开发模型等。

一、瀑布模型

瀑布模型将软件过程划分为需求定义、系统和软件设计、实现与单元测试、集成与系统测试、运行与维护几个阶段，如图 1-2 所示。

1）需求定义。这一阶段的主要任务是了解用户需要计算机系统解决什么问题。弄清用户对软件系统的全部需求，由系统分析人员根据对问题的理解，提出关于系统目标和功能范围的说明，请用户审查和认可，撰写《需求规格说明书》，将用户需求准确地表达出来。

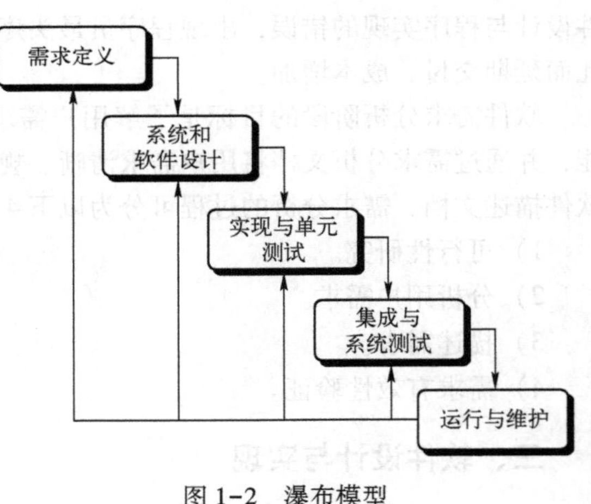

图 1-2　瀑布模型

2）系统和软件设计。建立软件的总体结构，画出由软件模块组成的软件体系结构图，该阶段的软件体系结构图应由需求分析文档导出。然后针对单个模块进行设计，确定模块内部的过程和结构。该阶段要求系统设计师或程序员为每一个模块提供一个模块过程性描述文档，以详细说明实现该模块功能的算法和数据结构。

3）实现与单元测试。用选定的编程语言（如 Python、Java、C 语言等）把模块的过程性描述转换为源程序并对每个模块进行测试。

4）集成与系统测试。将软件的所有模块集成在一起进行全面的测试，测试阶段的文档称为测试报告，包括测试计划、测试用例与测试结果等内容。

5）运行与维护。向用户提交软件产品，使软件投入运营，其间，根据用户要求对软件进行维护。软件维护属于软件演进，其目的是满足用户变更的需求，维护阶段需要填写和更改有关文档。

瀑布模型是软件工程最早的范例。尽管如此，由于它存在以下的问题，在软件开发过程中很难严格按照瀑布模型按部就班地进行软件开发。

1）实际的项目很少遵守瀑布模型提出的顺序。

2）客户通常难以清楚地描述所有的需求。

3）客户必须要有耐心，因为只有在项目接近尾声的时候，他们才能得到可执行的程序。

4）在评审可运行程序之前，可能不会检测到重大错误。

目前，软件工作快速发展，经常面临永不停止的变更流，特征、功能和信息内容都会变更，瀑布模型往往并不适合这类工作。

二、原型模型

瀑布模型的主要缺点是在对软件产品的某个版本试用之前，要求用户完全、精确地表达明确的软件需求，这一点实施起来非常困难，花费的时间长，效率低。

原型模型的主要思想是首先建立一个能够反映用户主要需要、可运行的软件原型，让用户体验未来系统的概貌，以引导用户提出更为具体、确定的需求。然后，通过与用户的沟通反复改进原型，最终实现完全符合用户需求的软件系统。原型模型的过程如图 1-3 所示。

很多时候，用户可以在需求阶段定义软件的一些基本任务，但是难以定义全面而详细的功能和特征需求。此外，开发人员可能对算法的效率、操作系统的适用性和人机交互的实现形式没有把握。在这种情况下，采用原型模型是最好的解决办法。

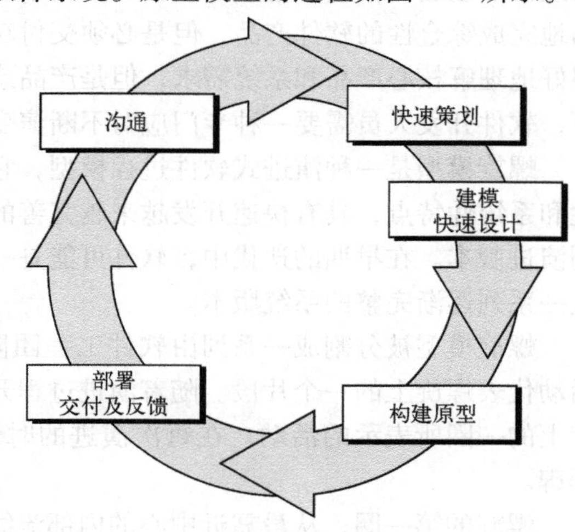

图 1-3　原型模型

虽然原型模型可以作为一个独立的过程模型，但是更多的时候是作为一种技术，可以在本章讨论的任何一种过程模型中应用。不论以什么方式运用它，当需求很模糊的时候，原型模型都能帮助软件开发人员和利益相关者更好地理解目标系统究竟需要做什么。例如，使用原型模型开发的健身应用程序可能会提供基本的用户界面，以便将手机与健身设备同步并显示当前数据；原型可能包括在云中设置目标和存储健身设备数据的功能，并根据客户的反馈创建和修改用户界面；原型可能包括集成社交媒体，允许用户设定健身目标，并与一群朋友分享健身的进展。

原型模型开始于沟通。软件开发人员和其他利益相关者进行沟通，定义软件的整体目标，明确已知的需求，并大致勾画出以后再进一步定义的东西。然后迅速策划一个原型开发迭代并以快速设计的方式进行建模。快速设计要集中在那些最终用户能够看到的方面（如人机接口布局或者输出显示格式）。快速设计产生了一个原型，对原型进行部署，然后由利益相关者进行评估。根据利益相关者的反馈信息，进一步精确提炼软件的需求。在原型系统不断调整以满足各种利益相关者需求的过程中，采用迭代技术，同时也使开发者逐步清楚用户的需求。

在理想状况下，原型系统提供了定义软件需求的一种机制。当需要构建可执行的原型系统时，软件开发人员可以利用已有的程序片段或应用工具快速产生可执行的程序。

利益相关者和软件工程师都喜欢原型模型。用户对实际的系统有了直观的认识，开发者也迅速提供可见的可运行系统。但是，原型开发也存在一些问题。

1）相关利益者看到了软件的工作版本，他们有可能完全不了解原型体系结构（程序结构）也在演化。这意味着开发者可能并没有考虑整体软件质量和长期的可维护性。

2）作为一名软件工程师，为了使一个原型快速运行起来，往往在实现过程中采用折中的手段。如果不够细心，就会使并不完美的选择成为系统的组成部分。

尽管存在问题，但原型模型对于软件工程来说仍是有效的。关键是从选择了原型模型开始就要制定规则，使所有利益相关者清楚原型是为定义需求服务开发的“临时产品”而不是最终产品。人们通常希望设计一个原型，接着可以演化为最终产品。事实上，开发人员可能需要丢弃原型（至少部分丢弃）以更好地满足客户不断变化的需求。

三、螺旋模型

软件类似于其他复杂的系统，会随着时间的推移而演化。在开发过程中，商业和产品需求经常发生变化，这将直接导致最终产品难以实现；严格的交付时间使得开发团队不可能圆满地完成综合性的软件产品，但是必须交付功能有限的版本以应对竞争或商业压力；虽然能很好地理解核心产品和系统需求，但是产品或系统扩展的细节问题却没有定义。在上述情况下，软件开发人员需要一种专门应对不断演变的软件产品的过程模型。

螺旋模型是一种演进式软件过程模型，它结合了原型模型的迭代性质和瀑布模型的可控性和系统性特点，具有快速开发越来越完善的软件版本的潜力。螺旋模型将软件开发为一系列演进版本。在早期的迭代中，软件可能是一个理论模型或是原型。在后来的迭代中，会产生一系列逐渐完整的系统版本。

螺旋模型被分割成一系列由软件工程团队定义的框架活动。如图 1-4 所示，每个框架活动代表螺旋上的一个片段。随着演进过程开始，从圆心开始顺时针方向，软件团队执行螺旋上的一圈所表示的活动。在每次演进的时候，都要考虑风险，每个演进过程都要标记里程碑。

螺旋的第一圈，从最靠近中心的内部流线开始，一般先开发出产品的规格说明，接下来开发产品的原型系统，并在每次迭代中逐步完善，开发不同的软件版本。螺旋的每圈都会跨过策划区域。此时，须调整项目计划，并根据交付后用户的反馈调整预算和进度。另外，项目经理还会调整完成软件开发需要迭代的次数。

其他过程模型在软件交付后就结束了。螺旋模型则不同，它应用在计算机软件的整个生命周期。螺旋模型是开发大型系统和软件的较实用的方法。由于软件随着过程的推进而变化，因此在每一个演进层次上，开发者和客户都可以更好地理解和应对风险。螺旋模型把原型作为降低风险的机制。螺旋模型要求在项目的所有阶段始终考虑技术风险，如果适当地应用该方法，就能够提前化解风险。

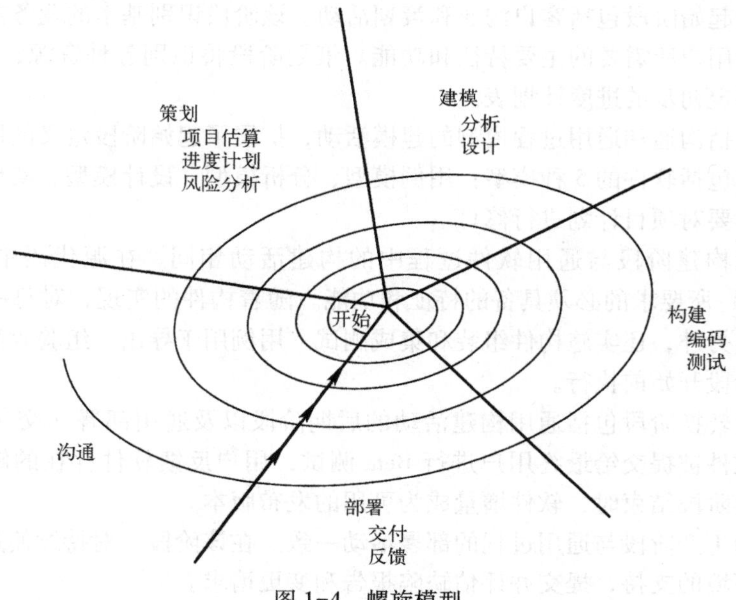

图 1-4 螺旋模型

螺旋模型也并不是包治百病的灵丹妙药，很难使客户相信演进的方法是可控的，它需要依赖大量的风险评估专家来保证软件产品的成功。如果存在没有发现的较大风险，就无法对其进行风险管理，软件产品肯定会出现较大的问题。

现代计算机软件总是在持续变更，这些变更通常要求在非常短的期限内实现，并且要充分满足客户的要求。在许多情况下，及时投放市场是最重要的管理要求，如果错过了市场窗口，软件项目自身可能会变得毫无意义。

螺旋模型的初衷是采用迭代或者增量的方式开发高质量软件。但是，使用螺旋模型也可以做到强调灵活性、可延展性和开发速度。软件团队及其经理所面临的挑战就是在这些严格的项目、产品参数与客户（软件质量的最终仲裁者）满意度之间找到一个合理的平衡点。

四、统一过程模型

统一过程（Unified Process，UP）尝试着从传统的软件过程中挖掘最好的特征和性质，以敏捷软件开发中许多最好的原则来实现。统一过程模型如图 1-5 所示。统一过程强调与客户沟通以及从客户的角度描述系统（即用例）并保持该描述一致性的重要性，它强调软件体系结构的重要作用，并帮助架构师专注于正确的目标，如可理解性、对未来变更的可适应性

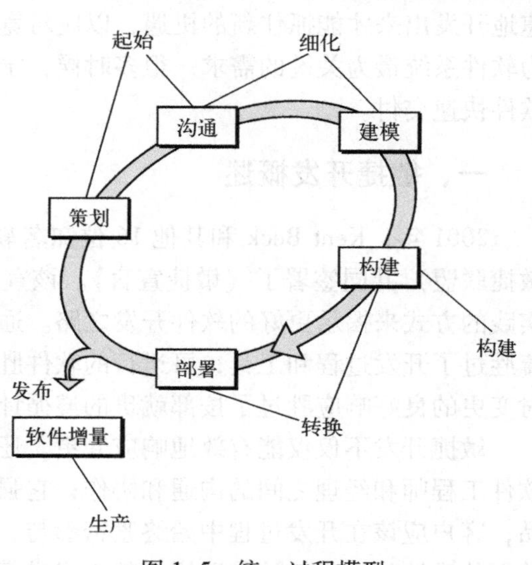

图 1-5 统一过程模型

以及软件的复用性。统一过程建立了迭代、增量的过程流，提供了演进的特征，这对现代软件开发非常重要。

统一过程的起始阶段包括客户沟通和策划活动。该阶段识别基本的业务需求，并用用例初步描述每一类用户所需要的主要特征和功能。策划阶段将识别各种资源，评估主要风险，并为软件增量制定初步的进度计划表。

细化阶段包括沟通和通用过程模型的建模活动，扩展了起始阶段定义的用例，并创建了体系结构基线以包括软件的5种模型：用例模型、分析模型、设计模型、实现模型和部署模型。该阶段通常要对项目计划进行修订。

统一过程的构建阶段与通用软件过程中的构建活动相同。在源代码中实现软件增量（如发布的版本）所要求的必须具备的特征和功能。随着构件的实现，对每一个构件设计并实施单元测试。另外，还实施构件组装和集成测试。用例用于导出一组验收测试，以便在下一个统一过程阶段开始前执行。

统一过程的转换阶段包括通用构建活动的后期阶段以及通用部署（交付和反馈）活动的第一部分。软件被提交给最终用户进行 Beta 测试，用户反馈软件存在的缺陷，提出必要的变更。在转换阶段结束时，软件增量成为可用的发布版本。

统一过程的生产阶段与通用过程的部署活动一致。在该阶段，对持续使用的软件进行监控，提供运行环境的支持，提交并评估缺陷报告和变更请求。

有可能在构建、转换和生产阶段的同时，下一个软件增量的工作已经开始。这就意味着五个统一过程阶段并不是顺序进行，而是阶段性地并发进行。

需要注意的是，并不是在所有的项目中都会应用工作流所识别的每一个任务。软件开发团队应根据各自的需要适当调整包括动作、任务、子任务的工作过程。

第五节　敏 捷 开 发

在全球性、快速变化的业务环境中，软件是所有业务运行中的一部分，要将新的软件迅速地开发出来才能抓住新的机遇，以应对竞争压力。因此，快速的软件开发和交付通常已成为软件系统最为关键的需求，很多时候，宁愿牺牲一定软件质量，降低某些需求，也要赢得软件快速交付。

一、敏捷开发概述

2001年，Kent Beck 和其他16位知名软件开发者、软件工程师及软件咨询师（被称为敏捷联盟）共同签署了《敏捷宣言》。该宣言声明，我们正在通过亲身实践，以及帮助他人实践的方式来揭示更好的软件开发之路。通过这项工作，我们认识到：个人和他们之间的交流胜过了开发过程和工具，可运行的软件胜过了面面俱到的文档，客户合作胜过合同谈判，对变更的良好响应胜过了按部就班的遵循计划。

敏捷开发不仅仅能有效地响应变更，还能够加强团队成员之间、技术和业务人员之间、软件工程师和经理之间的沟通和协作；它强调可运行软件的快速交付，而不那么看重中间产品；客户应该在开发过程中始终紧密参与，他们的作用是提供新系统的需求及对需求排序，并评估系统的迭代。软件以增量的方式进行开发，客户指定在每个增量中想要包含的需求，预料系统的变更，并设计系统，使之适应这些变更。

敏捷方法适合需求萌动、快速改变的小型或中型的软件产品，以及开发团队人员数量较少、组织紧密结合的团队，而不太适合安全性、可靠性要求极高的大型系统。

在系统维护上，关键文档是系统需求分析文档和测试文档，需求分析文档明确定义软件系统应该做什么，如果没有这些信息，将很难评估所建系统的变更影响。许多敏捷方法非正式地、增量式地收集需求，没有建立有条理的需求分析文档。为此，使用敏捷方法很可能使随后的系统维护变得更难、更昂贵。

敏捷联盟为希望达到敏捷的软件开发者定义了以下 12 项原则。

1）我们最优先要做的是通过尽早、持续交付有价值的软件来使客户满意。

2）即使在开发的后期，也欢迎需求变更。敏捷过程利用持续的变更为用户创造竞争优势。

3）经常性地交付和运行软件，交付的时间间隔可以从几个星期到几个月，交付的时间间隔越短越好。

4）在整个项目开发期间，业务人员和开发人员必须每天都在一起工作。

5）激发个人的斗志，以他们为核心构建项目，给他们提供所需的环境和支持，并且相信他们能够完成工作。

6）在团队内部，最有效果和效率的信息传递方式是面对面交谈。

7）可运行的软件是进度的首要度量标准。

8）敏捷过程提倡可持续的开发速度。责任人、开发人员和用户应该能够长期保持稳定的开发速度。

9）不断地关注优秀的技能和好的设计会增强敏捷能力。

10）“简单”是使不必做的工作最大化的艺术，这也是敏捷开发过程的根本原则。

11）最好的架构、需求和设计出于自组织的团队。

12）每隔一定时间，团队会反省如何才能更有效地工作，并相应调整自己的行为。

并不是每一个敏捷过程模型都会使用这 12 项原则，有些模型可以选择忽略一项或多项原则的重要性。然而，上述原则体现了一种敏捷的核心理念，这种核心理念可以应用于任何一种过程模型。本节介绍诸多敏捷开发模型中的两种：Scrum 模型和 XP 模型。

二、Scrum 模型

Scrum 模型是 Jeff Sutherland 和他的开发团队在 20 世纪 90 年代早期提出的一种敏捷过程模型。Scrum 原则与《敏捷宣言》是一致的，应用 Scrum 原则指导过程中的开发活动，过程由需求、分析、设计、演化和交付等框架性活动组成。每一个框架活动中，工作任务在相对较短的时间盒（时间盒是一个项目管理术语，表示为完成某些任务而分配的时间段）的期限内完成，称为一个冲刺。每一个框架活动中冲刺的数目根据产品的规模大小和复杂度而有所不同，冲刺中进行的工作适应于当前的问题，由 Scrum 团队规定并进行实时修改。Scrum 过程的全局流程如图 1-6 所示。

1. Scrum 团队和产品

Scrum 团队是一个自组织的跨领域团队，由产品负责人、Scrum Master 和一个由 3～6 人组成的小型开发团队组成。Scrum 开发的主要产品是产品待定项、冲刺待定项和代码增量。

开发将项目分解为一系列称为冲刺的增量原型开发周期，每个周期为 2~4 周。

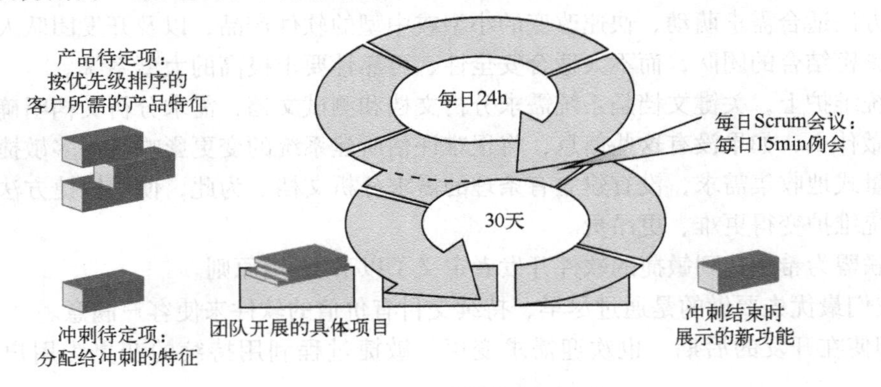

图 1-6　Scrum 过程的全局流程

产品待定项是具有不同优先级排序的产品需求或产品特征，可为客户提供业务价值。在产品负责人同意且开发团队认可后，可以随时将项目添加到产品待定项中。产品负责人对产品待定项中的项目排序，以满足所有利益相关者的重要目标。当产品不断演化以满足利益相关者的需求，产品待定项就永远不会完成。如果不接受增量，则产品负责人是唯一决定尽早结束冲刺或延长冲刺的人员。

冲刺待定项是产品团队选择的产品待定项的子集，在当前进行的冲刺期间作为代码增量完成。增量是以前冲刺中完成的所有产品待定项和在当前冲刺中要完成的所有待定项的并集。开发团队创建一个计划，用于提供包含所选特征的软件增量，这些特征旨在实现当前冲刺中与产品负责人协商的重要目标。大多数冲刺都要求在 3~4 周内完成。开发团队如何完成增量由团队决定。开发团队还决定何时完成增量，并准备向产品负责人演示。除非取消并重新启动冲刺，否则无法将新特征添加到冲刺待定项中。

Scrum Master 是 Scrum 团队所有成员的引导者，负责组织每日 Scrum 会议，并负责解决团队成员在会议期间提出的困难，指导开发团队成员在有时间时互相帮助完成冲刺任务，帮助产品负责人查找管理产品待定项的技术，并帮助确保以清晰简洁的术语说明待定项。

2. 冲刺规划会议

在开始之前，开发团队与产品负责人和所有利益相关者合作，开发产品待定项中的项目。产品负责人和开发团队根据负责人的业务需求的重要性以及完成每个任务所需的软件工程任务（编程和测试）的复杂性，对产品待定项中的事项进行排序。有时，这样会导致在向最终用户提供所需功能时，缺少所需的特征。

在开始每个冲刺之前，产品负责人会提出他的开发目标，以在即将开始的冲刺中完成增量。Scrum Master 和开发团队要从冲刺待定项中选择具体项目。开发团队与 Scrum Master 一起确定在为冲刺分配的时间盒内可以作为增量交付哪些内容，以及需要为发布增量做什么工作。开发团队决定需要哪些角色以及如何选配这些角色。

3. 每日 Scrum 会议

每日 Scrum 会议安排在每个工作日开始的 15 min 里，团队成员在会议上同步其活动并制定未来 24 h 的计划。Scrum Master 和开发团队始终参加每日 Scrum 会议。某些团队允许产品负责人仅偶尔参加会议。

所有团队成员都提出并回答以下 3 个关键问题：

1）自上次团队例会后做了什么？

2）遇到什么困难？

3）下次例会前计划做些什么？

Scrum Master 主持会议并评估每个人的回答。每日 Scrum 会议可帮助团队尽早发现潜在的问题。如果可能的话，Scrum Master 的任务是解决所有下一次会议之前出现的困难。每日 Scrum 会议不是来解决问题的，解决问题是线下进行的，只涉及相关各方。此外，这些每日 Scrum 会议引起“知识社会化”，从而提升自组织的团队结构。

某些团队会通过每日 Scrum 会议来宣布冲刺待定项已完成或已解决。当团队考虑已完成的所有冲刺待定项任务时，团队可能会决定与产品负责人一起安排演示和评审已完成的增量。

4. 冲刺评审会议

开发团队认为增量已完成时，就要召开冲刺评审会议，时间安排在冲刺结束时。4 周冲刺的评审会议通常用 4 h。Scrum Master、开发团队、产品负责人和选定的利益相关者参加评审。会议的主要活动是演示冲刺期间完成的软件增量。注意，演示可能不包含所有计划的功能，但要演示冲刺期间完成的功能。

在确定是否完成时，产品负责人可以同意或者不同意接受该增量。如果不接受，产品负责人和利益相关者会提供是否同意进行新一轮的冲刺规划的反馈。此时，可以从产品待定项中添加或删除特征，新特征可能会影响下一个冲刺中开发的增量的性质。

5. 冲刺回顾

在理想情况下，在开始另一个冲刺规划会议之前，Scrum Master 将与开发团队一起安排一个针对 4 周冲刺的 3 h“冲刺回顾”会议。在会议上，团队将讨论下列问题：

1）在冲刺中哪些方面进展顺利？

2）哪些方面需要改进？

3）团队在下一个冲刺中将致力于做哪些改进？

Scrum Master 主持会议，并鼓励团队改进其开发过程中的各种活动，以便提高下一个冲刺的效率。团队计划通过调整其“完成”的定义来提高产品质量。在会议结束时，团队应该对下一个冲刺中所需进行的改进有一个很好的想法，并准备在下一次冲刺规划会议上规划增量。

三、XP 模型

极限编程（eXtreme Programming，XP）使用面向对象方法作为开发范型，包括策划、设计、编码和测试 4 个框架活动的规划者和实践。图 1-7 描述了极限编程过程，并指出与各框架活动相关的关键概念和任务。

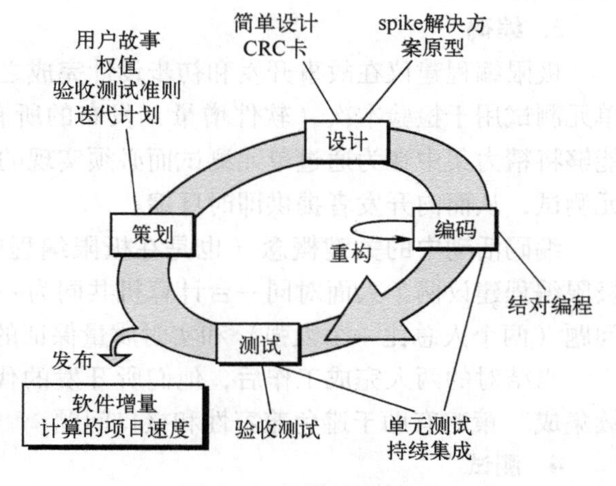

图 1-7 极限编程过程

1. 策划

策划活动从一个需求搜集活动开始，通过倾听来创建一系列“故事”，把这些“故事”称为用户故事，以描述待开发软件所需的输出、特征以及功能。每个故事由用户书写在一张索引卡上，用户根据对应特征或功能的全局业务价值标明权值（即优先级）。极限编程团队成员评估每一个故事，并给出开发周数为度量单位的成本。如果某个故事的成本超过了3个开发周，将请用户把该故事进一步细分，重新赋予权值并计算成本，可以在任何时刻书写新故事。用户和极限编程团队共同决定如何把故事分组，并置于团队将要开发的下一个发行版本中，一旦形成关于一个发布版本的基本承诺，极限编程团队将按以下3种方式之一对待开发的用户故事进行排序。

1）所有选定的用户故事将在几周之内尽快实现。

2）具有最高权值的用户故事将移到进度表的前面，并首先实现。

3）高风险用户故事将移到进度表的前面并首先实现。

项目的第一个发行版本发布之后，极限编程团队计算项目的速度，简而言之，项目速度是第一个发行版本中实现的用户故事个数。项目速度将用于帮助建立后续发行版本的发布日期和进度安排，确定是否对整个开发项目中的所有故事有过分承诺。一旦发生过分承诺，则调整软件发行版本的内容或者改变最终交付日期。在开发过程中，用户可以增加故事、改变故事或者删减故事。接下来由极限编程团队重新考虑剩余的发行版本，并相应修改计划。

2. 设计

极限编程设计严格遵循保持简洁（Keep It Simple，KIS）原则。不鼓励额外的功能性设计。

极限编程鼓励使用CRC（Class-Responsibility-Collaborator，CRC类-职责-协作者）卡作为在面向对象环境中考虑软件的有效机制。CRC卡确定和组织与当前软件增量相关的面向对象的类，CRC卡也是作为极限编程过程一部分的唯一的设计工作产品。如果在某个故事设计中遇到困难，极限编程建议立即建立这部分设计的可执行原型。极限编程的核心理念是设计可以在编码开始之前和之后进行。重构不改变软件外部行为的修改/优化代码的方式意味着在构建系统时持续进行设计。实际上，构建活动本身将给极限编程团队提供关于如何改进设计的指导。

3. 编码

极限编程建议在故事开发和初步设计完成之后，团队不要直接开始编码，而是开发系列单元测试用于检验本次（软件增量）发布的所有故事。一旦建立起单元测试，开发者就更能够将精力集中在为通过单元测试而必须实现的内容上。一旦编码完成，就可以立即完成单元测试，从而向开发者提供即时反馈。

编码活动中的关键概念（也是在极限编程中被讨论得最多的方面之一）是结对编程。极限编程建议两个人面对同一台计算机共同为一个故事开发代码。这一方案提供了实时解决问题（两个人总比一个人强）和实时质量保证的机制（在写出代码后及时得到复审）。

当结对的两人完成工作后，他们所开发的代码将与其他人的工作集成起来。这种“持续集成”策略有助于避免兼容性和接口问题。

4. 测试

为了使单元测试易于执行和重复，应当使用一个可以自动实施的框架进行单元测试。这种方式支持每当代码修改之后就实现一次回归测试（见第五章）的策略。极限编程验收测试也称为用户测试，由用户规定技术条件，并且着眼于用户可见、可评审的系统级特征和功能，验收测试根据本次软件发布中所实现的用户故事而确定。

本章小结

本章首先对软件、软件工程、软件过程进行了定义和简要介绍，然后阐述了用于对软件开发过程进行工程化管理的软件生命周期即软件过程模型。本章小结如下。

1）软件的含义，软件的特点。

2）软件危机，软件开发过程中面临的主要问题。

3）软件工程的含义，软件工程的任务。

4）软件过程的含义，软件过程包含的4种基本活动。

5）软件过程模型。

瀑布模型将软件过程划分为需求定义、系统和软件设计、实现与单元测试、集成与系统测试、运行与维护几个阶段，每个阶段的任务，瀑布模型存在的问题。

原型模型的软件开发过程，原型模型存在的问题。螺旋模型的特点，按照螺旋模型进行软件开发的过程。

统一过程模型相关概念，统一过程模型包括的5个工作阶段及每个阶段的工作内容。

6）敏捷开发的基本思想，敏捷开发的两种模型：Scrum 模型和 XP 模型。Scrum 模型的团队、冲刺会议；XP 模型的关键任务。

习　　题

一、单项选择题

1. 关于引起软件危机的原因，下列选项中，错误的是【　】。

   A. 软件难以维护

   B. 软件开发的成本难以控制

   C. 软件的实现缺乏好的算法

   D. 没有评测软件产品质量的标准

2. 下列关于软件与硬件比较的叙述中，错误的是【　】。

   A. 软件产品的成本容易控制，而硬件的成本难以控制

   B. 软件开发与硬件生产同样可以采用工程化方法进行管理

   C. 软件的进度比硬件的进度控制要困难

   D. 对软件和硬件产品都需要进行质量确认

3. 因为程序运行环境、用户使用程序的习惯等因素可能对程序产生新的需求，导致程序需要变更，这种变更被称为【　】。

   A. 软件开发　　B. 软件复用

   C. 软件演进　　D. 软件调试

4. 软件开发的过程需要严格按照先进行需求分析，再进行系统设计，根据设计方案进

行编码的软件过程模型是【 】。

A. 瀑布模型　　B. 原型模型

C. 螺旋模型　　D. 统一过程模型

二、简答题

1. 什么是软件？什么是软件危机？什么是软件工程？什么是软件过程？

2. 软件需求分为哪几个阶段？

3. 瀑布模型将软件开发分为哪几个阶段？瀑布模型有什么缺点？

4. 原型模型的基本思想是什么？

5. 统一过程模型把软件开发划分为哪几个阶段？

6. 在 Scrum 模型中如何定义冲刺？每日冲刺会议的 15 min 内，开发团队成员需要回答哪 3 个问题？

7. 请你举出 3 个适合采用敏捷开发的软件项目的实例。

第二章　结构化软件开发方法

学习目标：

1. 掌握软件需求分析的任务、遵循的原则和需求分析的步骤。

2. 掌握需求规格说明书的内容，各种图、表的用途，会根据需求画出数据流图、数据结构图、判定树，能给出数据字典、判定表和加工说明。

3. 掌握结构化分析方法，会画分层数据流图，掌握需求分析工具的组成。

4. 掌握软件设计的任务、步骤、基本方法、软件设计的基本策略、软件设计文档的内容与形式。

5. 掌握在结构化设计中概要设计阶段的工作和方法，详细设计阶段的任务、过程和表达方法。

教师导读：

1. 本章是这门课程的重点内容之一，介绍结构化分析和设计方法及建模（如何利用图、表描述分析和设计阶段的成果）。理解本章的内容需要考生具有基本的程序开发经验。

2. 本章先介绍一般的需求分析的目标、相关准则，以学生购书系统为实例，用面向数据的方法介绍需求分析的一般步骤。然后介绍软件设计的一般性原则、软件设计的任务、步骤、策略、方法。按照先需求分析、后软件设计，先概要设计、再详细设计的顺序组织学习内容。

3. 最后介绍了结构化系统设计方法和详细设计的步骤，及详细设计阶段使用的程序流程图、N-S 图、伪代码等描述工具。

本章介绍软件工程中的经典方法——结构化软件开发方法，本章先介绍软件需求分析方法，再介绍结构化软件分析方法；先介绍软件设计的一般步骤，再介绍结构化设计方法。虽然现在的软件开发更多的是采用面向对象的方法，其实，最终实现软件时将问题转化为程序依然离不开面向过程的问题解决思路。理解面向过程的结构化软件开发方法也有助于更好地理解面向对象方法的思路、优点和缺点。

第一节　软件需求分析

软件需求分析是软件生命周期中软件开发的第一个阶段，也是关系到软件开发成败的关键步骤。只有弄清楚目标软件（待开发的软件）究竟要实现哪些功能，客户及用户需要的软件产品是什么样，用户需要以什么方式使用软件产品，才可设计、开发出成功的软件产品。

一、需求分析的任务

需求分析的任务在于弄清用户对软件系统的确切要求，并用需求规格说明书的形式表达出来。在需求分析阶段应遵守的原则如下。

1）“需求说明”应该具有准确性和一致性。因为它是连接计划时期和开发时期的桥梁，也是软件设计的依据。任何含糊不清、前后矛盾或者一个微小的错漏，都可能导致误解或铸成系统的大错。

2）“需求说明”应该清晰、准确，且没有二义性。因为它是沟通用户和系统分析员的思想的媒介，双方要用它来表达需要计算机解决的问题的共同理解。如果在需求说明中使用了用户不易理解的专门术语，或用户与分析员对要求的内容可以有不同的解释，便可能导致系统的失败。例如，工资管理软件需求中的描述：“具备中级职称三年以上者，岗位薪酬增加 100 元”，而“三年以上”可表示包含三年或不包含三年的情况，必须明确此处“三年以上”的含义。

二、需求分析的步骤

本节以学生购书系统为例说明需求分析的步骤。其中的“当前系统”指用户目前使用的系统，“目标系统”指待开发的系统。当前学生购书（教材）系统的业务过程是学生（班长、学习委员或者课代表）提交本班的购书申请，经秘书审核后开具购书证明。学生向会计出示购书证明，并交付书款，然后将购书发票交给出纳，出纳开领书单后，学生从图书保管员处领书。现要开发学生购书系统-目标系统。目标系统的需求用数据流图表示（数据流图的说明见图 2-5、图 2-6）。需求分析的步骤如下。

1）通过对现实环境的调查研究，获得当前系统的具体模型，如图 2-1 所示。

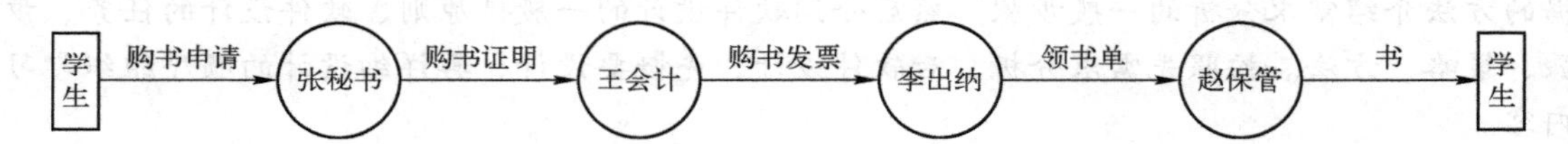

图 2-1　学生购书系统的具体模型

2）去掉具体模型中的非本质因素，抽象出当前系统的逻辑模型，如图 2-2 所示。

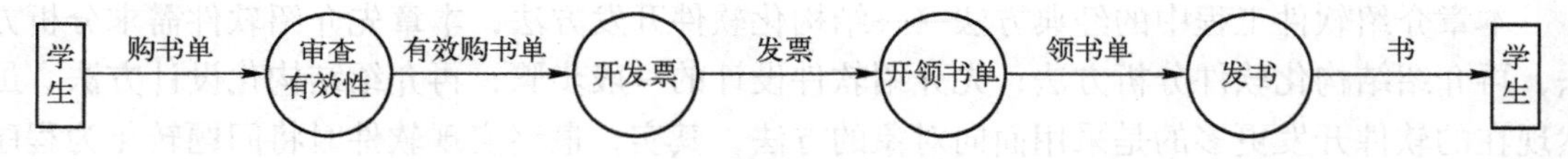

图 2-2　学生购书系统的当前系统逻辑模型

3）分析当前系统与目标系统的差别，建立目标系统的逻辑模型，如图 2-3 所示。目标系统应该比当前系统强，不应该完全模拟当前系统。

图 2-3　学生购书系统的目标系统逻辑模型

4）对目标系统进行完善和补充，并写出完整的需求说明，如图 2-4 所示，这一步的主要工作如下。

① 确定目标系统的人机界面，即哪些工作由计算机完成，哪些工作由人工完成。

② 补充以前没考虑到的细节。

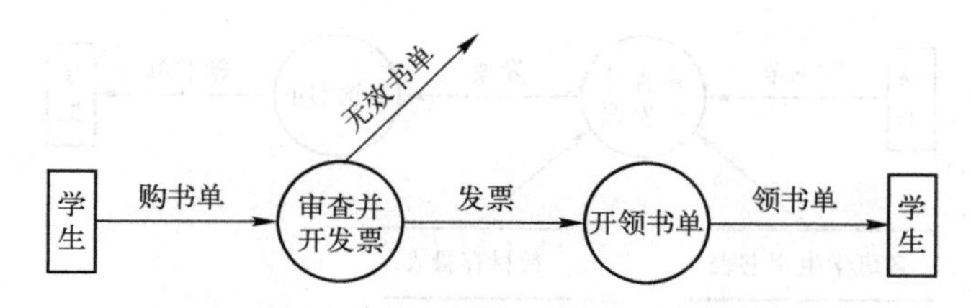

图 2-4　学生购书系统改进后的系统模型

5）对需求说明进行复审，直到确认文档齐全，并且符合用户的全部需求为止。简单而言，需求分析的主要工作内容：建立目标系统的正确逻辑模型，并写出完整的需求规格说明书。

三、需求规格说明书

需求规格说明书又称软件需求说明书（Software Requirements Specification，SRS），主要包括以下内容。

1）引言：叙述在问题定义阶段确定的关于软件的目标与范围。

2）数据描述包括以下内容。

① 数据流图（DFD）：用来表达系统的逻辑模型（确切地说是目标系统的逻辑模型）。

② 数据字典（DD）：汇集了在系统中使用的一切数据的定义。

3）功能描述：对软件功能要求的说明。

4）性能描述：对软件性能要求的说明，包括软件的处理速度、响应时间、安全限制等内容。

5）质量保证：阐明在软件交付使用前需要进行的功能测试和性能测试，并且规定源程序和文档应该遵守的各种标准。

1. 数据流图

1）数据流图的抽象说明，如图 2-5 所示。

2）数据流图的组成符号。

① ○代表加工。

② →代表数据流向。

③ □代表数据的源点和终点。

④ ══或──表示数据文件，或者其他的数据存储。

在具体的数据流图中，每一个图形符号都必须标上名字，加工还应该加上编号，以帮助识别。

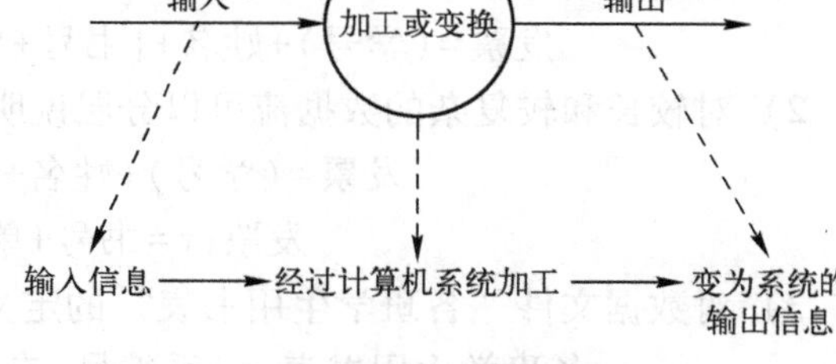

图 2-5　数据流图的抽象说明

3）举例。

学生购书系统中学生凭购书单开购书发票。开购书发票前，系统要查询各班学生用书表和教材存量表，以确定购书单是否有效，如图 2-6 所示。

4）数据流图的性质。

① 图中箭头仅能表示在系统中流动的数据。

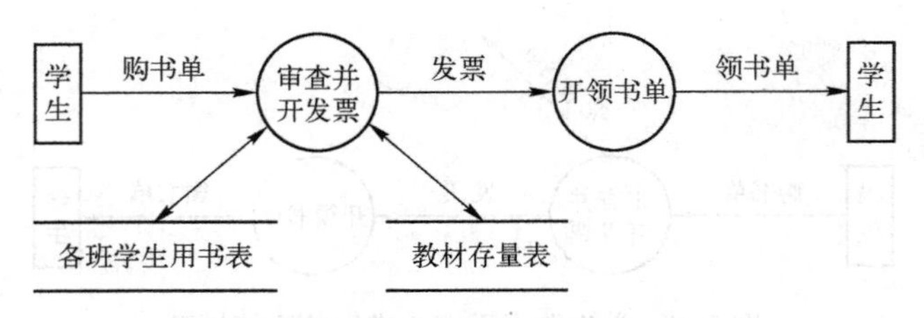

图 2-6　学生购书系统的数据流图

② 数据流图不能表示程序的控制结构。

③ 数据流图表现的范围具有很大的灵活性。

2. 数据字典

数据字典对软件开发非常重要。它的作用是对数据流图中的每个数据规定一个定义条目，以保持数据在系统中的一致性。

出现在数据流图中的数据，可分为：

① 只含一个数据的数据项（或数据元素）；

② 由多个相关数据项组成的数据流；

③ 数据文件或数据库。

（1）数据字典使用的符号

1）=：等于、定义为。

2）+：加。

3）[ ]：选择符，表示对“[ ]”中列举的值可以任取其一。

4）{ }：重复符，表示对“{ }”中的内容可视需要重复使用。

5）( )：可选符，表示对“( )”中的内容可由设计员决定取舍。

6）*……*：注释符，表示两个星号之间的内容为对条目的注释。

7）用标在花括号前后的数字表示重复次数的上下限。

例：数据流和数据文件的定义如下。

1）数据流“发票”可以描述为：

发票=(学号)+姓名+{书号+单价+数量+总价}+书费合计

2）对较长和较复杂的数据流可以分层说明：

发票=(学号)+姓名+{发票行}+书费合计

发票行=书号+单价+数量+总价

3）对数据文件“各班学生用书表”的定义：

各班学生用书表 ={系编号+专业和班级编号+年级+{书号}}

系编号=2{数字}2 *，例如，01，12 *

专业和班级编号=3{数字}3 *，例如，305 *

年级=[F/M/J/S]

书号={字母}+{数字} *，例如，MATH11 *

（2）在数据字典中对不同类型数据的描述方法

① 数据项的描述。对数据项的描述包括数据项名称、数据项别名、数据项取值及取值说明、备注等条目。

例：在前例图 2-6 所示的学生购书系统的数据流图中，购书单和领书单中都有“购书量”“年级”等信息，对“数量”的描述如图 2-7 所示。对数据项“年级”的描述如图 2-8 所示。

数据项名：数量
别名：购书量
取值：正整数
备注：

图 2-7　学生购书系统的数据项“数量”的描述

数据项名：年级
别名：
取值及含义：
F-freshman，一年级
M-sophomore，二年级
J-junior，三年级
S-senior，四年级
备注：F、M、J、S可分别用1、2、3、4代替

图 2-8　学生购书系统的数据项“年级”的描述

② 数据流条目的描述。对数据流的描述包括数据流的名称、数据流的别名、数据流的组成、备注。更详细的描述还包括产生数据流的原因和结果、数据流的来源、数据流的去向和每个数据流的数据量与流通量等。

例如，对数据流“发票”的描述如图 2-9 所示。

数据流名：发票
别名：购书发票
组成：
(学号)+姓名+｛书号+单价+数量+总价｝+书费合计
备注：

图 2-9　学生购书系统的数据流“发票”的描述

③ 描述数据文件的条目：数据文件名、别名、组成、组织、备注。“组织”是数据文件的组织方法，用于说明文件中的记录将按照什么规则组合成文件。描述可能还包括简述（该文件存放的是什么数据）、输入数据、输出数据、数据文件组成、存储方式（顺序存储、直接存储或关键词存储等）和存取频率。

例：对数据文件“各班学生用书表”的描述如图 2-10 所示。

文件名：各班学生用书表
别名：
组成：{系编号+专业和班级编号+年级+｛书号｝}
组织：按系、专业和班级编号从小到大排列
备注：

图 2-10　学生购书系统的数据文件“各班学生用书表”的描述

(3) 数据字典的实现

数据字典可以用两种方法来实现：一种是人工方法；另一种是自动方法。前者易实现，而后者质量高、易管理。

3. 数据结构图

在含有数据库的软件系统中，可以用数据结构图说明文件之间的联系，这种表示的优势在于直观、方便。

例：学生购书系统中的数据文件“各班学生用书表”定义了一个包含各班、各年级全部教材的单一文件。如果改用数据库，可以将这些信息分别存入以下的多个文件中。

系文件={系编号+(系名)+专业表}，全校使用一个文件；

班级文件={专业编号+(专业名)+(班编号)+教材表}，每个系需要一个班级文件；

教材文件={年级+{书号}}，每个班级需要一个教材文件。

数据库的数据结构如图 2-11 所示。

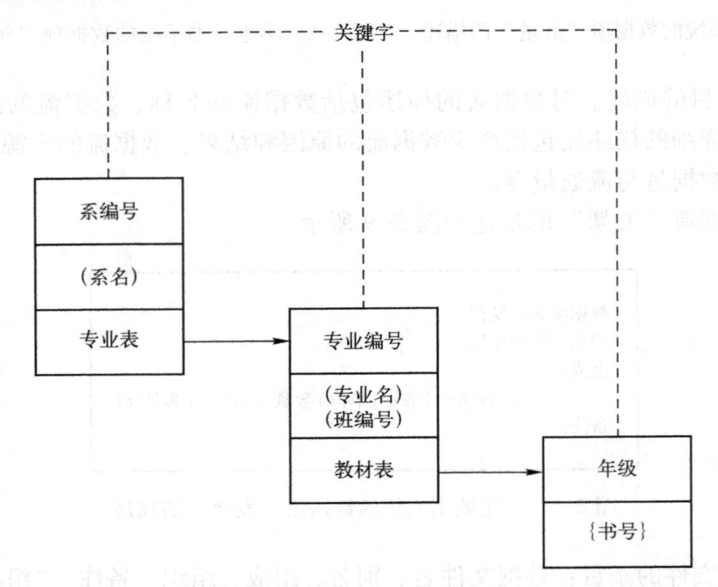

图 2-11 学生购书系统的“各班学生用书表”数据库的数据结构图

4. 加工说明

加工说明就是对数据流图中每个加工的说明。它从系统功能的角度对数据流图进行注解。加工说明由输入数据、加工逻辑和输出数据等部分组成。加工逻辑阐明把输入数据转换为输出数据的策略，是加工说明的主体。

加工说明通常用 3 种形式来描述，即结构化语言、判定表、判定树。

(1) 结构化语言

自然语言加上结构化的形式，就形成了结构化语言。结构化语言介于自然语言与程序设计语言之间，既具有程序设计语言的清晰性、可读性，又具有自然语言的灵活性，不受程序设计语言那样严格的语法约束。结构化语言也可在系统设计阶段用于描述模块的功能和加工细节。

结构化语言借用顺序、选择、循环等结构化程序中使用的控制结构来描述加工。

例：图 2-6 所示数据流图中的加工“审查并开发票”，使用结构化语言的描述，如图 2-12 所示。

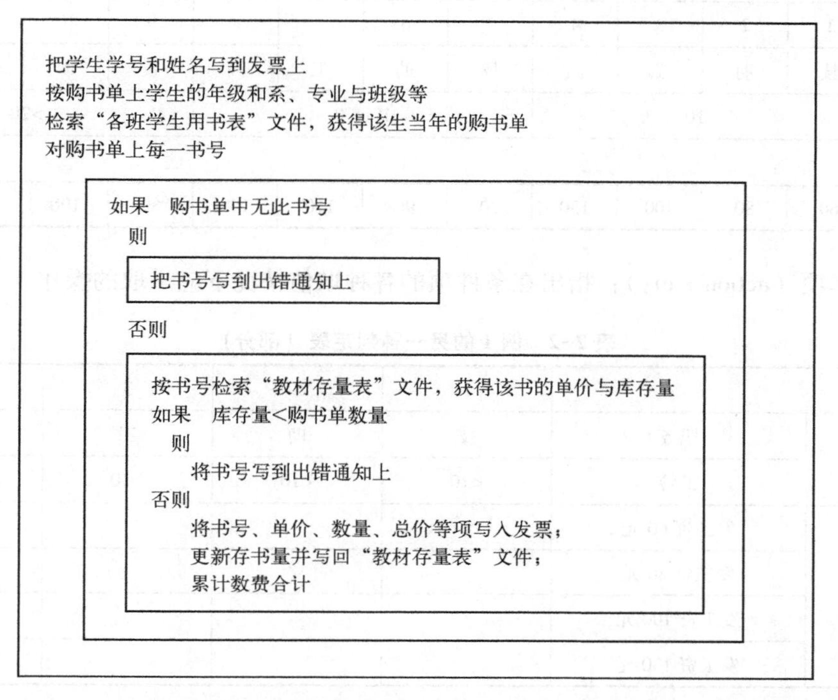

图 2-12　结构化语言描述的学生购书系统加工说明（正式文档中不需要画出图框）

使用结构化语言时，应该遵循以下要求：

1）在祈使句中，动词的含义要明确，避免使用一般化的词汇。

2）语句中的名词一般应使用在字典中有所定义的词汇作为数据名称。

3）不要使用形容词和副词，并避免一切可有可无的文字。

4）采用分层缩进的写法，使嵌套的结构清晰可见。

（2）判定表和判定树

判定表采用表格化的形式表达含有复杂判断（多分支）的加工逻辑。

判定树是判定表的图形表示，其运用场合与判定表相同；需要使用时，分析员可以根据用户习惯，在两者中选用一种。

判定表与判定树的使用举例如下。

【例 1】某单位工资制度规定，技术干部的职务工资标准：技术员 50 元，助理工程师 70 元，工程师 90 元，高级工程师 120 元。工龄补助：10 年以下加 10 元，10~20 年加 20 元，20 年以上加 30 元。

1）用判定表表示，如表 2-1 所示。

对判定表的另一种画法，如表 2-2 所示，表由 4 部分组成：

① 条件茬（condition stub）：列出各种可能的条件。

② 条件项（condition entry）：各个条件以条件取值为组合。

③ 操作茬（action stub）：列出可能采取的操作。

表 2-1　例 1 的判定表

		第一种条件组合				第二种条件组合				第三种条件组合			
		1	2	3	4	5	6	7	8	9	10	11	12
条件	职务	技	助	工	高	技	助	工	高	技	助	工	高
	工龄	<10				10~20				>20			
操作													
设定工资		60	80	100	130	70	90	110	140	80	100	120	150

④ 操作项（action entry）：指出在条件项的各种取值情况下应采取的操作。

表 2-2　例 1 的另一种判定表（部分）

		1	2	3	4
条件	职务	技	助	工	高
	工龄	<10	<10	<10	<10
操作	发工资 60 元	√			
	发工资 80 元		√		
	发工资 100 元			√	
	发工资 130 元				√

2）用判定树表示，如图 2-13 所示。

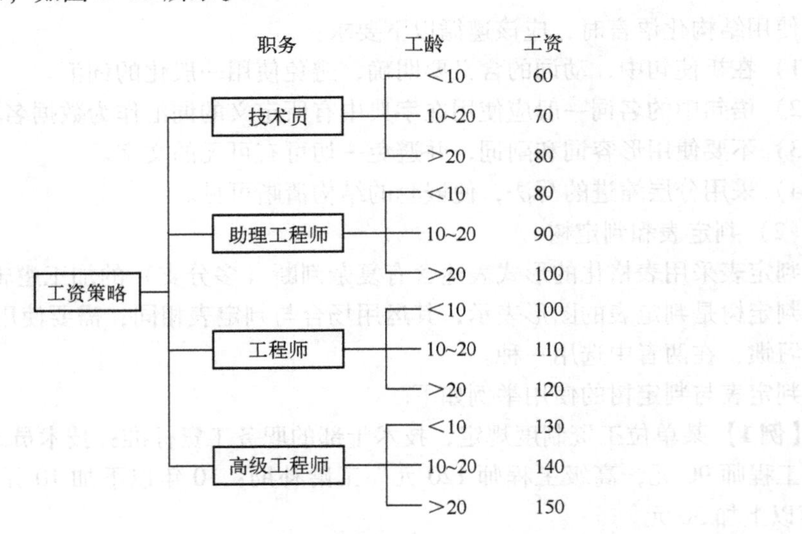

图 2-13　例 1 的判定树

在描述加工逻辑时，结构化语言和判定表可以结合使用。结构化语言中可以插入判定表，判定表中也可以插入结构化语言。

【例 2】推销奖金策略的判定表与判定树，分别如表 2-3 所示和如图 2-14 所示。

表 2-3　例 2 的判定表

条　　件	1	2	3	4
推销金额	>10 000	≤10 000	>10 000	≤10 000
预收货款	>50%	>50%	≤50%	≤50%
操作				
奖金率	8%	6%	5%	4%
奖金金额（=奖金率×推销金额）				
如果推销员月薪不超过 100 元，设奖金率	9%	7%	6%	5%

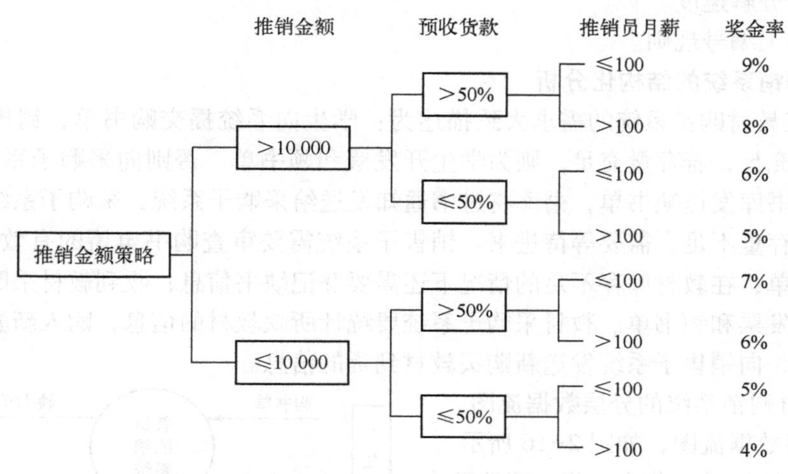

图 2-14　例 2 的判定树

（3）加工说明卡片

加工说明可以记载在卡片上。卡片的常见格式如图 2-15 所示。

四、结构化分析方法

加工名称：统计晚婚职工
编号：
激发条件：收到晚婚统计请求
加工逻辑：
执行频率：2次/年

图 2-15　加工说明卡片案例

结构化分析（Structured Analysis，SA）方法是 20 世纪 70 年代中期由爱德华 · 纳什 · 尤顿（Edward Nash Yourdon）等人倡导的一种面向数据流的分析方法。其定义为：“结构化分析就是使用数据流图、数据结构图、结构化英语、判定表和判定树等工具，来建立一种新的、称为结构化说明书的目标文档（即软件需求规格说明书）。”

本小节先介绍画分层数据流图的思想，然后以学生教材购销系统为例，说明结构化分析方法的步骤和画分层数据流图的方法。

1. 画分层数据流图

复杂的大型软件系统，其数据流图可能包含成百上千个加工，不能一次就将它们画全。正确的做法是：从系统的基本模型（把整个系统看成一个加工）开始，逐层地对系统进行分解。每分解一次，系统的加工数量就增多一些，每个加工的功能也更具体一些。继续重复这种分解，直到所有的加工都足够简单，不必再分解为止。

分层数据流图具备以下两个优点。

1）便于实现。采用逐步细化的扩展方法，可避免一次引入过多细节，有利于控制问题的复杂程度。

2）便于使用（各部门可以各取所需）。

画分层数据流图有以下四项原则。

① 父图与子图将保持平衡，即父图和子图的输入数据和输出数据应分别保持一致。

② 区分局部文件和局部外部项。

③ 控制好分解速度。

④ 遵守加工编号规则。

2. 教材购销系统的结构化分析

【例 3】 某教材购销系统的需求大致描述为：学生向系统提交购书单，销售子系统查询教材库存是否充足，若存量充足，则为学生开发票和领书单。否则向采购子系统发送信息，由采购系统向书库发送缺书单，书库将进书通知发送给采购子系统，采购子系统通知销售子系统，该教材存量不足，需要等待进书。销售子系统需要审查购书申请的有效性、开发票、为学生开领书单；在教材库存不足的情况下还需要登记缺书信息；收到教材采购完毕的信息后再为学生开发票和领书单。教材采购子系统要统计所缺教材的信息，购入新教材后，修改教材库存信息，向销售子系统发送新购买教材到货的信息。

1）画教材购销系统的分层数据流图。

① 画顶层数据流图，如图 2-16 所示。

② 将教材购销系统分为销售和采购两个子系统，画出第二层数据流图，如图 2-17 所示。

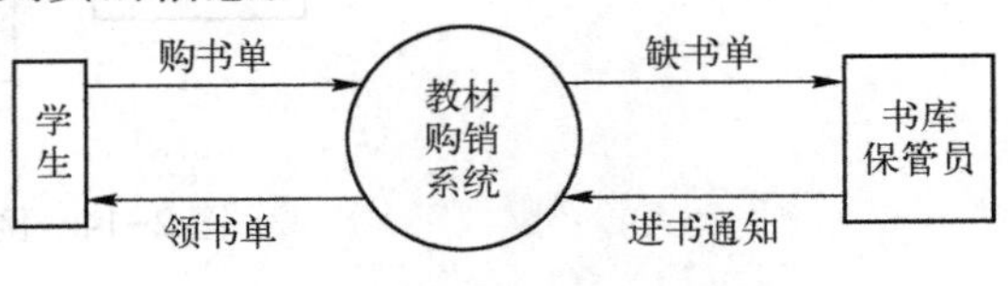

图 2-16　顶层数据流图

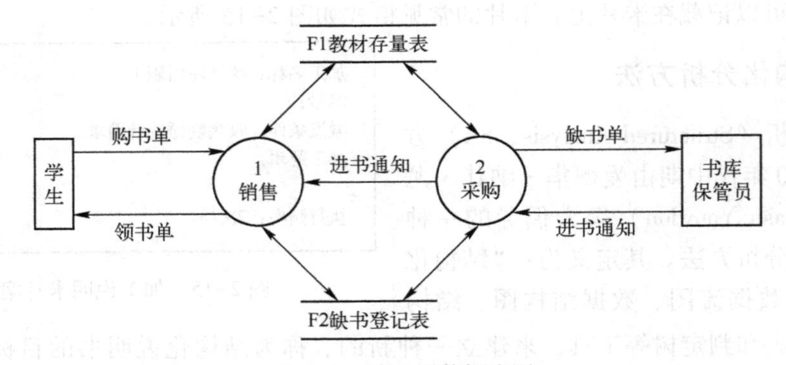

图 2-17　第二层数据流图

③ 画出销售子系统的详细数据流图，如图 2-18 所示。

④ 画出采购子系统的详细数据流图，如图 2-19 所示。

2）确定教材购销系统中的数据定义与加工策略，完成数据字典和加工说明文档。

五、需求分析工具

用需求分析工具来辅助人工需求分析，可以使软件开发更趋于工程化和标准化，而且可以提高需求分析的效率和文档质量。需求分析工具的组成如下。

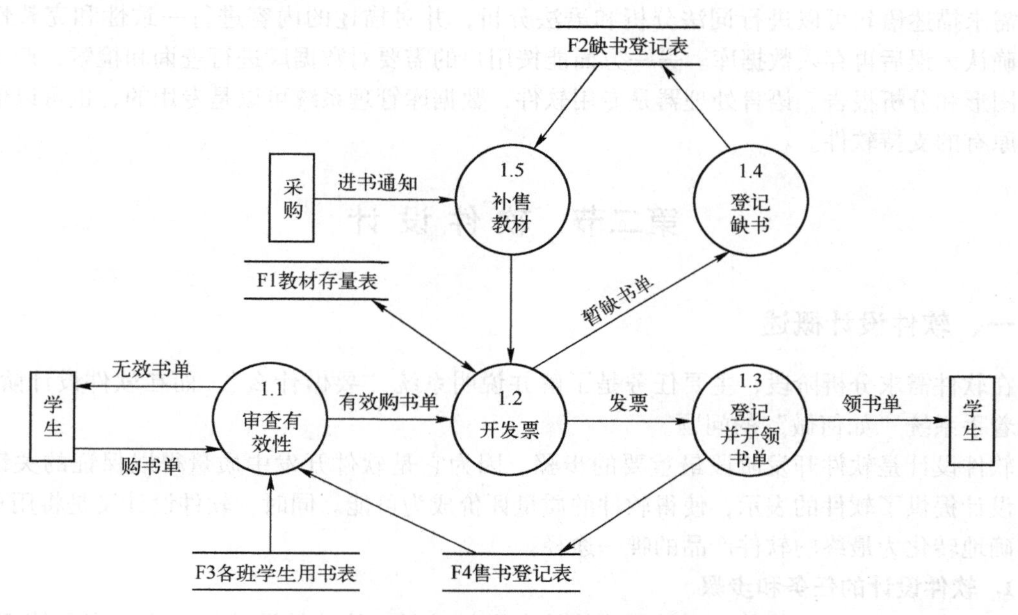

图 2-18　销售子系统的详细数据流图

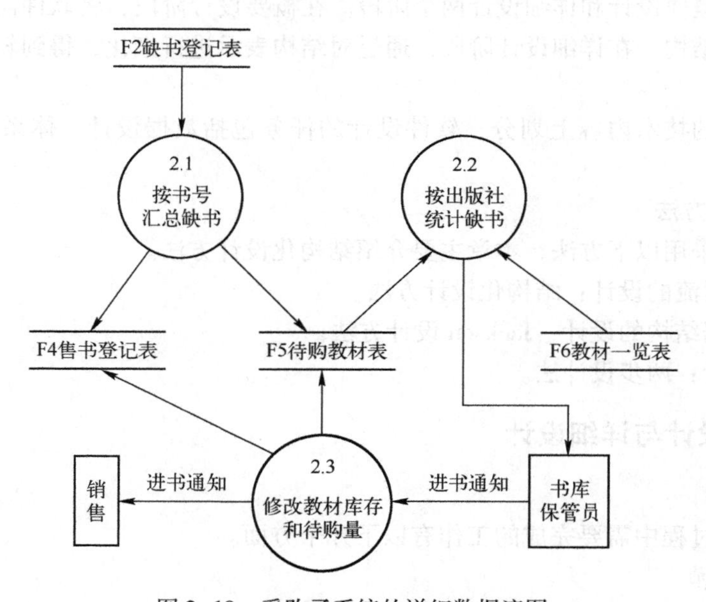

图 2-19　采购子系统的详细数据流图

1）需求描述语言，用来描述用户对系统功能的需求。为了实现计算机对语言的识别和处理，这种语言应具有形式化的语法，能够方便地描述系统中各个目标的性质和目标之间存在的联系。

2）需求描述数据库，用来存放对系统要求的各种描述信息。所有的信息都集中在同一数据库中，当增加、删除或修改描述信息时，较易保持信息的一致性。

3）处理和分析系统，它兼有语言处理器和数据库管理系统的功能。一方面对输入计算机的需求描述语句可以进行词法分析和语法分析，并对描述的内容进行一致性和完整性检查，确认无误后再存入数据库。另一方面能按用户的需要对数据库进行查询和检索，产生有关的图形和分析报告。语言处理器是专用软件，数据库管理系统可以是专用的，也可以借用系统原有的支持软件。

第二节　软件设计

一、软件设计概述

在软件需求分析阶段，主要任务是了解并说明系统“要做什么”，而在软件设计阶段，开始着手系统“如何做”的问题。

软件设计是软件开发阶段最重要的步骤。因为它是软件开发中质量得以保证的关键步骤。设计提供了软件的表示，使得软件的质量评价成为可能。同时，软件设计又是将用户要求准确地转化为最终的软件产品的唯一途径。

1. 软件设计的任务和步骤

软件设计是一个把软件需求转化成软件表示的过程。从软件设计的工作顺序和管理上，可以把设计分为概要设计和详细设计两个阶段。在概要设计阶段，将软件需求转化为数据结构和软件的体系结构。在详细设计阶段，通过对结构表示进行细化，得到软件的详细数据结构和算法。

从软件设计的技术内容上划分，软件设计的任务包括数据设计、体系结构设计和过程设计。

2. 软件设计方法

软件设计可采用以下方法，本章主要介绍结构化设计方法。

1）面向数据流的设计：结构化设计方法。

2）面向数据结构的设计：Jackson 设计方法。

3）原型设计：两步设计法。

二、概要设计与详细设计

1. 概要设计

在概要设计过程中需要完成的工作有以下几个方面。

（1）制定规范

在进入软件开发阶段之初，首先应为软件开发组制定在设计时应该共同遵守的标准，以便协调组内各成员的工作，主要内容如下。

1）阅读和理解软件需求说明书，在给定指标范围内和技术现状下，确认用户的要求能否实现。若不能实现，则须明确实现的条件，从而确定设计的目标，以及它们的优先顺序。

2）根据目标，确定最合适的设计方法。

3）规定设计文档的编制标准，包括文档体系、用纸及样式、记述详细的程度、图形的画法等。

4）规定编码的信息形式（代码体系），与硬件、操作系统的接口规约、命名规则等。

（2）软件体系结构的总体设计

1）采用某种设计方法，将一个复杂的系统按功能划分成模块的层次结构。

2）确定每个模块的功能，建立与已确定的软件需求的对应关系。

3）确定模块间的调用关系。

4）确定模块间的接口，即模块间传递的信息，设计接口的信息结构。

5）评估模块划分的质量及导出模块结构的规划。

（3）处理方式设计

1）确定为实现软件系统的功能所必需的算法，评估算法的性能。

2）确定为满足软件系统的性能需求所必需的算法和模块间的控制方式（性能设计），衡量性能的四个指标：周转时间、响应时间、吞吐量、精度。

3）确定外部信号的接收和发送形式。

（4）数据结构设计

确定软件涉及的文件系统的结构以及数据库的模式、子模式，进行数据完整性和安全性的设计，内容如下。

1）确定输入/输出文件的详细数据结构。

2）结合算法设计，确定算法所必需的逻辑数据结构及其操作。

3）确定逻辑数据结构（例如，栈是一种线性结构的逻辑模型）所需操作的程序模块（软件包），限制和确定各个数据设计决策的影响范围。

4）若需要操作系统或调度程序接口所必需的控制表等数据，则确定其详细的数据结构和使用规则。

5）数据的保护性设计，内容如下。

① 防卫性设计：在软件设计中插入自动检错、报错和纠错的功能。

② 一致性设计：一是保证软件运行过程中所使用数据的类型和取值范围不变；二是在并发处理过程中使用封锁和解除封锁机制保持数据不被破坏。

③ 冗余性设计：针对同一问题，由两个开发者采用不同的程序设计风格、不同的算法设计软件，当两者运行结果之差不在允许范围内时，利用检错系统予以纠正，或使用表决技术决定一个正确的结果，以保证软件容错。

（5）可靠性设计

软件可靠性是指程序和文档中的错误少。可靠性设计就是要考虑相应的措施，使软件易于修改和维护。

（6）编写概要设计阶段的文档

概要设计阶段需要完成设计文档的撰写。

（7）概要设计评审

需要对概要设计阶段的成果进行评审，评审可针对可追溯性、模块接口、实现风险、实用性、技术清晰度、可维护性、质量等方面进行。

2. 详细设计

概要设计结束后，需要对系统软件体系结构和数据结构的每个部分进行详细设计，详细设计过程中需要完成的工作如下。

1）确定软件各个组成部分内的算法以及各部分的内部数据组织。

2）选定某种过程的表达形式来描述各种算法。

3）进行详细设计的评审。

三、模块化设计与模块独立性

模块化设计和模块独立性是结构化软件设计的两个重要方面。

1. 模块化设计

把大型软件按照规定的原则划分为一个个较小的、相对独立但又彼此相关的模块，叫作模块化设计。分解、信息隐藏和模块独立性，是实现模块化设计的重要指导思想，也是软件设计的基本策略。

（1）分解

在软件开发过程中，一个大的软件，其控制路径数目多、设计的范围广、变量的数目多，加上其总体复杂性，使其相对于一个较小的软件来说更不容易被人们理解。

假设 $C(P)$ 是度量问题 P 理解复杂性的函数，$E(P)$ 是度量为解决问题 P 所需工作量（用时间计算）的函数，则给定问题 P_1 和 P_2：

① 如果 $C(P_1)>C(P_2)$，那么有 $E(P_1)>E(P_2)$，这说明一个问题越复杂，解决它所需要的工作量就越大，需要花费更多的时间。

② 此外，人们在实践中发现，如果把两个问题结合起来作为一个问题处理，其理解复杂性大于将这两个问题分开考虑时的理解复杂性之和：$C(P_1+P_2)>C(P_1)+C(P_2)$。

又因为 $C(P_1)>C(P_2)$，可以推导出 $E(P_1)>E(P_2)$，可知结论：$E(P_1+P_2)>E(P_1)+E(P_2)$。

这个结论就是进行模块化设计的依据。

这是问题的一个方面，即在小问题相互独立时有如下结论：

$C(P_1+P_2)>C(P_1)+C(P_2)$ 而且 $E(P_1+P_2)>E(P_1)+E(P_2)$。

而当小问题不相互独立时，这一结论不一定成立。

假设可以把问题 P 分解为复杂性相等的两个部分，即 $P'=\frac{P}{2}$，$P''=\frac{P}{2}$，如果它们不相互独立，用 I_1 表示 P' 对 P'' 的相互作用因子，用 I_2 表示 P'' 对 P' 的相互作用因子，则解决整个问题的工作量是 $E(P'+I_1\times P')+E(P''+I_2\times P'')$。

当 $I_1\neq 0$，$I_2\neq 0$ 时，有：

$$E(P'+I_1\times P')+E(P''+I_2\times P'')>E\left(\frac{P}{2}\right)+E\left(\frac{P}{2}\right)$$

如果软件系统各模块间的联系较松散，I_1、I_2 非常小，有可能达到：

$$E(P)>E(P'+I_1\times P')+E(P''+I_2\times P'')$$

当然，这里也有另一种可能，使分解的工作量比不分解的工作量大得多。前提：

当 P' 和 P'' 相互独立时，$E(P)>E(P')+E(P'')$，当 P' 和 P'' 不相互独立时，有 $E(P')+E(P'')>E\left(\frac{P}{2}\right)+E\left(\frac{P}{2}\right)$，$\left(E\left(\frac{P}{2}\right)+E\left(\frac{P}{2}\right)=E(P)\right)$，则可能出现：

$$E(P')+E(P'')>E(P)$$

基于以上考虑，可以把问题/子问题（功能/子功能）的分解与软件开发中的系统/子系统或者系统/模块对应起来，就能够把一个大而复杂的软件系统划分成模块之间接口比较独立的模块结构，使系统更加易于理解。

实际上，如果模块是相互独立的，当模块变得越小，每个模块内部的结构就变得越简单，花费的工作量也越低。那么，把模块逐渐地分小，它所需要的工作量也将逐渐变小；但当模块数量增加时，模块间的联系也随之增加，把这些模块连接起来的工作量也随之增加，因此，如图 2-20 所示，存在一个模块数 M，它使得总的开发成本达到最小。

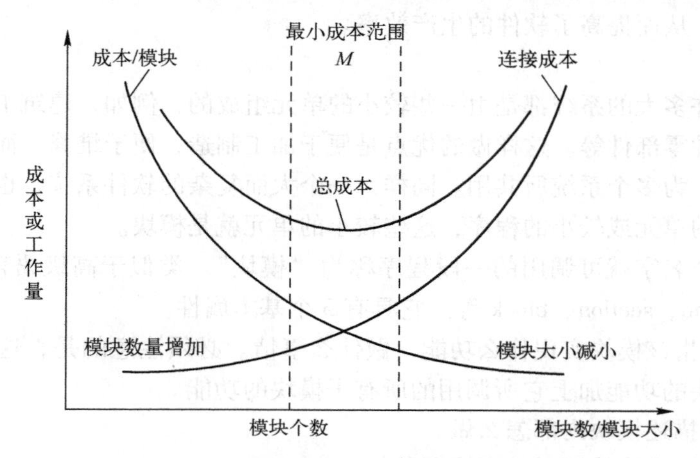

图 2-20　模块数与开发成本的相对关系

在考虑模块化时，可以参考这一曲线。应当注意让划分出来的模块数处于 M 附近，避免划分过多或过少的模块。

最后需要说明的一点是：一个系统，即使它必须“整体”实现，不能做模块划分，也可以按照模块化的概念进行设计。例如，一个实时软件或一个微处理器软件，由于子程序调用可能导致速度太低或存储开销过大，就不适合划分模块。但即便是这种情况，软件也可以按模块化的原理进行设计，只是程序可以逐行编写，不划分成子程序。虽然从源程序看不出模块，但是在程序结构设计上已经运用了模块化原理，这样的程序将具有模块化系统的优点。

（2）信息隐藏

信息隐藏是指每个模块的实现细节对于其他模块来说是隐藏的。也就是说，模块中所包含的信息不允许其他不需要这些信息的模块使用。由于一个软件系统在整个软件生存期内要经过多次修改，因此在划分模块时要采取措施，使得大多数过程和数据对软件的其他部分是隐藏的。这样，在将来修改软件时偶然引入错误所造成的影响就可以局限在一个或几个模块内部，不至于波及软件的其他部分。

一个对象的抽象数据类型，就是信息隐藏的示例。例如，对于栈（stack），可以定义它的操作 make null（置空栈）、push（进栈）、pop（退栈）、gettop（取栈）和 empty（判断是否为空栈）。这些操作所依赖的数据结构都封装在它们的实现模块中。软件的其他部分可以直接使用这些操作，不必关心它的实现细节。一旦实现栈的模块中的内部过程或局部数据结构发生改变，只要它相关操作的调用形式不变，则软件中其他所有使用这个栈的部分都可以不修改。这样的模块结构具有很强的可移植性，在移植的过程中，修改的工作量很小，发生错误的可能性也小。

总而言之，信息隐藏的好处就是强调一个模块内部结构及模块的实现与其他模块不发生关联。

2. 模块的独立性

目前，模块化方法已为所有工程领域所接受。模块化设计带来了许多好处。一方面，模块化设计降低了系统的复杂性，使得系统容易修改。另一方面，模块化设计推动了系统各个部分的并行开发，从而提高了软件的生产效率。

（1）模块

在工程上，许多大的系统都是由一些较小的单元组成的，例如，建筑工程中的砖瓦和构件，机器中的各种零部件等。这样做的优点是便于加工制造，便于维修。而且有些零部件或构件可以标准化，为多个系统所共用。同样，一个大而复杂的软件系统，也可以根据其功能划分成许多较小的单元或较小的程序，这些较小的单元就是模块。

一般把用一个名字就可调用的一段程序称为“模块”。类似于高级语言中的 procedure、function、subroutine、section、block 等。它具有 3 个基本属性。

1）功能：即指该模块实现什么功能，做什么事情。必须注意的是，这里所说的模块功能，应该是该模块的功能加上它所调用的所有子模块的功能。

2）逻辑：即描述模块内部怎么做。

3）状态：即该模块使用时的环境和条件。

在描述一个模块时，还必须按模块的外部特性与内部特性分别进行描述。模块的外部特性是指模块的名称、参数表、其中的输入参数和输出参数，以及给程序以至整个系统造成的影响。而模块的内部特性则是指完成其功能的程序代码和仅供该模块内部使用的数据。

对于模块的外部研究（如需要调用这个模块的上级模块）来说，只需要了解这个模块的外部特性就足够了，不必了解它的内部特性。而在软件设计阶段，通常是先确定模块的外部特性，再确定它的内部特性，前者是软件概要设计的任务，后者是详细设计的任务。

（2）模块独立性

模块独立性是指软件系统中每个模块只涉及软件要求的具体子功能，而与软件系统中其他模块的接口是简单的。例如，若一个模块只具有单一功能，与其他模块没有太多联系，则称此模块具有模块独立性。

一般用两个准则度量模块独立性：模块间的耦合和模块的内聚。耦合是模块之间的相对独立性（互相连接的紧密程度）的度量。模块之间的连接越紧密、联系越繁多，耦合性就越高，而模块独立性就越弱。内聚是模块功能强度的度量。一个模块内部各个元素之间的联系越紧密，则它的内聚性就越高。相对的，它与其他模块之间的耦合性就会减低，而模块独立性就越强。因此，模块独立性较强的模块应是高内聚低耦合的模块。

（3）耦合性（Coupling）

耦合性是程序结构中各个模块之间相互关联的度量，它取决于各个模块之间接口的复杂程度、调用模块的方式以及哪些信息通过接口。

一般，模块之间的连接方式有 7 种，构成耦合性的 7 种类型，如图 2-21 所示。

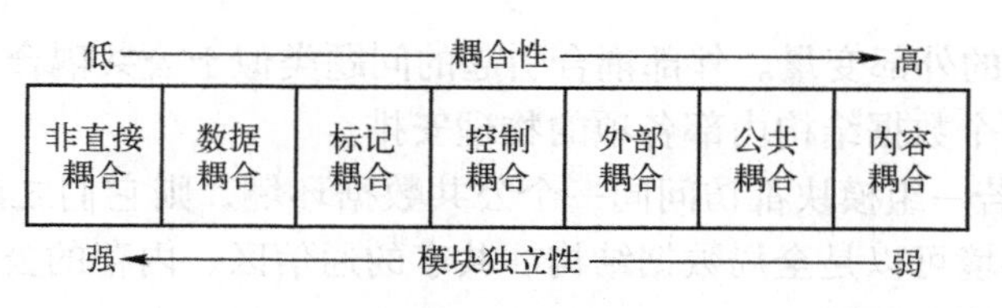

图 2-21　耦合性的 7 种类型

1）非直接耦合。如果两个模块之间没有直接关系，它们之间的联系完全是通过主模块的控制和调用来实现的，这就是非直接耦合。这种耦合的独立性最强，每个模块都可以独立工作，不需要其他模块的存在。

如图 2-22 所示，B 和 C 之间的关系只是它们都被 A 调用，B、C 间没有直接联系，所以 B、C 之间属于非直接耦合。

2）数据耦合。如果一个模块访问另一个模块时，彼此之间是通过数据参数（不是控制参数、公共数据结构或外部变量）来交换输入输出信息的，则称这种耦合为数据耦合。由于限制了只通过参数表传递数据，按照数据耦合开发的程序界面简单、安全可靠。因此，数据耦合是松散的耦合，模块之间的独立性比较强。在软件程序结构中必须有数据耦合。

3）标记耦合。如果一组模块通过参数表传递记录信息，就是标记耦合。事实上，这组模块共享了这个记录，它是某一数据结构的子结构，而不是简单变量。这要求这些模块都必须清楚该记录的结构，并按结构要求对此记录进行操作。在设计中应尽量避免这种耦合，它使数据结构上的操作复杂化了。如果采取“信息隐蔽”的方法，把在数据结构上的操作全部集中在一个模块中，就可以消除标记耦合。

如图 2-23 所示，B 从界面或数据库中获取信息存入结构 S，C 接受 S 的一部分或者全部信息进行处理。

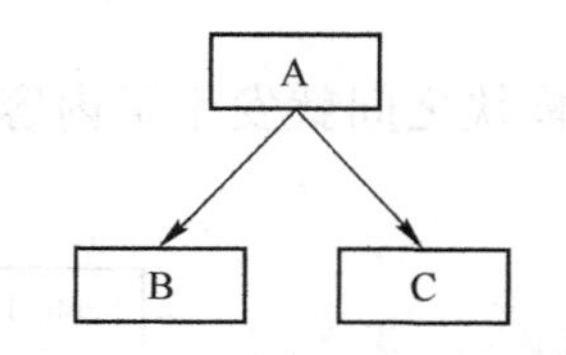

图 2-22　非直接耦合的例子

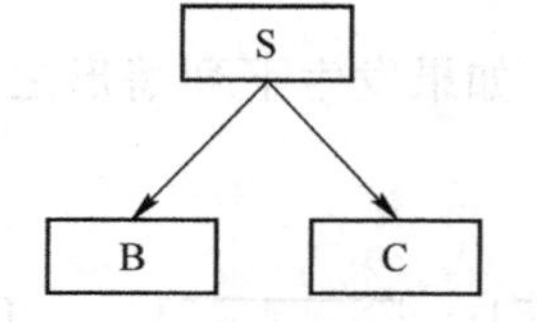

图 2-23　标记耦合的例子

4）控制耦合。如果一个模块通过传送开关、标志、名字等控制信息，明显地控制选择另一模块的功能，就是控制耦合，如图 2-24 所示。这种耦合的实质是单一接口上选择多功能模块中的某项功能。因此，对所控制模块的任何修改，都会影响控制模块。另外，控制耦合也意味着控制模块必须知道所控制模块内部的一些逻辑关系，这些都会降低模块的独立性。

如图 2-24 所示，模块 A 根据 Flag 的值选择执行模块 B 中的功能：f1、f2、…、f*n*。

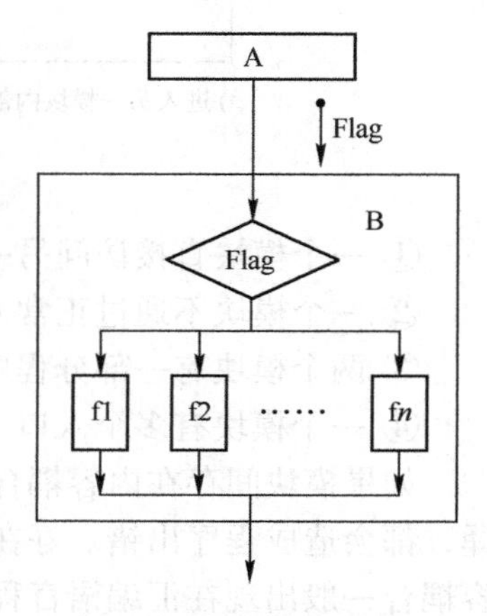

图 2-24　控制耦合的例子

5）外部耦合。一组模块都访问同一全局简单变量而不是同一全局数据结构，而且不是通过参数表传递该全局变量的信息，则称之为外部耦合。例如，C 语言程序中各个模块都访问被说明为 extern 类型的外部变量。外部耦合引起的问题类似于公共耦合，区别在于在外部耦合中不存在依赖于一个数据结构内部各项的物理安排。

6）公共耦合。若一组模块都访问同一个公共数据环境，则它们之间的耦合就称为公共耦合。公共的数据环境可以是全局数据结构、共享的通信区、内存的公共覆盖区等。

这种耦合会引起下列问题。

① 所有公共耦合模块都与某一个公共数据环境内部各项的物理安排有关，若修改某个数据的大小，将会影响到所有的模块。

② 无法控制各个模块对公共数据的存取，严重影响软件模块的可靠性和适应性。

③ 公共数据名的使用，明显降低了程序的可读性。

公共耦合的复杂程度随耦合模块的个数增加而显著增加。如图 2-25 所示，若只是两个模块之间有公共数据环境，则公共耦合有两种情况。

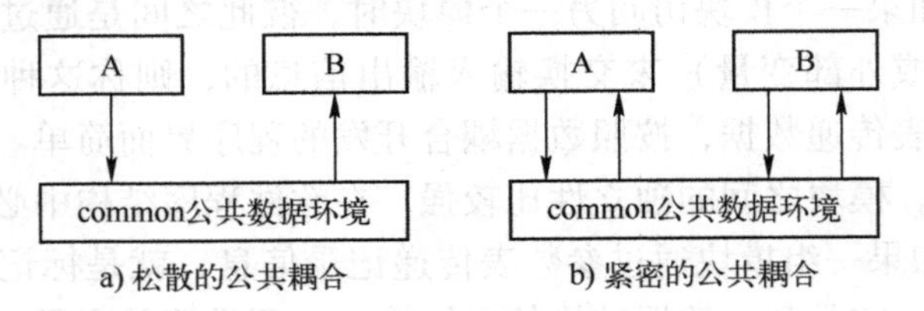

图 2-25　公共耦合

若一个模块只是往公共数据环境里传送数据，而另一个模块只是从公共数据环境中取数据，则这种公共耦合叫作松散的公共耦合。若两个模块都从公共数据环境中取数据，又都向公共数据环境里送数据，则这种公共耦合叫作紧密的公共耦合。只有在模块之间共享的数据很多且通过参数表传递不方便时，才使用公共耦合。否则，还是应该使用模块独立性比较高的数据耦合。

7）内容耦合。如果发生下列情形之一，两个模块之间就发生了内容耦合，如图 2-26 所示。

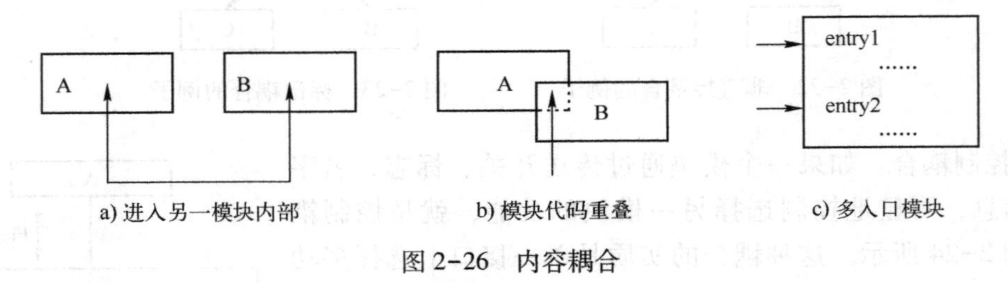

图 2-26　内容耦合

① 一个模块直接访问另一个模块的内部数据。

② 一个模块不通过正常入口转到另一模块内部。

③ 两个模块有一部分程序代码重叠（只可能出现在汇编语言中）。

④ 一个模块有多个入口。

如果模块间存在内容耦合，则所访问模块发生任何变更，或者用不同的编译器对它再编译，都会造成程序出错。好在大多数高级程序设计语言已经设计成不允许出现内容耦合，内容耦合一般出现在汇编语言程序中，这种耦合是模块独立性最弱的耦合。

以上 7 种耦合类型只是从耦合的机制上所做的分类，按耦合的松紧程度的排列只是相对的关系。但它给设计人员在设计程序结构时提供了一个决策准则。实际上，开始时两个模块之间的耦合不只是一种类型，而是多种类型的混合。这就要求设计人员进行分析，通过比较和分析，逐步对模块加以改进，以提高模块独立性。

原则上讲，模块化设计的最终目标，是建立模块间耦合尽可能松散的系统，如图 2-27 所示。在这样一个系统中，设计、编码、测试和维护其中任何一个模块，不需要对系统中其他模块有很多的了解。此外，由于模块间联系简单，发生在某一处的错误传播到整个系统的可能性很小。因此，模块间的耦合情况很大程度上影响到系统的可维护性。

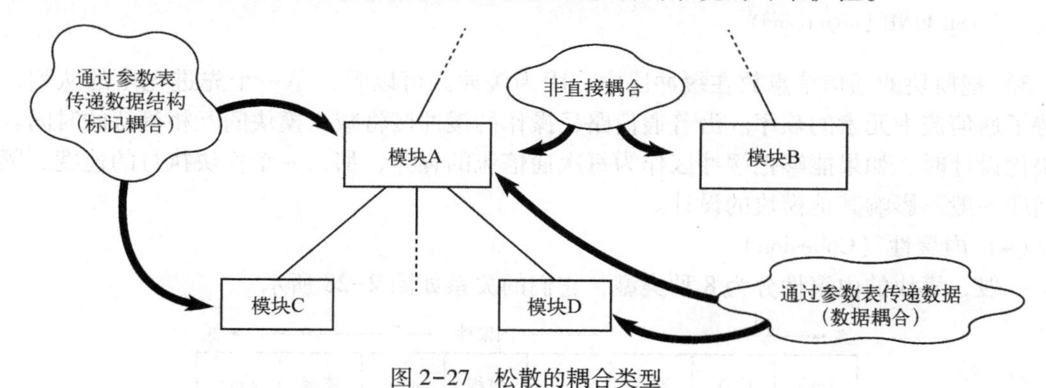

图 2-27　松散的耦合类型

那么，在系统的模块化设计时，如何降低模块间的耦合度呢？以下几点可供参考。

1）根据问题的特点，选择适当的耦合类型。在模块间传递的信息有两种：一种是数据信息；另一种是控制信息。传送数据的模块，其耦合程度比传送控制信息的模块耦合程度要低。

在模块调用时，传送的控制信息有两种：一种是传送地址，即调用模块直接转向被调用模块内部的某一地址。在这种情况下，一个模块的改动对其他模块有直接影响。另一种是传送判定参数，调用模块把判定参数传送给被调用模块，决定被调用模块如何执行。在这种情况下，模块间的耦合程度也很高，所以应当尽量减少和避免传送控制信息。但另一方面，也不要盲目地追求松散的耦合。例如，一个程序有 40 种出错信息，若把它们集中放在一个错误处理模块中，通过调用模块传送错误类型到该模块的接口上，再进行处理，就形成“控制耦合”。这样做可以消去重复的信息，使所有错误信息格式标准化。所以，耦合类型的选择应当根据实际情况进行全面权衡，综合地进行考虑。

2）降低模块接口的复杂性。模块接口的复杂性包括 3 个因素：一是传送信息的数量，即有关的公共数据与调用参数的数量；二是联系方式；三是传送信息的结构。

在一般情况下，若在模块的调用序列中出现大量的参数，就表明被调用模块要执行许多任务。通过把这个被调用模块分解成更小的模块，每个小模块只完成一个任务，就可以减少模块接口的参数个数，降低模块接口的复杂性，从而降低模块间的耦合程度。

模块的联系方式（即调用方式）有两种：call 方式和直接引用方式。前者使用标准的过程调用方式，模块间接口的复杂性较低，模块间的耦合程度低。后者是一个模块直接访问另一个模块内部的数据或指令，模块间的耦合程度高。所以，应当尽可能用 call 方式代替直接引用方式，减少模块接口的复杂性。在参数类型上，尽量少使用指针、过程等类型的参数。

此外，在模块接口上传送的信息若能以标准的、直接的方式提供，则信息结构比较简单。若以非标准的、嵌套的方式提供，则信息结构比较复杂。例如，在模块中要调用画直线段的命令 LINE，若命令要求直接提供直线段两个端点的坐标 x_0，y_0，x_1，y_1：

```
call LINE (x0,y0,x1,y1)
```

则接口复杂性比给 origin（始点）、end（终点）要低。因为后者还要定义 origin 和 end 的结构。

```
call LINE (origin,end)
```

3）把模块的通信信息放在缓冲区中。因为缓冲区可以看作是一个先进先出的队列，它保持了通信流中元素的顺序。沿着通信路径操作的缓冲区将减少模块间互相等待的时间。在模块化设计时，如果能够把缓冲区作为每次通信流的媒介，那么一个模块执行的速度、频率等问题一般不影响其他模块的设计。

（4）内聚性（Cohesion）

一般，模块的内聚性分为 8 种类型，它们的关系如图 2-28 所示。

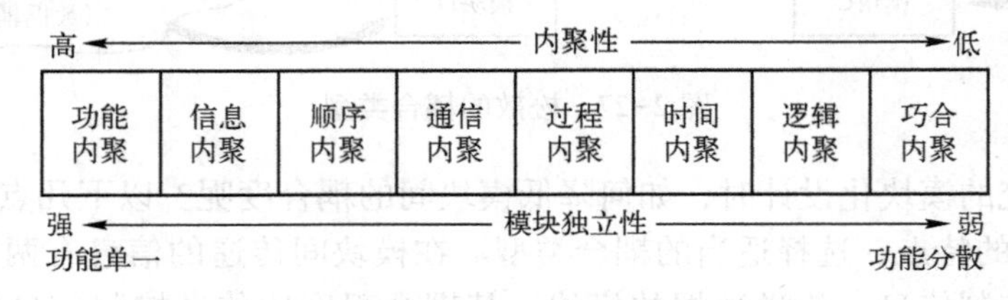

图 2-28　内聚性的 8 种类型

在图中可以看到，位于高端的几种内聚类型最好，位于中段的几种内聚类型是可以接受的，但位于低端的内聚类型很不好，一般不能使用。因此，人们总是希望一个模块的内聚性尽可能高。模块的内聚在系统的模块化设计中是一个关键的因素。

内聚和耦合是相互关联的。在程序结构中，各模块的内聚程度越高，模块间的耦合程度就越低。但这也不是绝对的。软件概要设计的目标是力求增加模块的内聚，减少模块间的耦合，但增加内聚比减少耦合更重要，应当把更多的注意力集中到提高模块的内聚程度上来。下面分别对这几种内聚类型加以说明。

1）巧合内聚。巧合内聚又称为偶然内聚。当模块内各部分之间没有联系，或者即使有联系，这种联系也很松散，则称这种模块为巧合内聚模块，它是内聚程度最低的模块。例如，一些没有任何联系的语句可能在许多模块中重复多次，程序员为了节省存储，把它们抽出来组成一个新的模块，这个模块就是巧合内聚模块。如图 2-29 所示，模块 A、B 和 C 中都包括三条同样的语句，在功能上并未给予独立的含义。为节省空间，把它们抽出来组成一个模块 M，在该模块中语句间没有任何联系，模块 M 就属于巧合内聚模块。

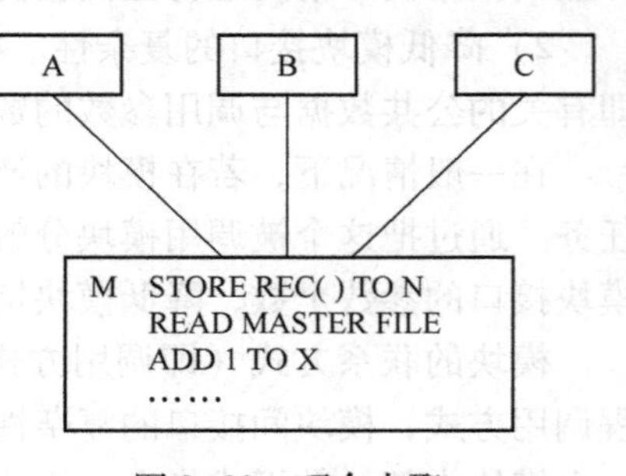

图 2-29　巧合内聚

这种模块的缺点首先是不易修改和维护。例如，如果模块 B 由于应用上的需要，必须把其 READ 语句改成 READ TRANSACTION FILE（读下一事务文件记录）。但模块 A 与模块 C 又不允许改，这样可能会陷入困境。其次是这种模块的内容不易理解，很难描述它所完成的功能，增加了程序的模糊性。另外，可能会把一个完整的程序段分割到许多模块内，在程序运行过程中将会频繁地互相调用和访问数据。因此，在通常情况下应避免构造这种模块，除非系统受到存储空间的限制。

2）逻辑内聚。这种模块把几种相关的功能组合在一起，每次调用时，由传送给模块的判定参数来确定该模块应执行哪一种功能，如图 2-30 所示。例如，根据输入的控制信息，或从文件中读一个记录，或向文件写一个记录，这种模块是单入口多功能模块。类似的有错误处理模块，它接收出错信号，对不同类型的错误输出不同的出错信息。

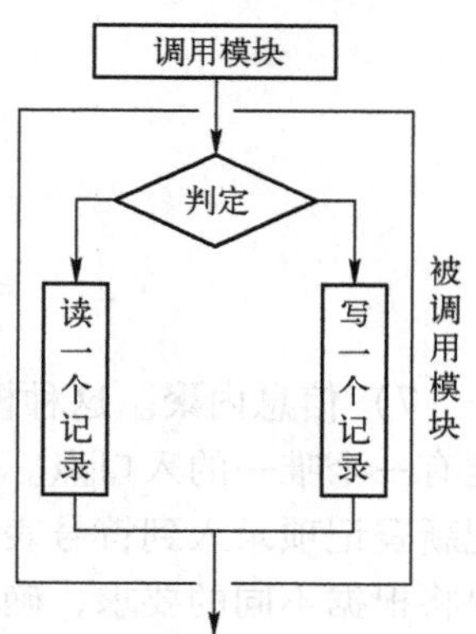

图 2-30　逻辑内聚

逻辑内聚模块比巧合内聚模块的内聚程度高，因为它表明了各部分之间在功能上的相关关系。但是它所执行的不是一种功能，而是执行若干功能中的一种，因此它不易修改。另外，当调用时需要进行控制参数的传递，这就增加了模块间的耦合程度。而将未用的部分也调入内存，这就降低了系统的效率。

3）时间内聚。时间内聚又称为经典内聚，这种模块大多为多功能模块，但模块的各个功能的执行与时间有关，通常要求所有功能必须在同一时间段内执行。例如，初始化模块和终止模块，初始化模块要为所有变量赋初值，对所有介质上的文件置初态，初始化寄存器和栈等，因此要求在程序开始执行的最初一段时间内，模块中所有功能全部执行一遍。

时间内聚模块比逻辑内聚模块的内聚程度稍高。因为时间内聚模块中所有各部分都要在同一时间段内执行，而且在一般情形下，各部分可以以任意的顺序执行（因为对不同变量初始化，语句间无先后顺序），所以它的内部逻辑更简单，存在的开关（或判定）转移更少。

4）过程内聚。如果一个模块内的处理是相关的，而且必须以特定次序执行，则称这个模块为过程内聚模块。使用流程图作为工具设计程序的时候，常常通过流程图来确定模块划分。把流程图中的某一部分划出组成模块，就得到过程内聚模块。例如，把流程图中的循环部分、判定部分、计算部分分成 3 个模块，这 3 个模块都是过程内聚模块，这类模块的内聚程度比时间内聚模块的内聚程度更强。另外，因为过程内聚模块仅包括完整功能的一部分，所以它的内聚程度仍然比较低，模块间的耦合程度还比较高。

5）通信内聚。如果一个模块内各功能部分都使用了输入数据，或产生了相同的输出数据，则称之为通信内聚模块。通常，通信内聚模块是通过数据流图来定义的。如图 2-31 所示，以虚线方框表示两个通信内聚模块，它们或者有相同的输入记录，或者有相同的输出结果。

通信内聚模块的内聚程度比过程内聚模块的内聚程度高，因为在通信内聚模块中包括了许多独立的功能。但是，由于模块中各功能部分使用了相同的输入/输出缓冲区，因而降低了整个系统的效率。

6）顺序内聚。一个模块内部处理的元素与同一功能密切相关，而且这些处理必须顺序执行，前一个功能的输出作为下一个功能的输入，通常共用一个数据结构。

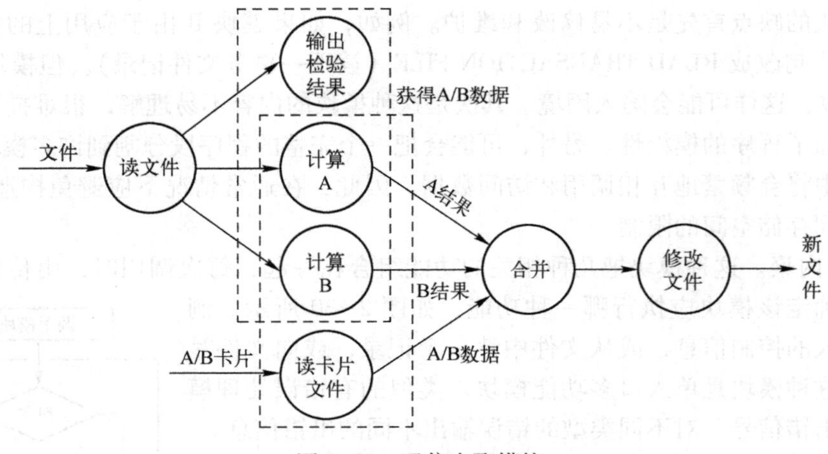

图 2-31　通信内聚模块

7）信息内聚。这种模块完成多个功能，各个功能都在同一数据结构上操作，每一项功能有一个唯一的入口点。例如，图 2-32 所示的模块具有 4 个功能：在符号表中查找登记项；把新登记项录入到符号表中；从符号表中删除一个登记项；修改一个指定的登记项。这个模块将根据不同的要求，确定该执行哪一个功能。由于这个模块的所有功能都是基于同一个数据结构（符号表）的，因此，它是一个信息内聚模块。

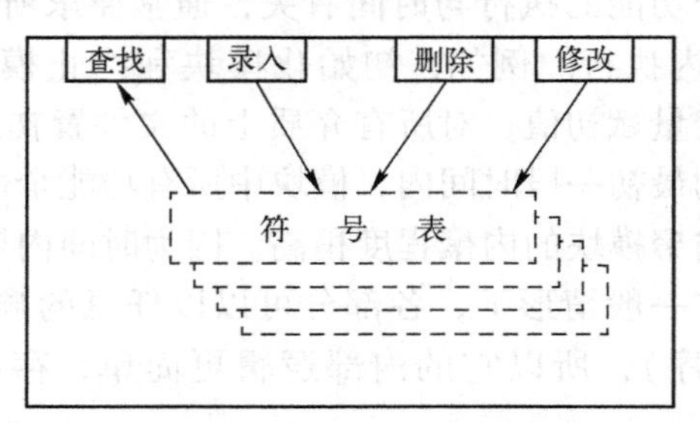

图 2-32　信息内聚模块

信息内聚模块可以看成多个功能内聚模块的组合，并且达到信息的隐蔽。即把某个数据结构、资源或设备隐蔽在一个模块内，不为别的模块所知晓。图 2-32 中的符号表及其位置就隐藏在模块中。这类模块的优点是，当把程序某些方面的细节隐藏在一个模块中时，各个模块的独立性就增强了。

8）功能内聚。一个模块中各个部分都是完成某一具体的功能必不可少的组成部分，或者说，该模块中所有部分都为了完成一项具体功能而协同工作，互相是紧密联系、不可分割的。在这种情况下，称该模块为功能内聚模块。功能内聚模块的优点是它们容易修改和维护，因为它们的功能是明确的，模块间的耦合是简单的。但是，如果把一个功能分成两个模块来实现就会导致模块之间有很强的耦合性，而且它们不易单独理解和实现。功能内聚模块的内聚程度最高，在把一个系统分解成模块的过程中，应当尽可能使模块达到功能内聚，便于主程序的调用和控制。

四、设计文档

设计文档是设计阶段最重要的成果，也是软件编码实现的依据，好的设计甚至可以通过代码生成工具自动生成质量较好的程序。

1. 文档的内容

1）概要设计说明书。概要设计说明书包括以下内容。

① 以图表形式表示的软件总体结构。

② 模块的外部设计，包括关于各模块的功能、性能与接口的简要描述。

③ 数据结构设计，包括数据模式、访问方法和存储要求等。

2）详细设计说明书。详细设计说明书包括以下内容。

① 表示软件结构的图表。

② 对逐个模块程序的描述，包括标注和逻辑流程、输入/输出项、外部接口等。

2. 文档的表达类型

1）图形表达工具：程序流程图、N-S 图。

2）文字表达工具：伪代码。

3）表格表达工具。

3. HIPO 图

HIPO 图=HC(Hierarchy Chart)+IPO(Input-Process-Output)图

HC 表示软件的分层结构，HC 中的每一个模块，均可用一张 IPO 图来描述。

图 2-33 表示教材销售子系统的 HC 图。

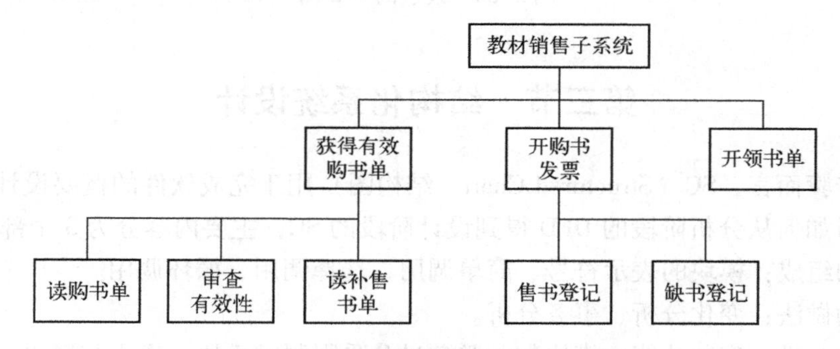

图 2-33 教材销售子系统的 HC 图

IPO 图的形式有不同的画法，如图 2-34 所示，它包含的信息一般如下：

1）系统名。

2）加工名。

3）编号。

4）模块名。

5）处理。

6）调用该模块的模块。

7）该模块调用的模块。

8）输入数据。

9）输出数据。

10）局部数据元素。

11）注释。

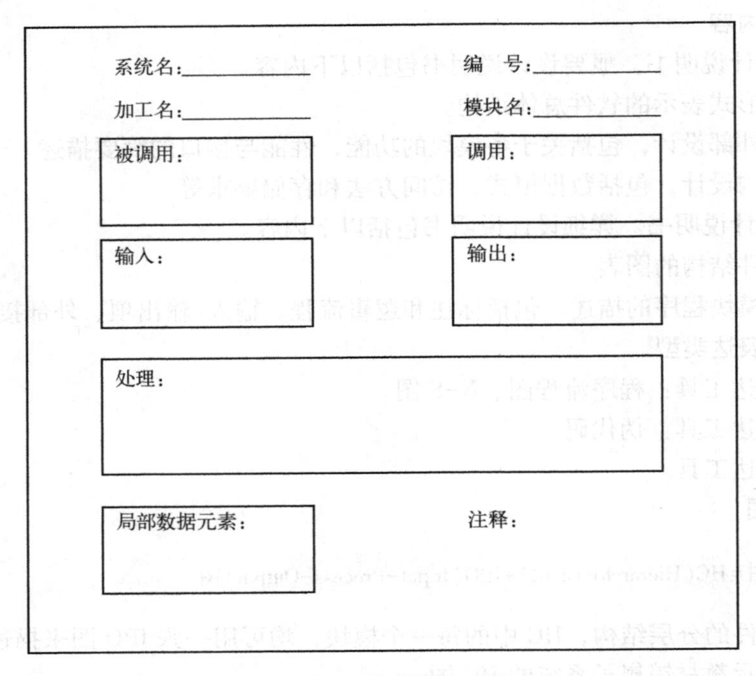

图 2-34 改进的 IPO 图

第三节 结构化系统设计

从设计步骤而言，SC（Structured Chart，结构图）用于完成软件的概要设计。本节的主要内容是学习如何从分析阶段的 DFD 得到设计阶段的 SC，主要内容分为 3 个部分。

1）SC 的组成：模块的表示符号、简单调用、选择调用、循环调用。

2）SC 的做法：变化分析、事务分析。

3）SC 的改进：完善功能、模块数、避免过分受限制的模块、扇入与扇出、消除重复功能、控制范围与作用范围。

需求分析的结果要通过系统设计阶段的工作来指引软件系统的结构，在结构化系统设计中用 SC 来表示软件系统的结构。

一、软件结构的典型形式

软件设计的主要目标之一，就是使程序结构适应问题的结构。各种实际系统都涉及两种典型的形式，即变换型结构和事务型结构。相应地，把软件结构的典型形式也划分为变换型结构和事务型结构。

1. 变换型结构

具有变换型结构的系统由 3 部分组成：传入路径、变换中心、传出路径。流经这 3 部分的数据流分别为传入流、变换流和传出流。

变换型结构的基本模型如图 2-35 所示。

2. 事务型结构

事务型结构的特征是具有在多种事务中选择执行某类事务的能力。由接收路径（至少一条）、一个事务中心和动作路径（若干条）组成。

事务型结构的基本模型如图 2-36 所示。

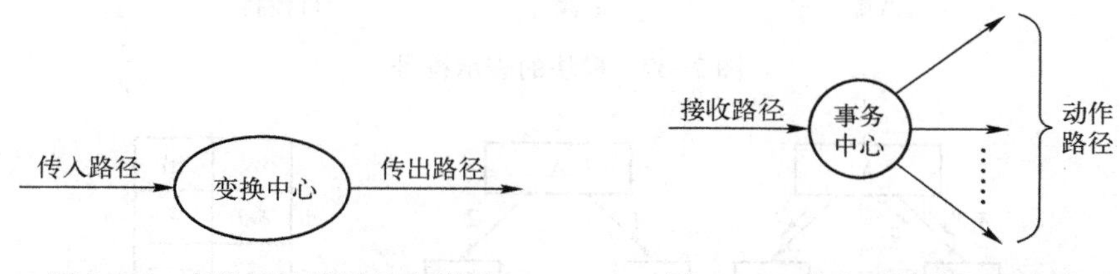

图 2-35　变换型结构的基本模型　　图 2-36　事务型结构的基本模型

在事务型结构中，外部信息沿着接收路径进入系统后，由事务中心计算出一个值，系统根据这个特定值判断、选择某一条动作路径的操作。

在一个实际的系统中，变换型和事务型两类结构往往同时存在。在事务型的总体结构中，它的某几条分支动作路径里可能出现变换型结构。在整体为变换型结构的系统中，其中的某些部分又可能具有事务性结构的特征。

二、建立初始结构图

1. SC 的组成

在 SC 中用矩形框表示模块，用带箭头的连线表示模块间的调用关系。在调用线的两旁，应标出传入和传出模块的数据流。SC 中的模块有 4 种类型，即传入模块、传出模块、变换模块和协调模块。

传入模块从下属模块取得数据，经过某些处理，再将其传送给上级模块。它传送的数据流叫作逻辑输入数据流。

传出模块从上级模块获得数据，进行某些处理，再将其传送给下属模块。它传送的数据流叫作逻辑输出数据流。

变换模块也叫加工模块，从上级模块取得数据，进行特定的处理，转换成其他形式，再传送回上级模块。它加工的数据流叫作变换数据流。

协调模块是对所有下属模块进行协调和管理的模块。在一个好的系统结构图中，协调模块应在较高层出现。

1）模块的表示符号：如图 2-37 所示。

2）简单调用：在 SC 中，调用线的箭头指向被调用模块。图 2-38a 表示模块 A 调用模块 B 和模块 C。传入模块 B 的参数是 x、y，模块 B 向模块 A 返回参数 z。模块 A 调用模块 C 时传入参数为 z，没有返回值。

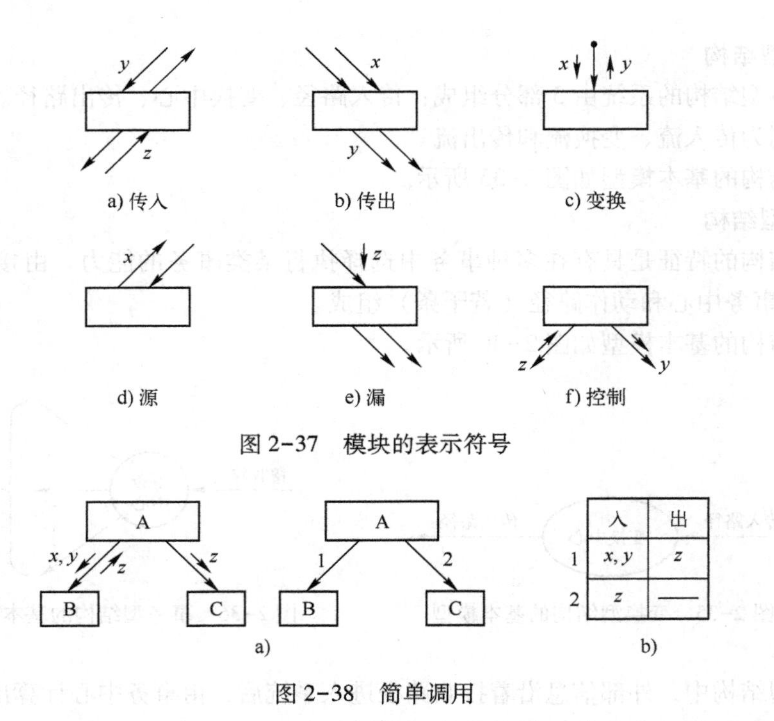

图 2-37 模块的表示符号

图 2-38 简单调用

3）选择调用：菱形表示选择，如图 2-39 所示。

4）循环调用：用叠加在调用线起始端的环形箭头表示循环，如图 2-40 所示。

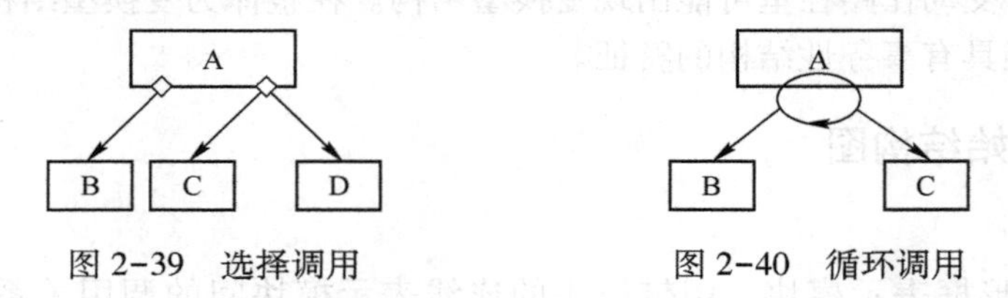

图 2-39 选择调用　　　图 2-40 循环调用

2. 变换分析

变换分析适用于变换型结构。其操作分为先区分传入、传出和变换中心三个部分，再完成“第一级分解”，然后完成“第二级分解”。

（1）区分传入、传出和变换中心

从数据流图中，确定 SC 第一级的传入、传出和变换模块。如何选定一个数据流图的某一个部分作为变换模块（加工中心）呢?

需要说明的是，这个问题的答案不是唯一的。对于一个较复杂的数据流图，不同的设计人员会有不同的设计方案，也就有不同的 SC。这取决于设计人员对实际需求、目标系统的理解和设计人员的工作经验。我们所举的例子都是一种典型的设计方法所导出的比较普遍的设计方案，不是唯一的答案。可以通过实例来了解画 SC 的基本方法和原则，了解什么样的设计方案是比较好的。

先确定中心加工。离中心加工最近的输入，再加工其性质和形式都已发生重大变化的数据流。离中心加工最近的输出，离最终输出的差距不大、无本质差距。也就是通过找到离中心加工最近的输入和输出的方式来确定中心加工。

在对数据流图进行分析和划分时，可能会遇到下列几种情况，对应的处理办法如下。

1）有些系统没有中心加工。系统的逻辑输入和逻辑输出还是完全相同的数据流，此时应如实地把数据流图划分为传入和传出两个部分，不要求一律分成三个部分。

2）除传入部分外，在变换中心甚至传出部分也不能从系统外接受某些输入数据流，称为二次传入数据。分析时，应按照实情把二次传入数据看成变换中心或传出部分的一个成分，不应当作传入部分的一部分。

3）有些数据流图可能缺少应有的细节，设计人员可对自己用作分析的数据流图进行补充，必要时甚至重画。

（2）完成“第一级分解”

这一步要根据上一步对数据流图的分析和划分画出初始的SC，主要是画出它最上面的两层模块——顶层和第一层。任何系统的顶层都只含一个用于控制的主模块。它的下一层（第一层）一般包括传入、传出和变换中心3个模块，分别代表系统的相应分支。但也可能只有传入和传出两个模块。初始SC的画法是有差异的，即一个软件系统的SC不唯一。

（3）完成“第二级分解”

“第二级分解”要针对上一步的结果继续进行自顶向下的分解，直至画出每个分支所需要的全部模块。

这一步主要采用“映射”，把数据流图中的加工转化为SC中的模块。在数据流图中加工的程序与模块调用的顺序相反，离中心加工越近的加工在SC中对应的模块离主控模块越近。

变换分析的3个步骤的每一步，其结果都不是唯一的，最后的SC是设计人员遵循画SC的规则和本人对系统的理解及经验得到的一个设计方案。在画SC时，应该具体情况具体分析，不能生硬地套规则。

3. 事务分析

对于具有事务型结构的系统，要采用事务分析方法。事务可定义为“引起、触发或启动某一动作或一串动作的任何数据、控制、信号、事件或状态变化”。事务分析的步骤如下。

1）在数据流图上确定事务中心、接收部分（包含接收路径）和发送部分（包含全部动作路径）。

事务中心通常位于数据流图中多条动作路径的起点，从这里引出受中心控制的所有动作路径。向事务中心提供启动信息的路径是系统的接收路径。动作路径通常不止一条，且每条均具有自己的结构特性。

2）画出SC框架，把数据流图的三个部分分别映射为事务控制模块、接收模块和发送模块，如图2-41所示。

3）分解和细化接收分支和发送分支，完成初始SC。接收分支一般具有变换特性，可以按变换分析对它进行分解。

进行事务型的数据处理问题时，通常在接收一项事务后，根据事务处理的特点和性质，选择分派一个适当的处理单元（事务处理模块），然后给出结果。通常把完成选择分派任务的部分叫作事务处理中心模块。

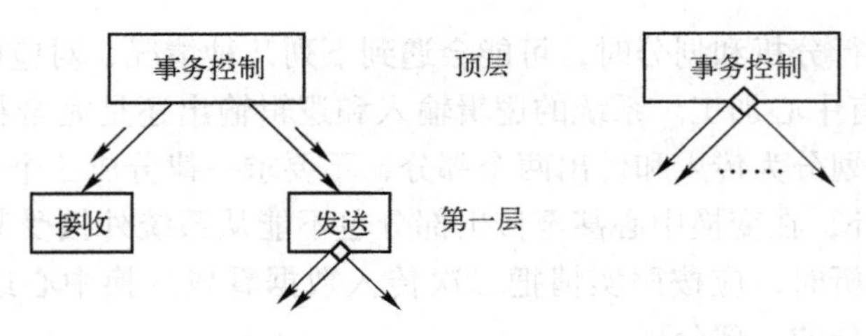

图 2-41 事务分析方法的 SC 框架

图 2-42 是一个事务型系统的分支结构图。其中，事务控制模块（事务处理中心）按所接收的事务的类型，选择某一个事务处理模块执行。各个事务处理模块是并列的，依赖于一定的选择条件，分别完成不同的事务处理工作。每个事务处理模块可能要调用若干个操作模块，而操作模块又可能调用若干个细节模块。由于不同的事务处理模块可能有共同的操作，因此某些事务处理模块可能共享一些操作模块。同样，不同的操作模块可以有相同的细节，所以，某些操作模块又可以共享一些细节模块。

事务型系统的结构图可以有多种不同的形式，例如，有多个操作层或没有操作层。还可以把图 2-42 中的分析作业和调度都归入事务中心模块。

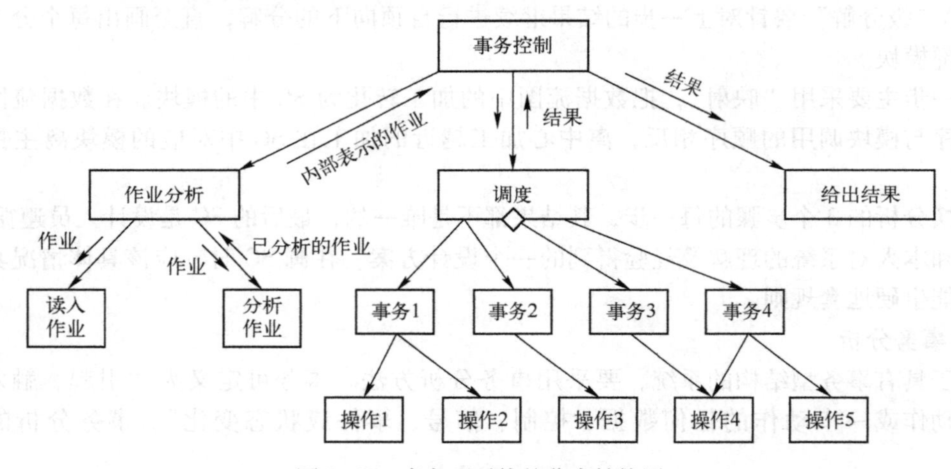

图 2-42 事务型系统的分支结构图

三、软件模块结构的改进

为了改进系统的初始模块结构图，人们经过长期软件开发的实践，得到了一些试探性规则，利用它们，可以帮助设计人员改进软件设计，提高设计的质量，这些规则如下。

1）模块功能的完善化。一个完整的功能模块，不仅能够完成指定的功能，而且还应当能够告诉使用者任务完成的状态，以及不能完成的原因。一个完整的模块应当有以下几部分。

① 执行规定功能的部分。

② 出错处理的部分。当模块不能完成规定的功能时，必须回送出错标志，向它的调用者报告出现这种例外情况的原因。

③ 如果需要返回一系列数据给它的调用者，在完成数据加工或结束时，应当给它的调

用者返回一个该模块执行是否正确结束的“标志”。

所有上述部分都应当看作是一个模块的有机组成部分，不应分离到其他模块中去，否则将会增加模块间的耦合程度。

2）消除重复功能，改善软件结构。在系统的初始结构图得出之后，应当审查分析这个结构图，如果发现几个模块的功能有相似之处，可以加以改进。

① 完全相似。在结构上完全相似，可能只是在数据类型上不一致，此时可以采取完全合并的方法，只需在数据类型的描述和变量定义上加以改进。

② 局部相似。把相同的部分独立出来，变为下一级模块，供原本的两个模块共享。

3）设计功能可预测的模块，但要避免过分受限制的模块。一个功能可预测的模块可以被看成一个“黑箱”，不论内部处理细节如何，但对相同的输入数据，总能产生同样的结果。但是，如果模块内蕴藏了一些特殊的鲜为人知的功能，这个模块就有可能是不可预知的，对于这种模块，如果调用者不小心使用，其结果将不可预测。

一个仅处理单一功能的模块，会由于具有高度的内聚性而受到设计人员的重视。但是，如果一个模块的局部数据结构的大小、控制流的选择或者与外界的接口模式被限制了，该模块就很难适应用户的新要求或者环境的变更，给将来的软件维护造成巨大的困难，使人们不得不花费更大的代价来消除这些限制。为了能够适应将来的变更，软件模块中局部数据结构的大小应当是可控制的，调用者可以通过模块接口的参数表或一些预定义的外部参数来规定或改变局部数据结构的大小。另外，控制流的选择对于调用者来说，应当是可预测的。而与外界的接口应当是灵活的，也可以用改变某些参数的值来调整接口的信息，以适应未来的变更。

4）模块的作用范围应在控制范围之内。

5）扇入和扇出。扇入是指调用该模块的模块数，扇出是指模块调用子模块的个数。要尽可能减少高扇出结构，随着深度增大扇入。高扇出意味着一个模块要控制的模块多，比较复杂；而过大的扇入可能是因为一个模块有多个功能。

6）模块的大小。模块的大小要适中。在改进模块的结构时，应当根据具体情况通盘考虑，既要使软件结构最好地体现问题原来的结构，又要考虑实现的可行性。

第四节 详细设计

在概要设计阶段，我们得到了系统的软件结构，明确了软件的模块构成、每个模块的功能和模块间的接口。在详细设计阶段，工作的目的是对系统的每个模块给出足够详细的过程性描述。

一、目的与任务

详细设计的目的，是为软件结构图（SC 或 HC）中的每一个模块确定实现模块功能所采用的算法和块内数据结构，用某种选定的表达工具给出清晰的描述。设计人员的任务如下。

1）为每个模块确定采用的算法。选择某种适当的工具表达算法的过程，写出模块的详细过程性描述。

2）确定每个模块使用的数据结构。

3）确定模块接口的细节，包括对系统外部的接口和用户界面、对系统内部其他模块的接口，以及关于模块输入数据、输出数据及局部数据的全部细节。

4）为每一个模块设计出一组测试用例，以便在编码阶段对模块代码进行预定的测试。

二、模块的逻辑设计

在详细设计阶段，为了让程序达到正确可靠、易读的目的，应该掌握以下几条原则。

1）在程序的效率与清晰度之间进行仔细的权衡，限制使用 goto 语句。

2）采用结构化程序设计的思想。程序逻辑用顺序、选择和循环 3 种控制结构或它们的组合来实现，遵循每个控制结构应该只有一个入口和一个出口的原则。

3）逐步细化。逐步细化产生的程序逻辑一般错误较少，可靠性也比较高，逐步细化的步骤如下。

① 由粗到细，对程序进行逐步细化。

② 在细化程序的过程中，同时对数据的描述进行细化。

③ 每一步细化均使用相同的结构化语言，最后一步一般直接用伪代码来描述，以便编码时直接翻译为源程序。

逐步细化的优点如下。

① 每一步只优先处理当前最需要细化的部分，其余部分则推迟到适当时机考虑。

② 易于验证程序的正确性。

三、常用的表达工具

1. 程序流程图

程序流程图是软件开发者最熟悉的一种算法表达工具。它独立于任何一种程序设计语言。流程图的优点是直观、清晰、易于学习和掌握。人们在需要了解别人开发软件的具体实现方法时，常常需要借助流程图来理解其思路及处理方法。

流程图的缺点是符号不够规范。流程图的使用灵活性大，程序员可以不受任何约束，随意转移控制。这些不规范、灵活性过大、影响软件质量的问题与软件工程要求规范、标准、严格的原则是相悖的。

为了使用流程图描述结构化程序，首先对流程图的控制结构进行了限制，即在流程图中只允许使用以下 5 种基本的控制结构。

1）顺序型：由几个连续的加工依次排列构成，如图 2-43 所示。

2）选择型：由某个逻辑判断式的取值决定选择两个加工中的一个，如图 2-44 所示。

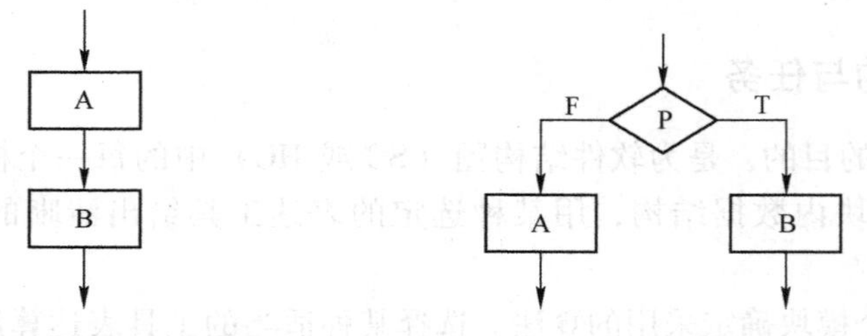

图 2-43　顺序型结构　　图 2-44　选择型结构

3）先判定型循环：在循环控制条件成立时，重复执行特定的加工，如图 2-45 所示。

4）后判定型循环（until）：重复执行某些特定的加工，直至循环控制条件成立，如图 2-46 所示。

5）多情况（case）型选择：列举多种加工情况，根据控制变量的取值，选择执行其一，如图 2-47 所示。

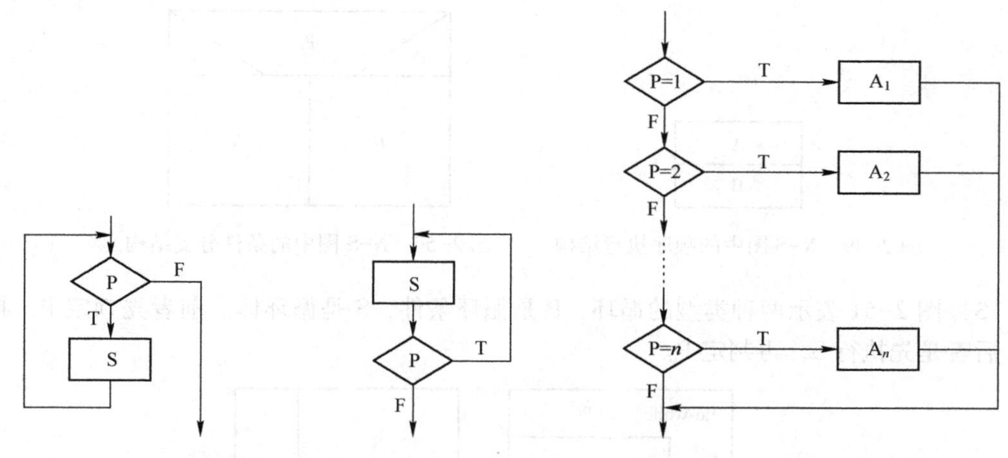

图 2-45　先判定型循环结构　图 2-46　后判定型循环结构　图 2-47　多情况型选择

其次，需要对流程图所用的符号进行确切的规定。除使用规定符号之外，流程图中不允许出现任何其他符号。图 2-48 所示为国际标准化组织提出，并已为中国国家技术监督局批准的一些程序流程图标准符号。

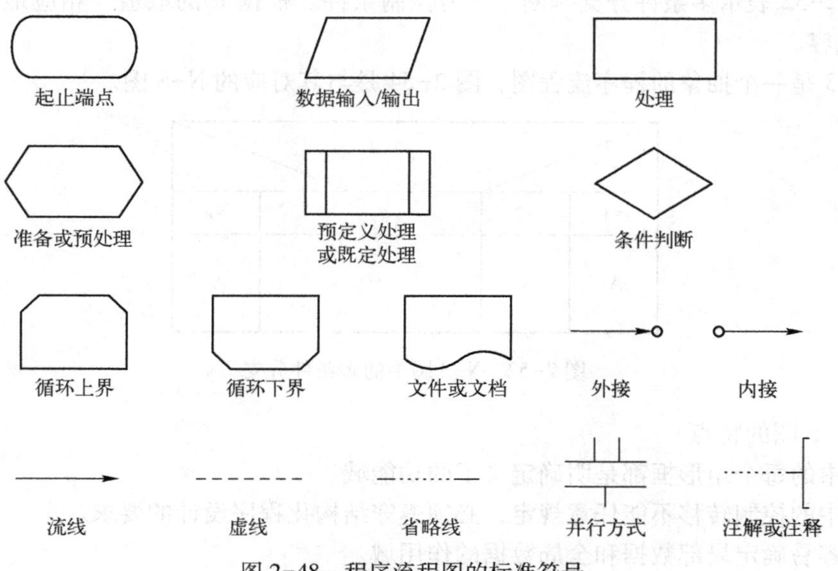

图 2-48　程序流程图的标准符号

虚线表示两个或多个符号间的选择关系（例如，虚线连接了两个符号，则表示这两个符号中只选用其中的一个）。

外接符及内接符表示流线在另外一个地方接续，或者表示转向外部或者从外部转入。

2. N-S 图

（1）N-S 图的基本结构

N-S 图规定了 5 种图形构件来表示 4 种基本控制结构。

1）图 2-49 表示按顺序先执行 A，再执行 B。

2）图 2-50 表示若条件 P 取真值，则执行 A；取假值时，执行 B。

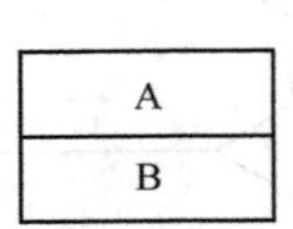

图 2-49　N-S 图中的顺序执行结构

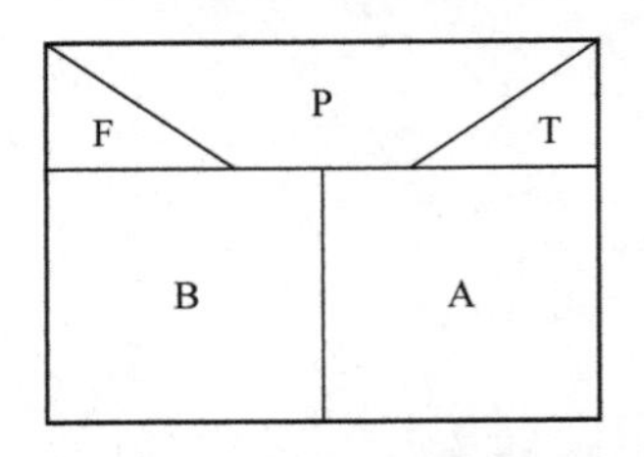

图 2-50　N-S 图中的条件分支结构

3）图 2-51 表示两种类型的循环，P 是循环条件，S 是循环体。前者先判定 P，再执行 S；后者是先执行 S，再判定 P。

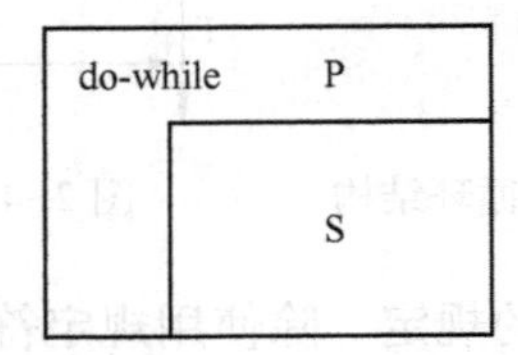

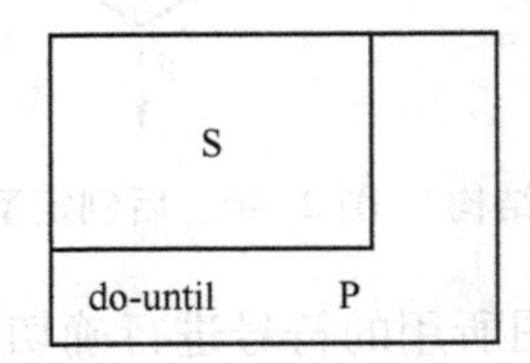

图 2-51　N-S 图中的循环结构

4）图 2-52 表示多条件分支判断，P 为控制条件。根据 P 的取值，相应地执行其值下面各框的内容。

图 2-53 是一个抽象的程序流程图，图 2-54 是与其对应的 N-S 图。

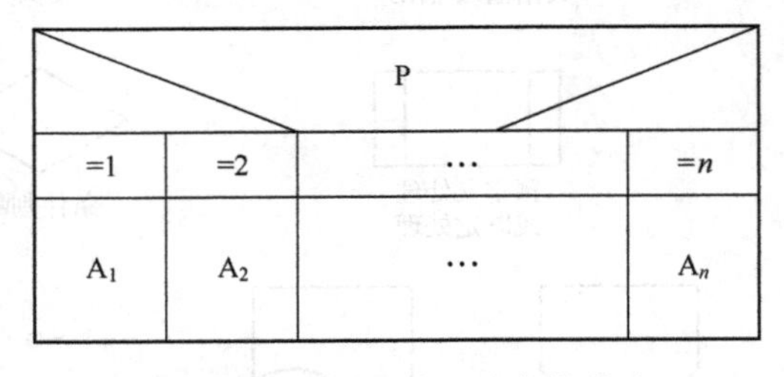

图 2-52　N-S 图中的多条件分支

（2）N-S 图的特点

1）图中的每个矩形框都是明确定义了的功能域。

2）图中的控制转移不能任意规定，必须遵守结构化程序设计的要求。

3）很容易确定局部数据和全局数据的作用域。

4）很容易表现嵌套关系，也可以表示模块的层次结构。

一个很大的 N-S 图画不下所有信息时，可给这个图中一些部分取个名字，在图中相应位置用名字而不是用细节去表现这些部分，然后再用另外的图把这些命名的部分展开。例如，图 2-54 可分解为图 2-55 的 3 个图。

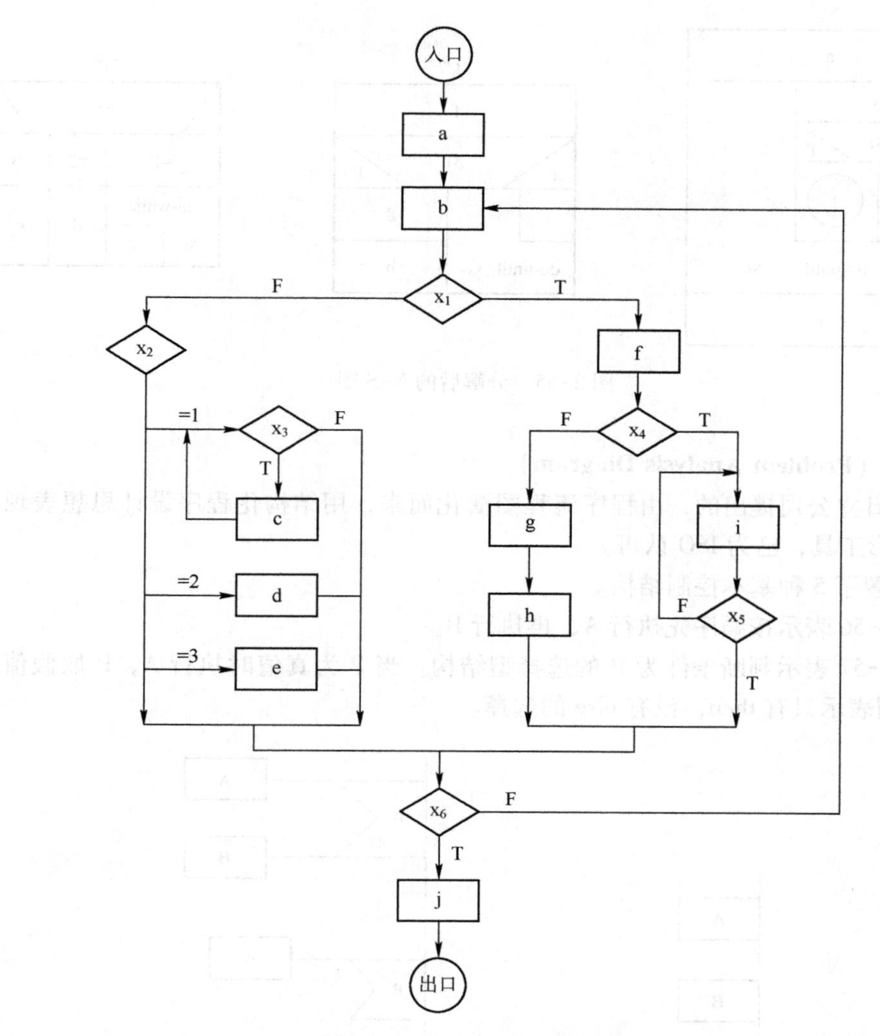

图 2-53　抽象的程序流程图

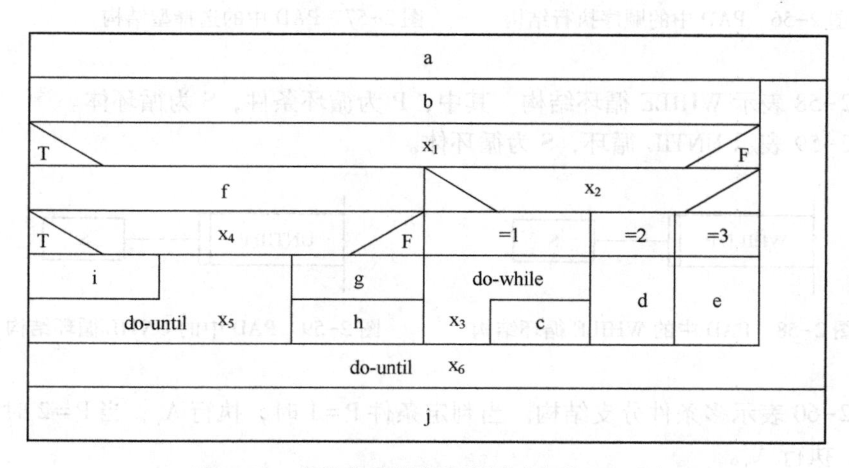

图 2-54　和抽象的程序流程图对应的 N-S 图

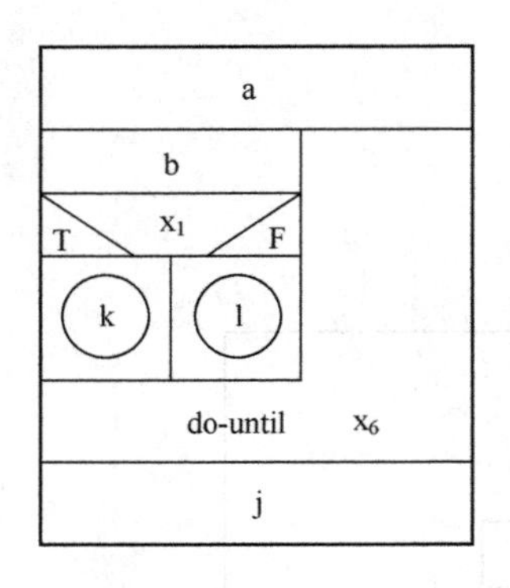

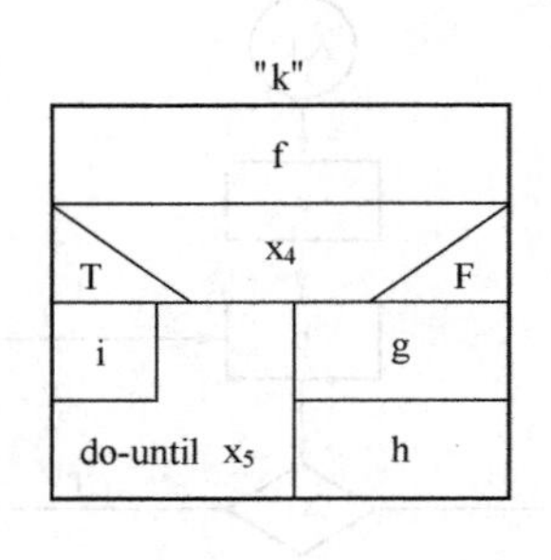

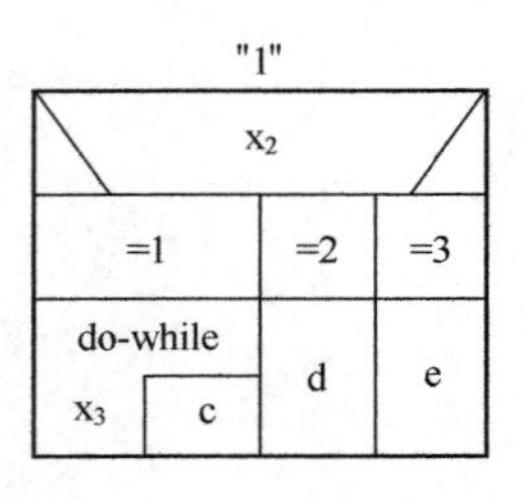

图 2-55 分解后的 N-S 图

3. PAD（Problem Analysis Diagram）

PAD 是日立公司提出的，由程序流程图演化而来，用结构化程序设计思想表现程序逻辑结构的图形工具，已为 ISO 认可。

PAD 设置了 5 种基本控制结构。

1）图 2-56 表示按顺序先执行 A，再执行 B。

2）图 2-57 表示判断条件为 P 的选择型结构。当 P 为真值时执行 A，P 取假值时执行 B。第二张图表示只有 then，没有 else 的选择。

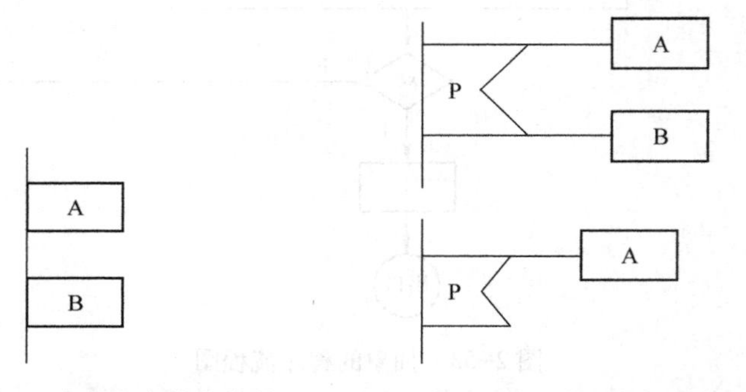

图 2-56 PAD 中的顺序执行结构　　图 2-57 PAD 中的选择型结构

3）图 2-58 表示 WHILE 循环结构。其中，P 为循环条件，S 为循环体。

4）图 2-59 表示 UNTIL 循环，S 为循环体。

图 2-58 PAD 中的 WHILE 循环结构　　图 2-59 PAD 中的 UNTIL 循环结构

5）图 2-60 表示多条件分支结构。当判定条件 P=1 时，执行 A_1；当 P=2 时，执行 A_2；当 P=n 时，执行 A_n。

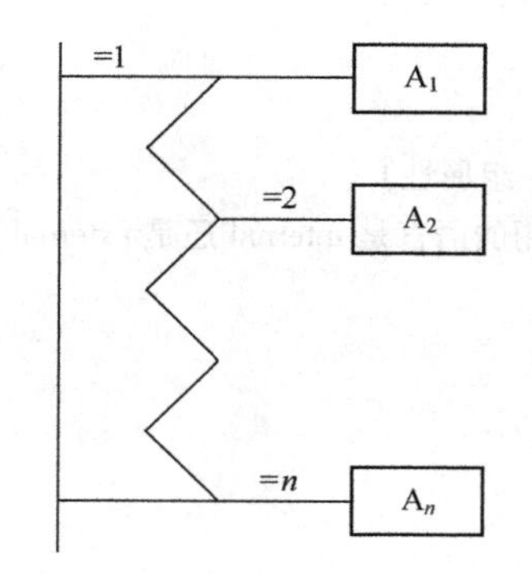

图 2-60　PAD 中的多条件分支结构

图 2-61 是用 PAD 表示的程序模块的详细设计图。

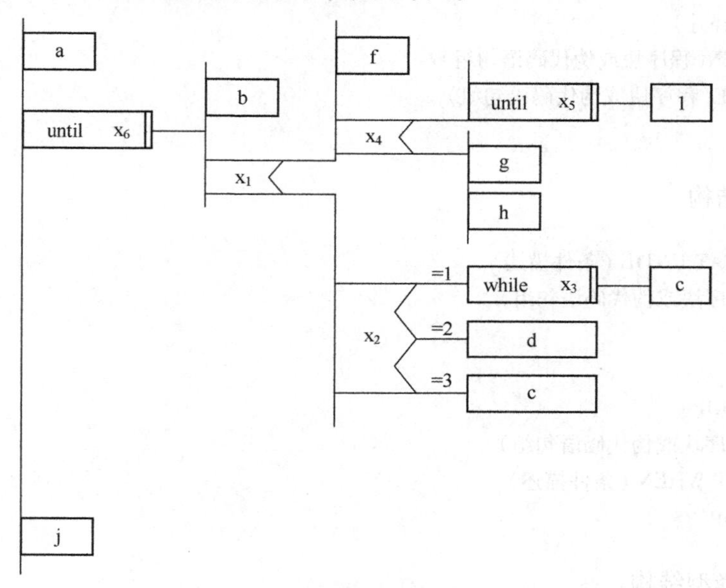

图 2-61　用 PAD 表示的程序模块的详细设计图

PAD 所表达的程序，结构清晰且结构化程度高。作为一种详细设计的图形工具，PAD 比流程图更容易阅读。

4. 伪代码和 PDL

PDL 是一种用于描述功能模块的算法设计和加工细节的语言，是一种伪代码。PDL 作为一种伪代码，其语法分为内语法和外语法，内语法描述实际操作和条件，外语法描述控制结构和数据结构。

下面列举一种 PDL 的语法。

（1）数据说明

```
TYPE（变量名）is(限定词 1)(限定词 2)
```

（2）程序块

```
BEGIN(块名)
```

(3) 子程序结构

```
PROCEDURE(子程序名)(一组属性)
    #属性用来描述模块使用的语言是 internal 还是 external
INTERFACE(参数表)>…
    程序块或伪代码语句组
END
```

(4) 基本控制结构

1) 顺序型结构。

2) 选择型结构。

```
IF(条件描述)
    THEN(程序块或伪代码语句组)
    ELSE(程序块或伪代码语句组)
END IF
```

3) 重复型结构。

```
① REPEAT UNTIL (条件描述)
    (程序块或伪代码语句组)
ENDREP

② DOLOOP
    (程序块或伪代码语句组)
    EXIT WHEN (条件描述)
ENDLOOP
```

4) 多路选择型结构。

```
CASE OF (case 变量名)
    WHEN(case 条件 1)  SELECT (程序块或伪代码语句组)
    WHEN (case 条件 2)  SELECT (程序块或伪代码语句组)
    ⋮
    WHEN(case 条件 n)  SELECT (程序块或伪代码语句组)
    DEFAULT:(缺省或错误 case:程序块或伪代码语句组)
ENDCASE
```

5) 输入/输出结构。

```
READ/WRITE TO (设备)(I/O 表)
```

或者 ASK (询问) ANSWER (相应选项)

```
ASK-ANSWER 用于人机对话的设计
```

四、结构复杂性的度量

结构复杂性的研究对象主要是程序的清晰度和非结构化程度。可以用程序图、环域复杂度、交叉点复杂度度量程序结构的复杂性。

1. 程序图

程序图是简化了的流程图，把流程图中的框简化为圆圈。

2. 环域复杂度

程序图可以看作是一个用 G=(N,E) 表示的有向图。N 表示结点，E 表示有向边。

V(G) 表示图 G 的环域数。

$$V(G)=\text{判定结点数}+1 = n_e - n_v + 2P$$

（n_e为有向图的边数，n_v为有向图形的结点数，$P=1$）

一个程序图所包含的判定结点数量越多，程序的复杂度就越高，其环域复杂度也就越高。

环域复杂度应用如下。

① 用来度量程序的测试难度。环域数越大，对程序进行测试和排错也越难，就越影响程序的可靠性。

② 用来限制模块的最大行数。McCabe 在大量调查中发现，V(G)≥10 时，对模块进行充分测试将变得非常困难。他主张将 10 作为环域数的上限，并以此来限制模块的最大规模。

3. 交叉点复杂度

把程序图中交叉点的个数作为度量程序结构复杂性的依据。

本章小结

本章先介绍需求分析的任务、原则、步骤和方法，然后介绍结构化设计方法，包括概要设计和详细设计。详细内容总结如下。

1）需求分析的任务、需求分析应遵循的原则、需求分析的 5 个步骤。

2）需求规格说明书的主要内容；数据流图的符号、数据流图的作用及画法；数据字典的作用、对不同类型数据的描述方法、数据字典使用的符号；数据结构图的作用、画法；数据流图中的加工说明：结构化语言、判定表、判定树、加工卡片。

3）结构化分析方法的定义；利用分层数据流图进行结构化分析；对分层数据流图中的数据和加工进行说明；结构化分析工具。

4）软件设计的步骤和任务；概要设计阶段的工作内容；软件体系结构总体设计、处理方式设计、数据结构设计、可靠性设计、概要设计文档编写、概要设计评审的任务。

5）软件详细设计的工作内容；模块化与工作量的关系；信息隐藏的含义与方法；模块的概念、模块的基本属性、模块化带来的好处、模块的独立性、耦合性、内聚性；概要设计说明书与详细设计说明书。

6）软件结构的典型形式；SC 的组成、表示模块的符号、用变换分析法画 SC、用事务分析法画SC、对复杂系统用变换/事务分析法画SC的举例；软件模块结构的改进。

7）详细设计的目的与任务；详细设计的原则；描述详细设计的工具：程序流程图、N-S图、PAD、伪代码和PDL；结构复杂性度量：程序图、环域复杂度、交叉点复杂度。

习　题

一、单项选择题

1. 需求分析的任务是【　】。

A. 确定客户需要目标系统实现的功能，并提供需求规格说明书

B. 确定客户需要目标系统应该达到的时间性能，并提供需求规格说明书

C. 确定客户需要系统提供什么样的用户界面，并提供需求规格说明书

D. 确定目标系统的功能和非功能需求，并提供需求规格说明书

2. 关于需求分析的步骤，下列选项中正确的是【　】。

A. 先建立系统的业务模型，再建立系统的逻辑模型

B. 先建立系统的逻辑模型，再建立系统的业务模型

C. 对业务系统模型进行完善后，再建立系统的逻辑模型

D. 先对系统的逻辑模型进行完善，再建立业务系统的模型

3. 需求规格说明书中，用于对数据进行描述的工具是【　】。

A. 数据流图　　B. 数据结构图

C. 数据字典　　D. 数据加工图

4. 下列关于模块独立性的叙述，正确的是【　】。

A. 模块间的耦合性仅取决于模块间接口的复杂性

B. 模块之间的连接越松散，耦合性就越高

C. 模块之间的耦合性越高，模块的独立性就越强

D. 模块的独立性越强，系统的可维护性越高

5. 下列关于SC的叙述，正确的是【　】。

A. SC通常用于描述模块的内部结构

B. SC用于描述软件系统的模块结构

C. SC由输入模块构成

D. SC由输入和输出模块构成

6. 一个完整的模块应当包括【　】。

A. 执行规定功能的部分和输入部分

B. 输入部分、执行规定功能的部分和输出部分

C. 执行规定功能的部分和出错处理部分

D. 执行规定功能的部分、出错处理部分及返回值

7. 下列图表，可用于详细设计的是【　】。

A. SC　　B. N-S图　　C. 数据流图　　D. 判定树

8. 在程序流程图中，用于表示预定义处理的图标是【　】。

A. ▭　　B. ▢　　C. ◇　　D. ◫

二、简答题

1. 软件需求分析的任务是什么？需求分析的步骤是什么？
2. 需求规格说明书包括哪些内容？有哪些图、表可用于描述需求？
3. 需求分析工具由哪几部分组成？
4. 软件设计的内容是什么？软件设计分为哪两个步骤？
5. 软件系统结构设计的内容有哪些？
6. 软件的数据结构设计包括哪些内容？
7. 软件详细设计要完成哪些工作？
8. 什么是模块？什么是模块的独立性？
9. 可以从哪些方面改善系统的初始模块结构？
10. 在详细设计阶段，设计人员需要完成哪些任务？

三、应用题

1. 银行计算机储蓄系统的工作过程大致如下：储户填写的存款单或取款单由业务员输入系统，如果是存款，则系统记录存款人姓名、住址（或电话号码）、身份证号码、存款类型、存款日期、到期日期、利率及密码（可选）等信息，并打印出存款存单给储户；如果是取款而且存款时留有密码，则系统首先核对储户密码，若密码正确或存款时未留密码，则系统计算利息并打印出利息清单给储户。请用数据流图描绘本系统的功能。

2. 画出下列伪码程序的程序流程图和盒图。

```
START
IF P THEN
        WHILE q DO
              f
        END DO
      ELSE
        BLOCK
          g
          n
        END BLOCK
END IF
STOP
```

第三章　面向对象的软件开发方法

学习目标：

1. 掌握面向对象的基本概念：对象、类、封装、继承、多态和重载。

2. 掌握UML的常用图的画法和用途。

3. 掌握面向对象分析的过程和建模方法，能使用活动图、用例图、时序图、类图、状态图描述系统需求。

4. 掌握面向对象的设计过程、设计准则、软件的体系结构，能够用体系结构图、包图、构件图、部署图、时序图、设计类图描述软件系统的设计模型。

5. 掌握构件级设计的方法。

6. 掌握用户界面的设计方法。

教师导读：

1. 本章是这门课程的重点内容，知识点多、难度较高，需要结合程序设计语言相关课程的实践内容领会各知识点。

2. 本章先介绍了有关对象、类、继承、封装、多态等面向对象的基本概念，然后介绍面向对象软件开发中最常用的建模语言UML，随后按照软件开发过程的生命周期模型，按照以下思路依次介绍有关面向对象的需求分析和设计过程、建模方法。

① 面向对象分析：进行业务分析得到描述业务的活动图；根据活动图及与业务人员的沟通得到描述系统功能的用例图；通过识别类、对象、属性、操作与关联建立系统的分析类图；通过画时序图描述系统的交互过程和操作的顺序关系，验证类图的正确性；建立动态模型的状态图，描述事件在不同用例之间的迁移，进一步描述系统的业务逻辑。

② 面向对象的设计：理解面向对象设计的基本过程、设计准则、分层体系结构、MVC模式的Web应用体系结构；设计子系统，用包图描述子系统；设计构件，画出基于实体类的构件图；设计系统的物理体系结构并用部署图对其进行描述；细化构件的设计，由分析类图，经过设计过程的迭代得到设计类图；完成用户界面设计。

3. 学习了本章内容后，考生应能了解采用面向对象技术进行软件系统的需求分析、系统设计的过程及建模方法；能够使用Rose或PlantUML等工具画出用于描述系统需求和设计方案的模型图，如用例图、时序图、状态图、类图。

4. 学习本章后，考生应能根据对业务需求的描述，对简单的小型系统用UML进行需求描述和设计方案的描述；能够通过对业务的了解和分析得到分析阶段的活动图、用例图、时序图、类图、状态图及设计阶段的体系结构图、时序图、包图、构件图、部署图、设计类图。

本章介绍面向对象的基本概念、UML、面向对象的软件需求分析方法和建模过程；面向对象的软件设计步骤、准则、建模方法。

第一节　面向对象的基本概念

一、对象

对象是面向对象开发模式的基本成分，是由描述该对象属性的数据以及可以对这些数据施加的所有操作封装在一起构成的统一体。属性一般只能通过执行对象的操作来改变，操作又称为方法，在 C++中称为成员函数，它描述了对象执行的功能。消息是要求另一对象执行类中定义的某个操作的规格说明。发送给一个对象的消息定义了一个操作名和一个参数表（可能是空的），并指定某一个对象。当一个对象接收到发给自己的消息时，调用消息中指定的操作，并将形式参数与参数表中相应的值结合起来。接收对象对消息的处理可能会改变对象的状态，即改变接收对象的属性，并发送一个消息给自己或另一个对象。可以认为，这种消息的传递大致等价于传统过程性方法中的函数调用。

为了具体说明，考虑在计算机屏幕上画多边形。每个多边形是一个用有序顶点集定义的对象，这些顶点的次序决定了它们的连接方式，顶点集定义了一个多边形对象的状态，包括它的形状和它在屏幕上的位置。对多边形的操作包括 draw（在屏幕上画出多边形）、move（将多边形从原来位置移到某一指定位置）以及 contains（检查某特定点是否在多边形内部）。

图 3-1a 所示为在计算机屏幕上的 3 个多边形对象和定义它们的点。图 3-1b 所示为表示多边形的 3 个对象。

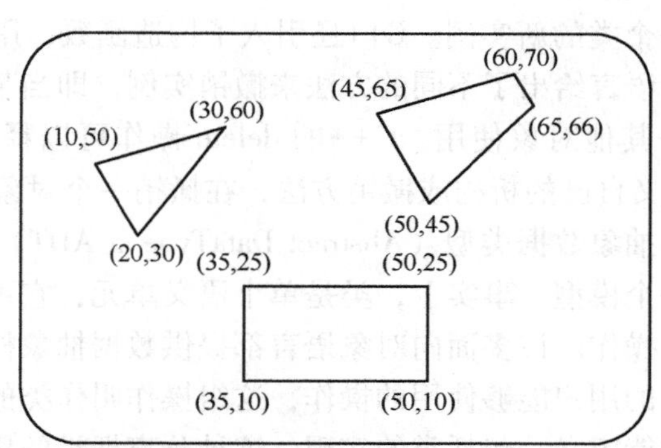

a) 在计算机屏幕上的3个多边形对象和定义它们的点

Triangle	Quadrilateral 1	Quadrilateral 2
(10,50) (30,60) (20,30)	(35,25)　(50,25) (35,10)　(50,10)	(45,65)　(50,45) (65,66)　(60,70)
draw move(x, y) contains(aPoint)	draw move(x, y) contains(aPoint)	draw move(x, y) contains(aPoint)

b) 表示多边形的3个对象

图 3-1　多边形的 3 个对象

描述多边形对象还需要利用其他对象，如 screen（屏幕）和 point（点）。screen 是物理对象，根据要求，它是多个像素的某种配置，可以操作它画出的形状。screen 对象提供了一些操作，对像素进行 on 和 off 转换，以改变特定像素的当前状态，此时屏幕把点映射到像素。一个 point 对象按照某个 x，y 坐标系表示了一个特定的像素点。point 对象提供了一些操作来存取它的 x 和 y 分量。

对象不仅仅是物理对象，还可以是任一类概念实体的实例。如操作系统中的进程、室内照明的等级、在一个特别审判中律师的作用，都是对象。

二、类

类是一组具有相同数据结构和相同操作的对象的集合，类的定义包括一组数据属性和对这组数据的一组合法操作。类定义可以视为一个具有类似特性与共同行为的对象的模板，可用来产生对象。每个对象都是类的实例，它们都可使用类中提供的函数，一个对象的状态则包含在它的实例变量中。例如，在图 3-1 中有两个四边形，每个四边形都具备一些相同的性质，这样可以定义一个如图 3-2 所示的 Quadrilateral（四边形）类并定义其变量和方法。Quadrilateral 类的每个对象都有一组同样的实例变量和方法。就这个意义来讲，类 Quadrilateral 提供了一个模板，表示了所有四边形对象，定义了各个四边形实例中的实例变量和可以作用于任一实例的一组方法。

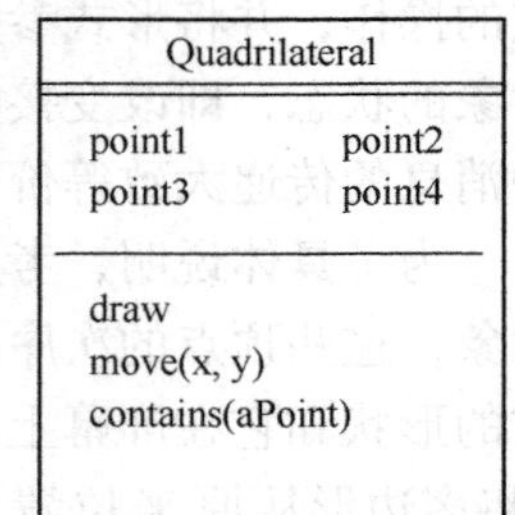

图 3-2　四边形的类定义

为了从类定义中产生对象，必须提供建立实例的操作。面向对象语言，如 C++定义了一个 new 操作，可建立一个类的新实例。C++还引入了构造函数，用它在声明一个对象时建立实例。此外，程序设计语言给出了不同的方法来撤销实例，即当某些对象不使用时把它们删去，释放存储空间以备其他对象使用。C++的 delete 操作可以释放一个对象所占用的空间。C++还允许每个类定义自己的析构或撤销方法，在撤销一个对象时调用它。

类常常可看作是一个抽象数据类型（Abstract DataType，ADT）的实现，但更合适的是把类看作是某种概念的一个模型。事实上，类是单个语义单元，它可以很自然地管理系统中的对象，匹配数据定义与操作。许多面向对象语言都提供数据抽象机制，这个机制为类定义提供了一个手段，指明类的用户能够使用的操作，这组操作叫作类的界面。类定义的其余部分给出数据定义和辅助功能定义，包括类的实现。这种分离把类的用户与类内部修改的影响隔离开来。

可以用构成类界面的操作来操作类的实例。Quadrilateral 类的一个简化共有界面如图 3-2 所示，类 Quadrilateral 的实例能够响应发送给它们的消息。例如，当发送一个消息 draw 给类 Quadrilateral 的一个实例时，就会引发该实例执行它的 draw 操作，draw 操作就会画一个四边形所具有的形状，并通过该实例内的 point 数据确定图形的位置。

类的实现可使用能提供它所需要服务的其他类的实例，这些实例应受到保护而不被其他对象存取，包括同一个类的其他实例。例如，在四边形中，定义四边形的 4 个顶点是特定的 point 对象，其他对象不能存取这些 point 对象。如果其他对象必须存取这些点，则可以增加一些新的操作到类的界面上，以提供其存取能力。例如，若指定一个点作为基准点，如靠近屏幕边上的（0,0）点，那么就应当定义一个操作，叫作 referencePoint（基准点），用它来提供该点坐标值，而不是让其他对象从点 point1、point2、point3、point4 的坐标值来计算这个点的坐标值。类的实现可能还包括某些私有操作，只有实现它们的类可以使用这些操作，而其他任何对象都不能使用。例如，可以有一个私有操作，从一系列点中找出最靠近（0,0）的点。

类就其是一个数据值的聚合的意义上来看，与 C 语言中的记录（结构体）类似，但又有差别。类扩展了通常的记录（结构体）语义，可提供各种级别的可访问性。也就是说，记录的某些成分可能是不可访问的，而这些成分对于该记录型来说具有可访问性。类不同于记录，因为它们包括了操作的定义，这些操作与类中声明的数据值有相同的地位。

三、封装

封装是面向对象方法的一个重要原则，它把对象的属性和服务结合成一个独立的系统单元，是一种信息隐藏技术，将对象的外部特征（可用的方法）与内部实现细节（属性和方法如何实现）分开，对象的外部特征对其他对象来说是可访问的，而它的内部细节对其他对象是隐蔽的。

封装信息的作用反映了事物的相对独立性，当从外部观察对象时，只需要了解对象所呈现的外部行为（即做什么），而不关心其内部细节（即怎么做）。因此当使用对象时，不必知道对象的属性及行为在内部是如何表现和实现的，只需要知道它提供了哪些方法操作即可。

四、继承

继承是面向对象方法学中的核心概念，它是指一个类的定义中可以派生出另一个类的定义，派生出的类被称作子类，可以自动拥有父类的全部属性和服务。继承简化了人们对现实世界的认知和描述，在定义子类时不必重复定义已在父类中定义的属性和服务，只要说明它是某个父类的子类，并定义自己特有的属性和服务即可。因为父类的一部分已经实现并经过测试，故复用父类可节省开发费用。如图 3-3a 所示的 Polygon（多边形）类是 Quadrilateral 类的父类，则 Quadrilateral 类可以作为它的子类定义，如图 3-3b 所示。图 3-3b 中斜体部分表示在 Polygon 类已经定义，并通过继承加到 Quadrilateral 类的定义中。假如这些元素作为 Polygon 类的一部分已经通过了测试，那么在 Quadrilateral 类中就无须像新写的代码那样做严格的测试。

Polygon
referencePoint
Vertices
draw
move(x, y)
contains(aPoint)

a) Polygon（多边形）类

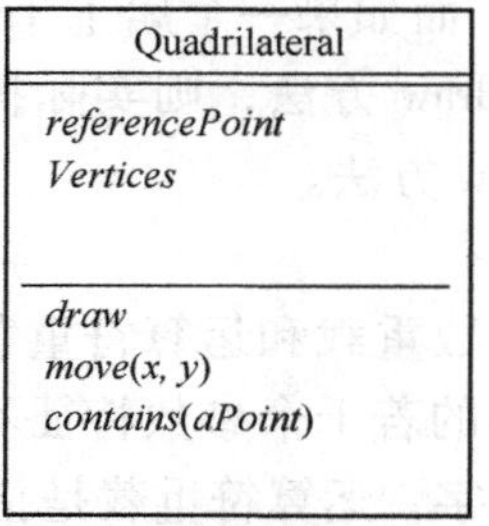

b) Polygon类的子类Quadrilateral

图 3-3　继承类的例子

使用继承设计一个新类，可以视为描述一个新的对象集合，它是父类所描述对象集合的子集合，这个新的子集合可以认为是父类的一个特化。图 3-3 中的 Quadrilateral 类是 Polygon 类的一个特化。一个 Quadrilateral 是限制为四条边的多边形，还可以进一步把 Quadrilateral 特化为 Rectangle（矩形），它是具有特殊性质的四边形。Quadrilateral 类的界面可以等同于 Polygon 类的界面，而 Rectangle 类的界面又与 Quadrilateral 类的界面相同。

子类的界面还可以看作是父类界面的扩充界面。例如，从一个现存的车辆类派生的四轮驱动车类可能不仅是车辆类子集合定义的特化，而且还可能在新类的界面中引入新的能力。在刚才的例子中，可以在 Rectangle 类中加进更多的操作，如加进一个返回该实例中所围的最大椭圆的操作。

五、多态和重载

1. 多态

在面向对象的软件技术中，多态性是指子类对象可以像父类对象那样使用，同样的消息既可以发送给父类对象也可以发送给子类对象。也就是说，在类等级的不同层次中可以共享（公用）一个方法的名字，然而，不同层次中的每个类按自己的需要来实现这个方法，可以理解为“一种方法，多种实现”。当对象接收到发送给它的消息时，根据该对象所属的类动态选用在该类中定义的实现算法。

在 C++语言中，多态性是通过虚函数来实现的。在类等级不同的层次中可以说明名字、参数特征和返回值类型都相同的虚拟成员函数，而不同层次的类中的虚函数实现算法各不相同。虚函数机制使得程序员能在一个类等级中使用相同函数的多个不同版本，在运行时刻才根据接收消息的对象所属于的类，决定到底执行哪个特定的版本。

多态性机制不仅增加了面向对象软件系统的灵活性，进一步减少了信息冗余，而且显著提高了软件的可重用性和可扩充性。当扩充系统功能增加新的实体类型时，只需派生出与新实体类相应的新的子类，并在新派生出的子类中定义符合该类需要的虚函数，无须修改原有的程序代码，甚至不需要重新编译原有的程序（仅须编译新派生类的源程序，再与原有程序的 .OBJ 文件连接）。

图 3-4 给出了 4 个类的继承关系，Polygon 类有 Triangle 和 Quadrilateral 两个子类，Rectangle 类是 Quadrilateral 类的子类。这 4 个类都可以有 draw 方法。如果一个属于 Rectangle 类的对象接收到消息执行 draw 方法，则实际执行的是在 Rectangle 类中定义的 draw 方法。而如果一个属于 Triangle 类的对象接收到消息执行 draw 方法，则实际执行的是在 Triangle 类中定义的 draw 方法。

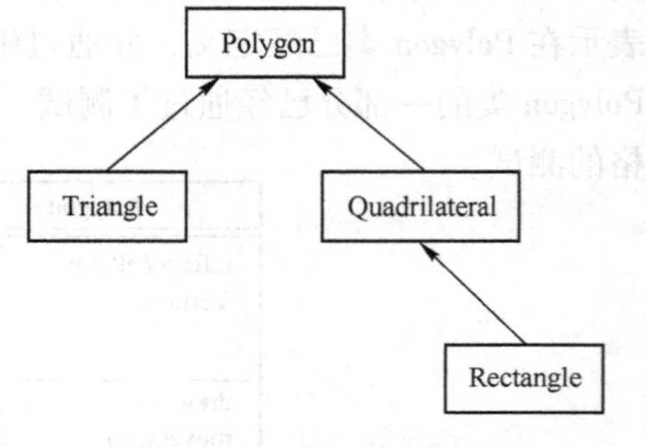

图 3-4　4 个类的继承关系

2. 重载

有两种重载，即函数重载和运算符重载。函数重载是指在同一作用域内的若干个参数特征不同的函数可以使用相同的函数名字。运算符重载是指同一个运算符可以对不同类型的操作数施加操作。当参数特征不同或操作数的类型不同时，实现函数的算法或运算符的语义是不相同的。

在 C++语言中，函数重载是通过静态联编（也叫先前联编）实现的，也就是在编译时根据函数变元的个数和类型，决定到底使用哪个函数实现代码。对于重载的运算符，同样是在编译时根据被操作数的类型，决定使用该运算符的哪种语义。重载进一步提高了面向对象系统的灵活性和可理解性。

第二节　统一建模语言

本节先对统一建模语言（Unified Modeling Language，UML）做简要介绍，然后以一个自动取款机 ATM（自动柜员机）系统为例，采用 UML 介绍在面向对象的软件开发中如何使用 UML 的描述方式从不同方面描述 ATM 系统。

一、UML 简介

UML 是一个通用的可视化建模语言，用于对软件进行描述、可视化处理、构造和建立软件系统的文档。它可用于对系统的需求分析、设计、浏览、配置、维护和信息控制。UML 适用于各种软件开发方法、软件生命周期的各个阶段、各种应用领域以及各种开发工具，是一种总结了以往建模技术的经验并吸收当今优秀成果的标准建模方法。UML 包括概念的语义、表示法和说明，提供了静态、动态、系统环境及组织结构的模型。它可被交互的可视化建模工具所支持，这些工具提供了代码生成器和报表生成器。UML 标准并没有定义一种标准的开发过程，但它适用于迭代式的开发过程，它是为支持大部分现有的面向对象开发过程而设计的。

UML 描述了一个系统的静态结构和动态行为。UML 将系统描述为一些离散的相互作用的对象并最终为外部用户提供一定功能的模型结构。静态结构定义了系统中重要对象的属性、操作以及这些对象之间的相互关系。动态行为定义了对象的时间特性和对象为完成目标而相互进行通信的机制。从相互联系的不同角度对系统建立的模型可用于不同的目的。

UML 还包括可将模型分解成包的结构组件，以便于软件小组将大的系统分解成易于处理的块结构，并理解和控制各个包之间的依赖关系，在复杂的开发环境中管理模型单元。它还包括用于显示系统实现和组织运行的组件。

UML 不是一门程序设计语言，但可以使用代码生成器将 UML 模型转换为多种程序设计语言代码，或使用反向生成工具将程序源代码转换为 UML 模型。UML 不是一种可用于定理证明的高度形式化的语言，这样的语言有很多种，但它们通用性较差，不易理解和使用。UML 是一种通用建模语言，对于一些专门领域，如用户图形界面设计、超大规模集成电路设计、基于规则的人工智能领域，使用专门的语言和工具可能会更适合。UML 是一种离散的建模语言，不适合对诸如工程和物理学领域中的连续系统建模。它是一个综合的通用建模语言，适合对诸如由计算机软件、固件或数字逻辑构成的离散系统建模。

二、用例图

用例图表示使用案例即系统功能与角色（表示提供或接收系统信息的人或系统）间的交互。图 3-5 是 ATM 系统的用例图。

用例图显示使用案例与角色间的交互。使用案例表示从用户角度对系统的要求，因此表示系统功能。角色是系统的主体，显示哪个角色启动使用案例，并显示角色何时从使用案例

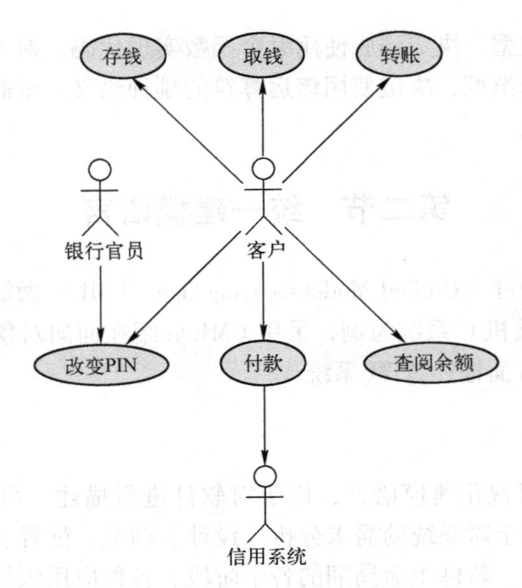

图 3-5　ATM 系统的用例图

收到信息。图 3-5 所示的用例图显示 ATM 系统使用案例与角色间的交互。实际上，用例图可以演示系统的要求。本例中，银行客户启动几个使用案例：取钱、存钱、转账、付款、查阅余额和改变 PIN。银行官员也可以启动改变 PIN 的使用案例。由付款到信用系统有一个箭头。外部系统可能是角色，这里信用系统是一个角色，因为它是在 ATM 系统之外的。箭头从使用案例到角色表示使用案例产生一些角色要使用的信息。这里的付款使用案例向信用系统提供信用卡付款信息。

用例图显示系统的总体功能，用户、项目管理员、分析人员、开发人员、质量保证工程师和任何对系统感兴趣的人都可以通过浏览这个图了解系统的功能。

三、时序图

下面用时序图显示取钱使用案例中的功能流程。例如，取钱使用案例有几个可能的程序，如取美元、想取而没钱、想取而 PIN 错等。正常情形取 20 美元的时序图（没有想取而没钱或想取而 PIN 错等问题），如图 3-6 所示。

时序图顶部显示了涉及的角色，系统完成取钱使用案例所需的对象也在时序图顶部显示。每个箭头表示角色与对象或对象与对象之间为完成所需功能进行消息传递。关于时序图要说明的另一点是，它只显示对象而不显示类，类表示对象的类型。对象是特定的，时序图不只显示客户，而且显示客户类的对象，如 Joe。

取钱使用案例从用户将卡插入读卡机开始，读卡机对象用顶部的矩形表示。然后读卡机读卡号，初始化 ATM 屏幕，并打开 Joe 的账目对象，屏幕提示输入 PIN，Joe 输入 PIN（1234），然后屏幕验证 PIN 与账目对象，显示其相符的信息。屏幕向 Joe 提供选项，Joe 选择取钱。然后屏幕提示 Joe 输入金额，他选择 20 美元。然后屏幕从账目中取钱，启动一系列账目对象要完成的过程，首先，验证账目中至少有 20 美元。然后，它从中扣掉 20 美元，再让取钱机提供 20 美元现金。Joe 的账目还让取钱机提供收据。最后，它让读卡机退卡。

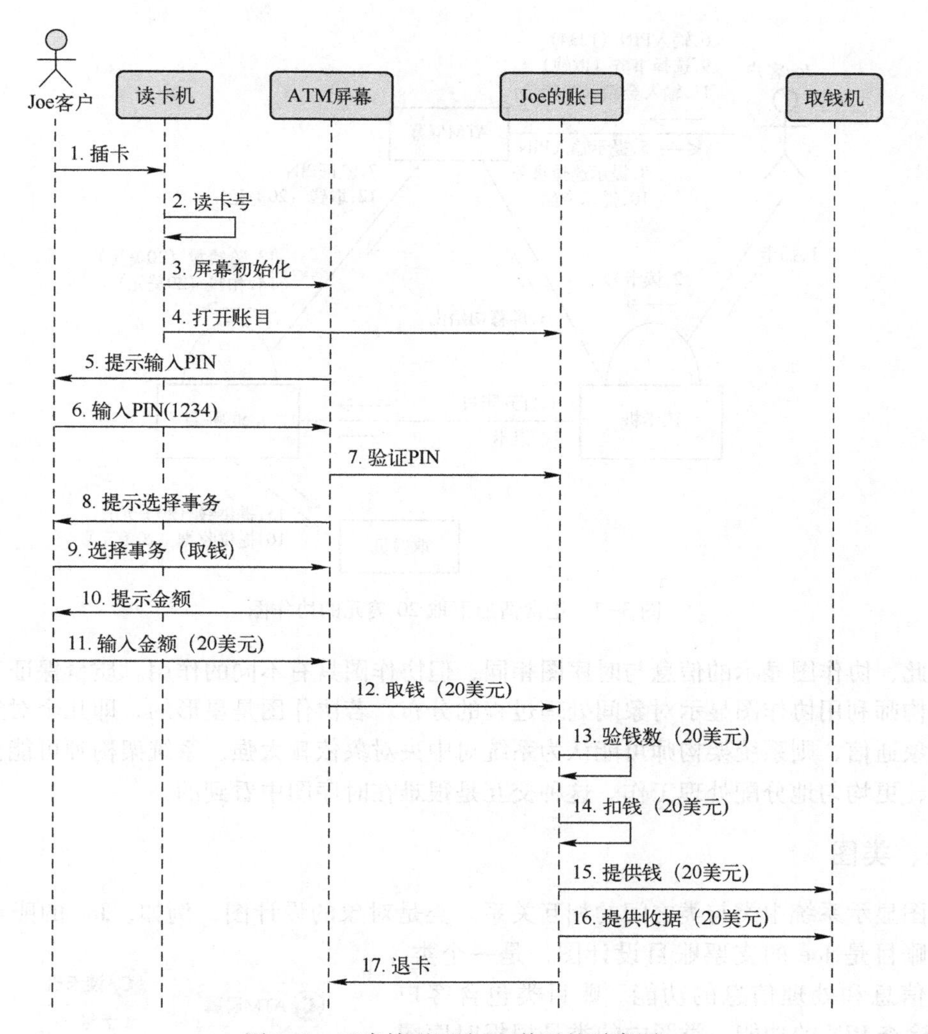

图 3-6　正常情形下取 20 美元的时序图

这样，时序图用 Joe 取 20 美元的例子演示了取钱使用案例的全过程。用户可以从这个图看到业务过程的细节，分析人员从时序图可以看到处理流程，开发人员看到需要开发的对象和这些对象的操作，质量保证工程师可以看到过程的细节，并根据这个过程开发测试案例，时序图对项目的各方面人员都有用。

四、协作图

协作图显示的信息与时序图相同，但协作图用另一种不同的方式显示这个信息，具有不同作用。图 3-7 是图 3-6 对应的协作图。

在这个协作图中，对象表示为矩形，角色用简图表示。时序图演示的是对象与角色随时间变化的交互，而协作图不参照时间显示对象与角色的交互。例如，图 3-7 中，读卡机让 Joe 的账目打开，Joe 的账目让读卡机退卡。另外，直接相互通信的对象之间画一条直线，如果 ATM 屏幕与读卡机直接相互通信，则其间画一条线。没有画线的对象之间不直接通信。

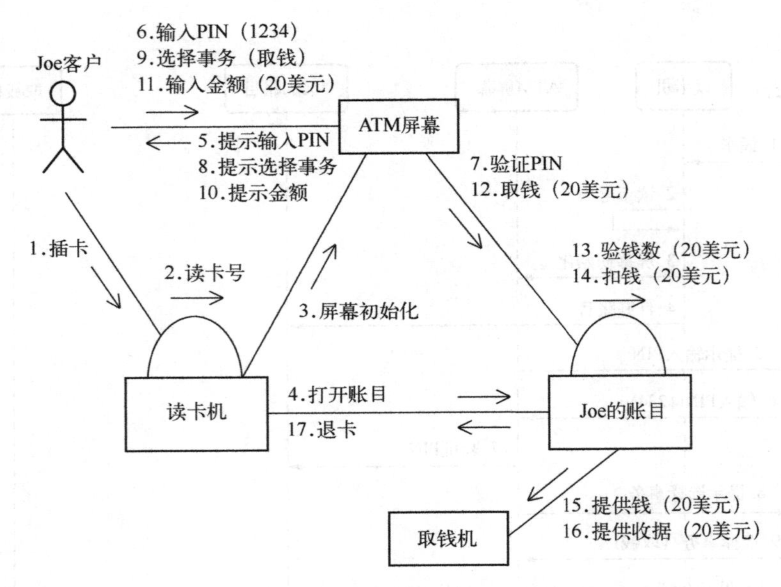

图 3-7　正常情形下取 20 美元的协作图

因此，协作图显示的信息与时序图相同，但协作图具有不同的作用。质量保证工程师和系统架构师利用协作图显示对象间处理过程的分布。若协作图是星形的，即几个对象与一个中央对象通信，则系统架构师可能认为系统对中央对象依赖太强，系统架构师可能会重新设计对象，更均匀地分配处理工作。这种交互是很难在时序图中看到的。

五、类图

类图显示系统中类与类之间的相互关系。类是对象的设计图，例如，Joe 的账目是一个对象。账目是 Joe 的支票账目设计图，是一个类。类包含信息和处理信息的功能。账目类包含客户 PIN 和检查 PIN 的功能。类图中的类是根据时序图或协作图中的每种对象生成的。图 3-8 演示了取钱应用案例的类图（图标含义如表 3-1 所示）。

图 3-8 显示了实现取钱应用案例中类之间的关系，该应用中包括 4 个类：读卡机、账目、ATM 屏幕和取钱机。类图中每个类用方框表示，分成三部分：第一部分是类名；第二部分是类包含的属性，属性是与类相关联的信息，例如，账目类包含三个属性——账号、PIN 和结余；第三部分是类的操作，操作就是类提供的功能，例如，账目类包含 4 个操作——打开、取钱、扣钱和验钱数。

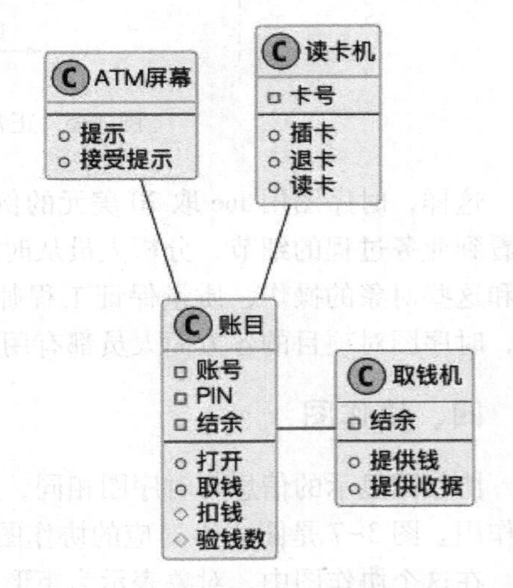

图 3-8　ATM 系统的取钱应用案例的类图

连接类的直线显示类之间的关系。例如，账目类连接 ATM 屏幕类，因为两者直接相互通信，读卡机与取钱机不连接，因为两者不进行通信。有些属性和操作的左边有小锁图标，该图标表示专用属性和操作。专用属性和操作只能在包含该专用属性和操作的类中访问。账号、PIN 和结余是账目类的专用属性，而扣钱和验钱数是账目类的专用操作。

开发人员用类图开发类。UML 的工具产生类的框架代码，然后开发人员用所选语言填充代码细节。分析人员用类图显示系统细节，架构师也用类图显示系统设计。如果一个类包含太多功能，则架构师可以从这个类图中看出问题并将功能划分到多个类中。如果需要相互通信的类之间没有建立关系，架构师和开发人员也能从类图中看出。类图可以显示每个使用案例中类的相互作用，也可以显示整个系统或子系统。

六、状态图

状态图为对象的各种状态提供了建模方式。类图提供了类及其相互关系的静态图形，而状态图则可以对系统的动态功能进行建模。

状态图显示对象的功能。例如，银行账目可能有几种不同状态，可以打开、关闭或透支通知客户，账目在不同状态下的功能是不同的，状态图可以显示这个信息。图 3-9 显示了银行账目的状态图。

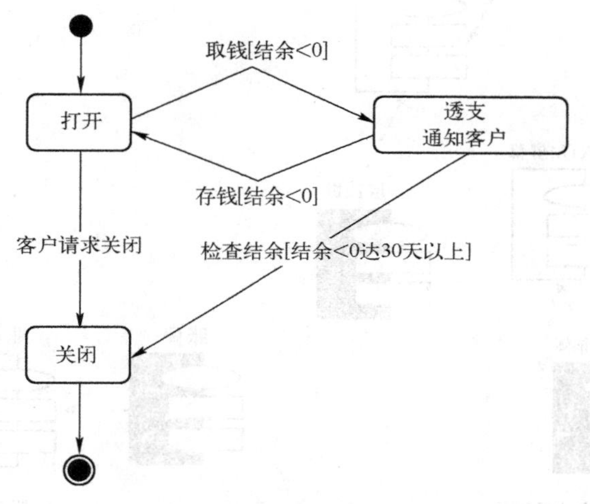

图 3-9　银行账目的状态图

从图中可以看到银行账目的不同状态，并且可以了解账目如何从一种状态变到另一种状态。例如，账目打开而客户请求关闭账目时，账目转入关闭状态。客户请求是事件，事件导致对象从一种状态过渡到另一种状态。

如果账目打开而客户要取钱，而账目结余小于 0，则账目可能转入透支状态，在状态图中显示为［结余<0］。方括号中的条件称为保证条件，用于控制状态转变能不能发生。

有两种特殊状态：开始状态和停止状态。开始状态在状态图中用黑点表示，显示对象首次生成的状态，停止状态用牛眼图标（圆圈加黑点）表示，显示对象删除之前的状态。在状态图中，只有一个开始状态，可以没有停止状态，也可以有多个停止状态。

对象处于特定状态时，可能发生某种事件，例如，账目透支时要通知客户。对象处于特定状态时发生的过程称为操作。

不是对每个类都需要生成状态图，状态图只用于复杂的类。如果类对象有多种状态，每种状态中的表现又大不相同，则可能要对其生成状态图。许多项目可能根本不需要状态图。如果生成这种状态图，则开发人员开发类时可以使用它。

状态图仅用于文档。从 UML 模型产生代码时，没有任何代码是从状态图的信息产生的，但 UML 的一些工具（如 Rose）的插件可以在实时系统中根据状态图产生执行代码。

七、组件图

组件图显示模型的物理视图。组件图显示系统中的软件组件及其相互关系，组件图中有两种组件：执行组件和代码库。模型中的每个类映射到源代码组件。一旦生成组件，就加进组件图中，然后画出组件间的相关性。组件间的相关性包括编译相关性和运行相关性。图 3-10 是 ATM 系统的组件图。

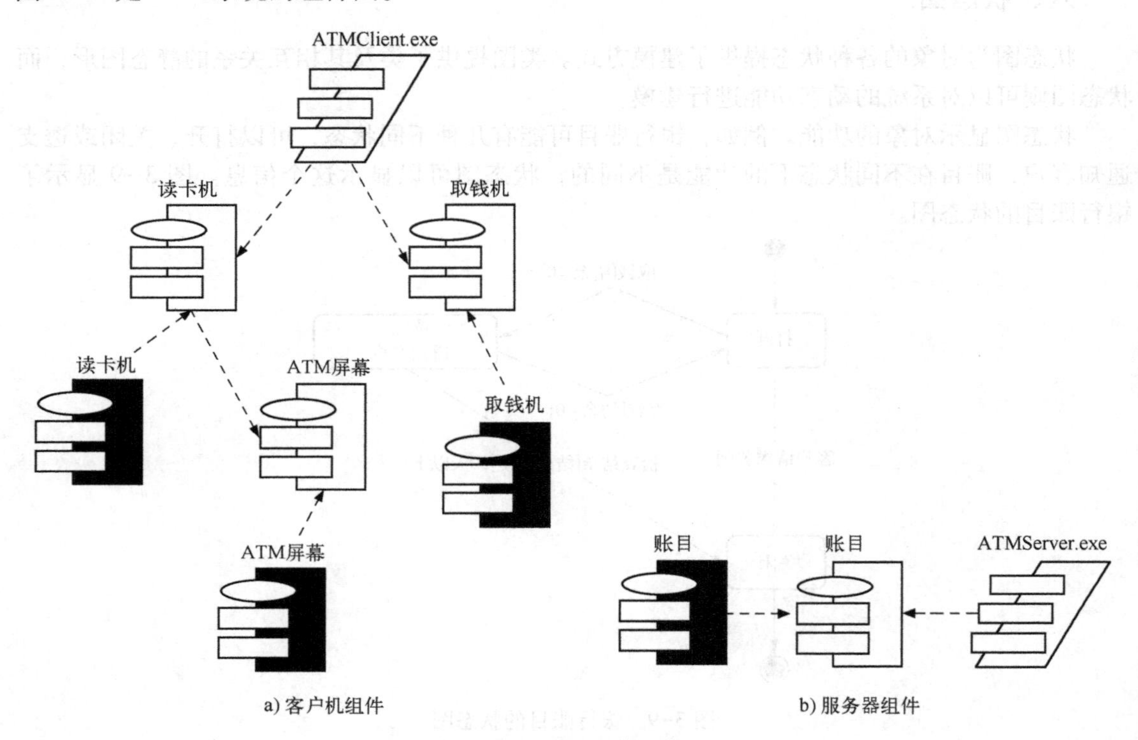

图 3-10　ATM 系统组件图

图 3-10a 显示 ATM 系统中的客户机组件。在这种情况下，若小组决定用 C++建立系统，则每个类都有自己的 . CPP 和头文件，因此组件图中每个类映射自己的组件。例如，ATM 屏幕类映射 ATM 屏幕组件，ATM 屏幕类还映射第二个 ATM 屏幕组件，这两个 ATM 屏幕组件表示 ATM 屏幕类的头和体。阴影组件称为包规范（package specification），表示 C++中 ATM 屏幕类的体文件（. CPP）。无阴影组件也称为包规范，这个包规范表示 C++类的头文件（H）。组件 ATMServer. exe 是一个任务规范，表示处理线程，这里的处理线程是一个可执行程序。

组件用虚线连接，表示组件间的相关性。例如，读卡机类与 ATM 屏幕类相关，即必须有 ATM 屏幕类才能编译读卡机类。编译所有类之后，即可生成执行文件 ATMClient. exe。

ATM 例子有两个处理线程，因而有两个执行文件。一个执行文件是 ATM 客户机，包括取钱机、读卡机和 ATM 屏幕。另一个执行文件是 ATM 服务器，包括账目组件。图 3-10b 显示了 ATM 服务器的组件图。

从上例可看出，根据子系统和执行文件的个数，系统可以有多个组件图。每个子系统是一个组件包。一般来说，包是对象的集合。这里，包是组件的集合，ATM 系统有两个包：ATMClient 和 ATMServer。

编译系统的人员要使用组件图。组件图显示组件应以什么顺序编译，组件图还显示编译时会生成哪些运行组件。组件图显示类与实现组件之间的映射。这些组件图还启动代码生成。

八、部署图

部署图显示网络的物理布局和各种组件的位置。在 ATM 系统的例子中，ATM 在不同设备（或节点）上运行许多组件。图 3-11 显示了 ATM 系统的部署图。

这个部署图显示了系统的主要布局。ATM 客户机执行文件在不同地点的多个 ATM 上运行，ATM 客户机通过专用网与地区 ATM 服务器通信，ATM 服务器执行文件在地区 ATM 服务器上执行，地区 ATM 服务器又通过局域网与运行 Oracle Server 的银行数据库服务器通信。最后，打印机与地区 ATM 服务器连接。因此，这个部署图显示了系统的物理设置。ATM 系统采用三层结构，分别针对数据库、地区 ATM 服务器和客户机。

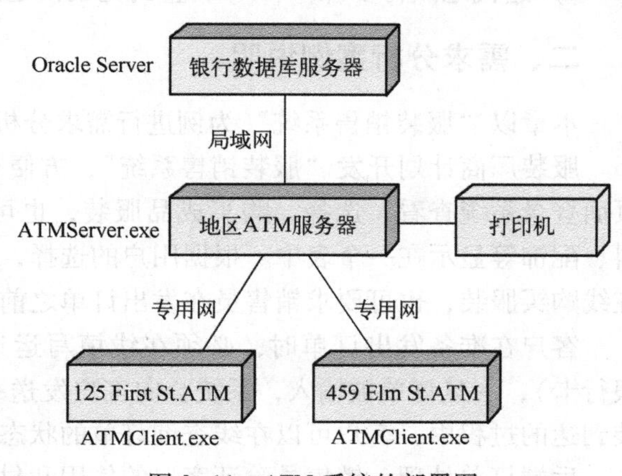

图 3-11　ATM 系统的部署图

项目管理员、用户、架构师和部署人员通过部署图了解网络的物理布局和各种组件的位置，项目管理员通过部署图与用户沟通系统的布局，部署人员用部署图进行部署和规划。

第三节　面向对象的需求分析

一、面向对象的需求分析概述

面向对象的需求分析是抽取和整理用户需求并建立问题域精确模型的过程，这些模型可以从不同的角度描述系统。在面向对象的分析和设计中通常采用 UML 作为建模语言。在面向对象的分析中，主要使用以下 5 种类型的 ULM 图。

- 活动图：表示一个过程或数据处理中所涉及的活动。
- 用例图：表示一个系统和它所处环境之间的交互。
- 时序图：表示参与者和系统之间及系统各部分之间的交互。
- 类图：表示系统中的对象类及这些类之间的联系。
- 状态图：表示系统是如何响应内部和外部事件的。

基于用例实现的面向对象的建模由以下几个步骤组成。

1）通过与用户沟通了解用户的基本需求。

2）确定系统的边界，定义系统做什么和不做什么，以及目标系统和其他外部系统的交互，建立上下文模型。

3）了解系统的业务流程，建立活动图模型。

4）从用户与系统交互的角度，确定目标系统功能，建立用例模型。

5）通过识别问题域内的全部实体对象和类，包括定义其属性和方法、类之间的层次关系建立系统静态结构模型。

6）基于用例，通过时序图描述系统内各对象之间的交互关系。

7）识别对象的行为和系统的工作过程，利用状态图从事件驱动角度分析对象状态的变化，完善类图。

8）迭代地执行步骤1）~7），直到完成模型的建立。

二、需求分析案例说明

本章以“服装销售系统”为例进行需求分析的建模。

服装厂商计划开发“服装销售系统”，方便客户通过网络购买服装。客户可以通过Web页面登录系统查看、选择、购买成品服装，也可以选择定制服装。定制服装可供选择的衣料、配饰等显示在一个表中。根据用户的选择，系统可以计算出服装的价格。客户可以选择在线购买服装，也可要求销售员在发出订单之前与自己联系，解释订单细节，协商价格等。

客户在准备发出订单时，必须在线填写运送和发票地址及付款细节（微信、支付宝、银行卡），一旦订单被输入，系统会向客户发送一份确认邮件，并附上订单细节。在等待服装到达的过程中，客户可以在线查询订单的状态。

后端订单处理：销售员验证客户的信用和付款方式，向仓库请求所购的服装，打印发票并请求仓库发货，通过物流系统将服装运送给客户。

三、上下文模型

在系统描述的早期阶段，首先界定系统的范围与边界，与客户一起明确系统应该做什么。应该确保系统实现对一些业务过程的自动支持，其他的为手工过程或由不同的系统支持。查看现有系统在功能上可能的重合部分，并决定应该在哪里实现新功能。在过程的早期阶段就完成这些判断，以便估算和控制系统成本、节省分析系统需求和设计花费的时间。

系统边界一旦确定，接下来的分析活动就是定义系统上下文和系统与环境之间的依赖关系。第一步是建立一个简单的上下文模型。上下文模型通常表示目标系统与其他外部系统的关系，外部系统可能产生数据供目标系统使用，同时也使用该系统产生的数据。这些外部系统可能与目标系统直接连接，或通过网络连接。在空间上，这些子系统可能与该系统同在一处，也可能分处在不同的地域或建筑中，所有这些因素都将影响系统的需求和设计，必须加以考虑。

图3-12所示是一个简单的上下文模型，描述了服装销售系统（简称销售系统）与它所处环境中其他系统的联系。可以看出，所要开发的服装销售系统仅负责设计服装的销售部分，已明确系统边界，而销售商品的发货由仓库管理系统负责，商品的运输由物流管理系统负责，3个系统共享数据，销售系统产生等待发货的订单并传给仓库管理系统，仓库管理系统又将发货单传给物流管理系统，物流管理系统负责商品的运输，销售系统还可以查询物流状态。

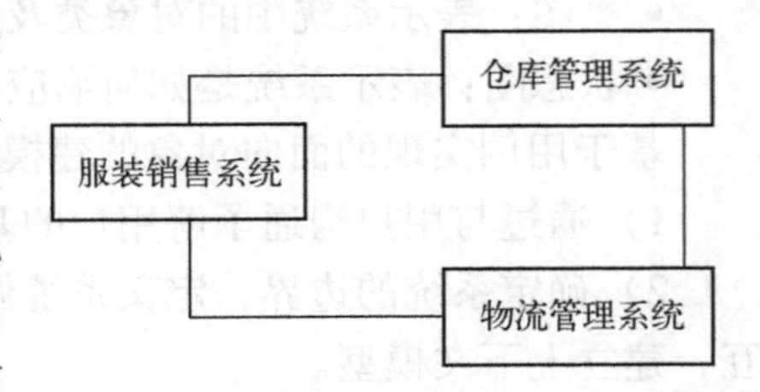

图3-12 服装销售系统上下文模型

四、基于业务流程的活动图

项目初期时了解系统内部的业务流程是非常重要的，UML 中最适合描述企业业务流程的工具就是活动图。活动图本质上是一种流程图，它着重表现一个活动到另一个活动的控制流，是内部处理驱动的流程。

虽然公司内部有许多业务规范（标准化的业务流程）文件，但随着时间的推移，这些业务规范往往会跟不上实际情况。当开始进行项目开发时，活动图可以让系统分析师与企业的领域专家对企业所关注的业务规范进行良好的沟通。当系统实际上线后，企业的领域专家可在企业流程发生变化时重新审视既有的 UML 活动图，并适时进行调整。图 3-13 所示为服装销售系统业务流程的活动图。

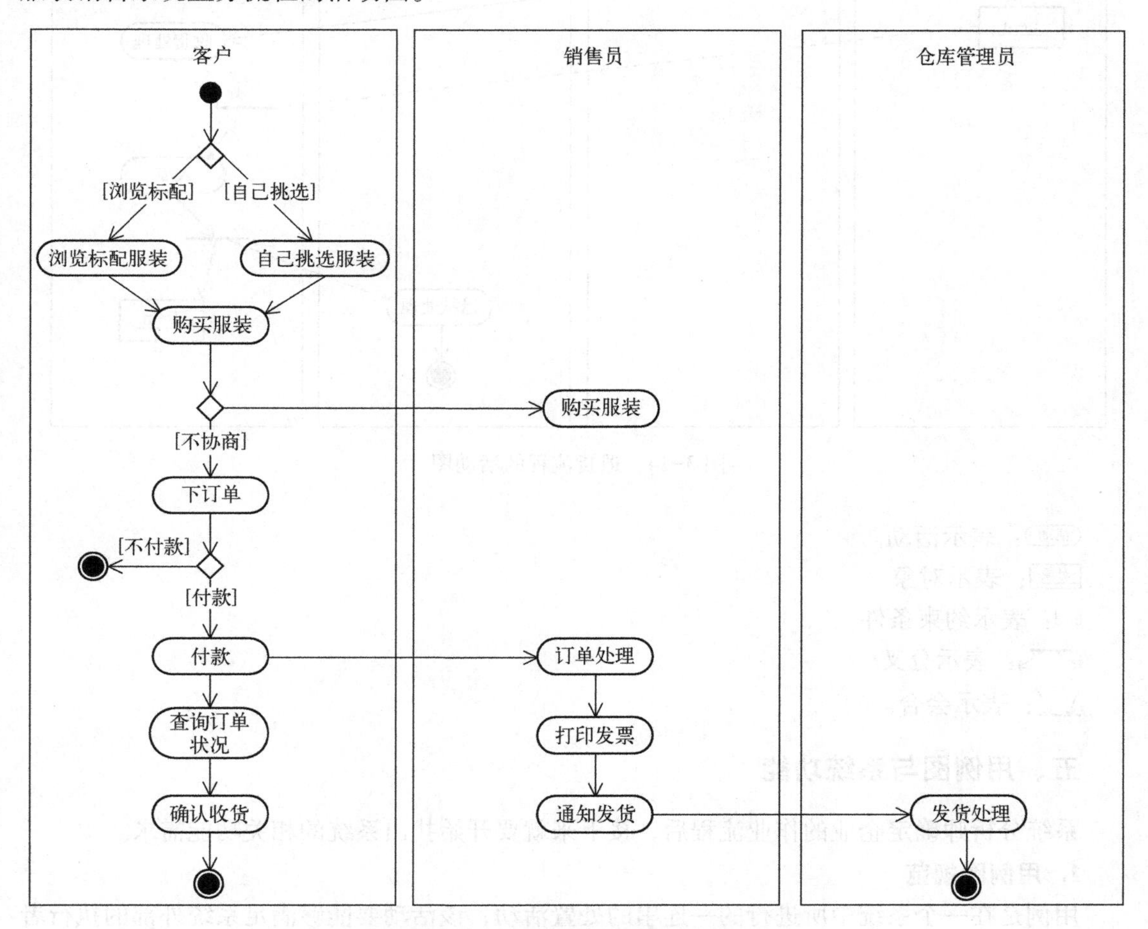

图 3-13　服装销售系统业务流程的活动图

图 3-13 中，客户下订单后若不付款，则交易结束，客户收到货并确认收货后还可以在期限内选择退货，退货流程的活动图如图 3-14 所示。

图 3-13 及图 3-14 中图标的含义如下。

●：表示起始点。

◉：表示结束点。

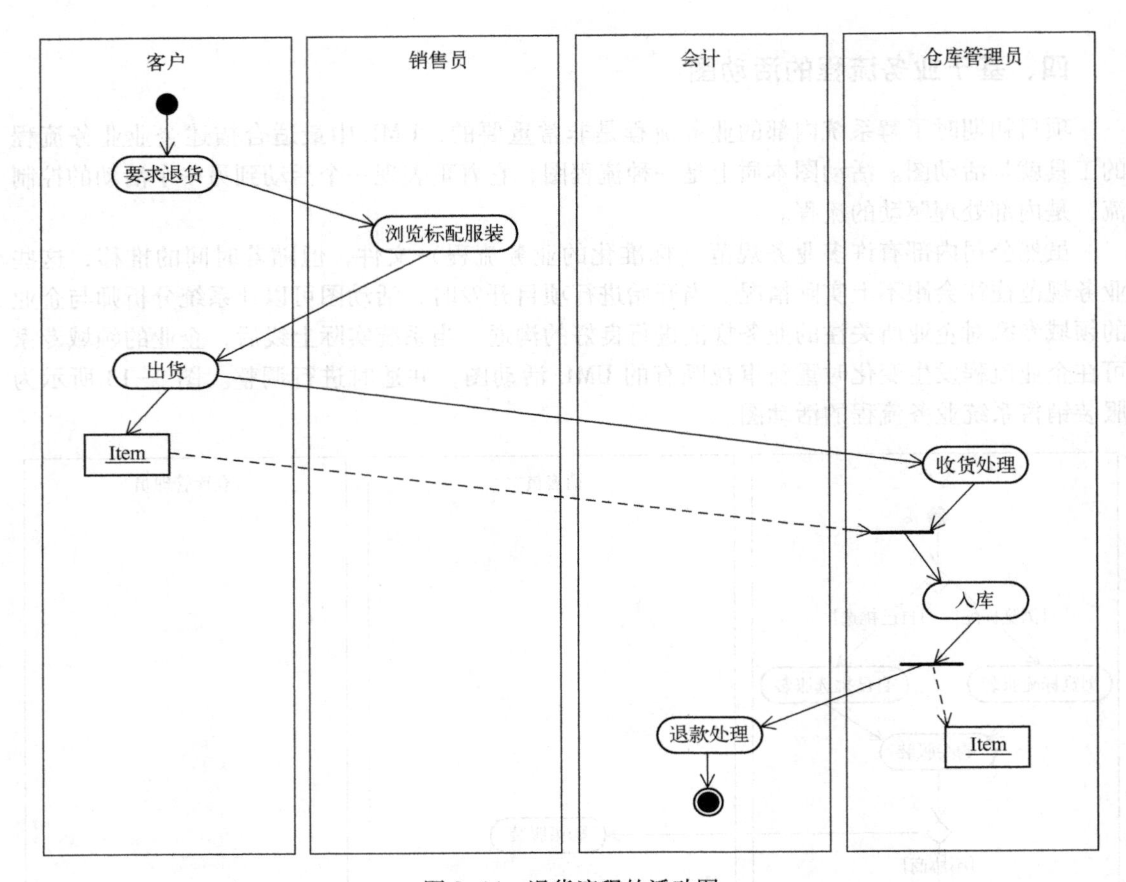

图 3-14　退货流程的活动图

(活动)：表示活动。

[对象]：表示对象。

[ ]：表示约束条件。

分叉符号：表示分叉。

会合符号：表示会合。

五、用例图与系统功能

系统分析师确定企业的作业流程后，接下来就要开始找出系统的相关功能需求。

1. 用例图规范

用例是在一个系统中所进行的一连串的处置活动，该活动要能够满足系统外部的执行者对于系统的某种预期，这种预期与系统要实现的某一功能相对应。在信息系统中，每一个信息系统的用例都是一连串完整的流程，而这个流程必须符合用户的观点。也就是说，每一个信息系统的用例代表着用户对于系统的“某一个完整期望”，一个完整的功能。对用例图的规范说明如下。

1）用例。用例代表用户对系统的一个完整的期望，对应一个完整的功能。用例的图形用一个椭圆形表示，如(申请请假)。

2）执行者。执行者代表着扮演某些特定角色的用户或系统。对于系统来说，执行者代表系统外对于系统有影响力的用户或是外部系统。执行者的图标是棒状小人图形：。

3）关联。根据标准的UML定义，执行者与用例之间的关系，只能够使用关联关系表示执行者启动用例。关联关系的图标是执行者和用例之间带箭头的线，如。

4）用例间的包含关系。一个基本用例里可以包含其他用例具有的行为。执行基本用例时，每次都必须执行被包含的用例，被包含的用例可以单独执行。例如，填写电子表格的功能，在网上预订的过程中使用，不管如何处理网上预订用例，都要运行填写电子表格用例，因此，网上预订用例包含填写电子表格用例。用例间的包含关系如图3-15所示。

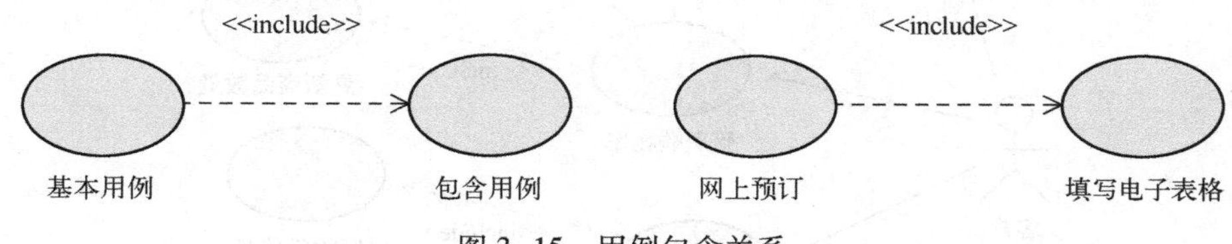

图3-15　用例包含关系

2. 从业务流程到用例图建模

根据对业务流程的了解和业务流程的活动图，可以按以下3个步骤逐步完成用例模型。

（1）利用与用户的对话找出系统的用例

将活动图中的每个活动当作候选的用例，然后可以针对每个活动询问用户以下几个问题。

1）在这个活动中，谁是主要参与者？

2）在活动进行中，需要系统提供服务吗？

3）系统需要提供什么服务？

4）系统需要其他信息系统的支持吗？

这个方式可以通过与用户之间的沟通，把“系统功能”和“用户目标”巧妙地结合起来并进一步将业务流程与用户需求联系起来，让系统开发更具整体性。

另外，在对服务命名时，最好使用“动词+名词”方式，也就是对于主执行者来说，每个系统服务都是该主执行者主动对系统“做些什么”。

（2）画用例图

将上述参与者和用例加入用例图中，并建立参与者与用例之间的通信关系，以及用例间的关系，由此可获得服装销售系统用例图。建立用例模型时，往往会得到很多用例，如果把所有用例都画在一张图上，会使这个图的清晰度下降，因此可以引入包机制来管理众多的用例，将服装销售系统用例图分为浏览服装、购买服装、客户个人中心、销售订单管理4个包，其用例图如下。

1）浏览服装用例图如图3-16所示。

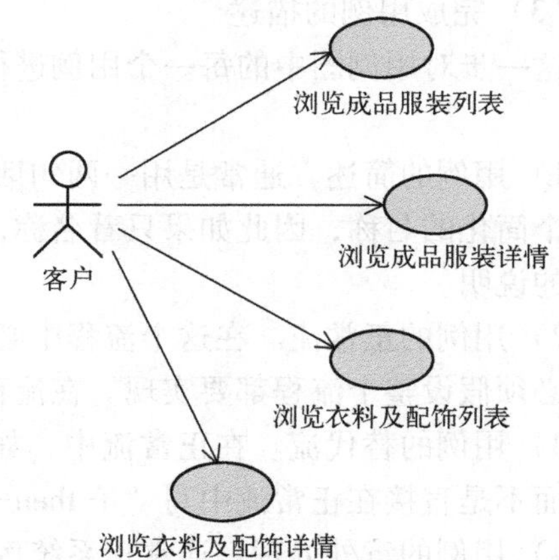

图3-16　浏览服装用例图

2）购买服装用例图如图 3-17 所示。

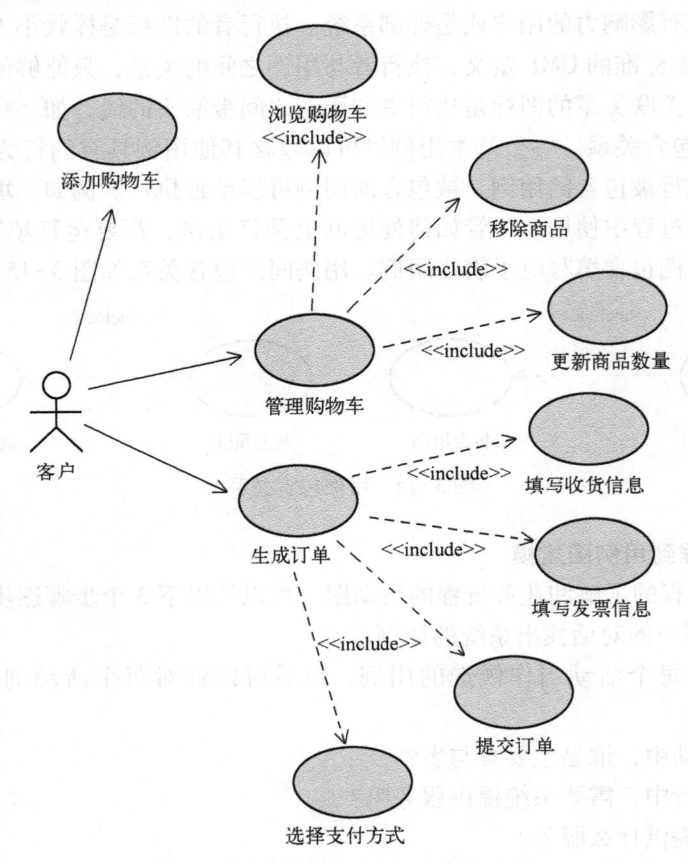

图 3-17　购买服装用例图

3）客户个人中心用例图如图 3-18 所示。

4）销售订单管理用例如图 3-19 所示。

（3）完成用例的描述

这一步对用例图中的每一个用例进行详细描述。用例的描述一般来说至少分成以下 4 个方面。

1）用例的简述。通常是用一两句话来说明这个用例的目的是什么。由于用例名称可能是一个简化的名称，因此如果只看名称，用户很难了解该用例在做什么事，可以用简述做进一步的说明。

2）用例的正常流。在这个流程中必须说明执行者和系统交互的过程，不过，在交互过程中必须假设整个流程都要实现。在流程描述中，所有的句子都必须是肯定句。

3）用例的替代流。在正常流中，如果有“替代路径”，则必须利用另外的替代流来说明，而不是直接在正常流中写“if-then-else”。

4）用例的意外处理。通常指系统例外状态的处理。与替代流不同的是，替代流往往是执行者对于流程有不同的指示，因而将流程导向不同的结束点，而意外处理则通常是系统发生错误导致的正常流的意外状况。

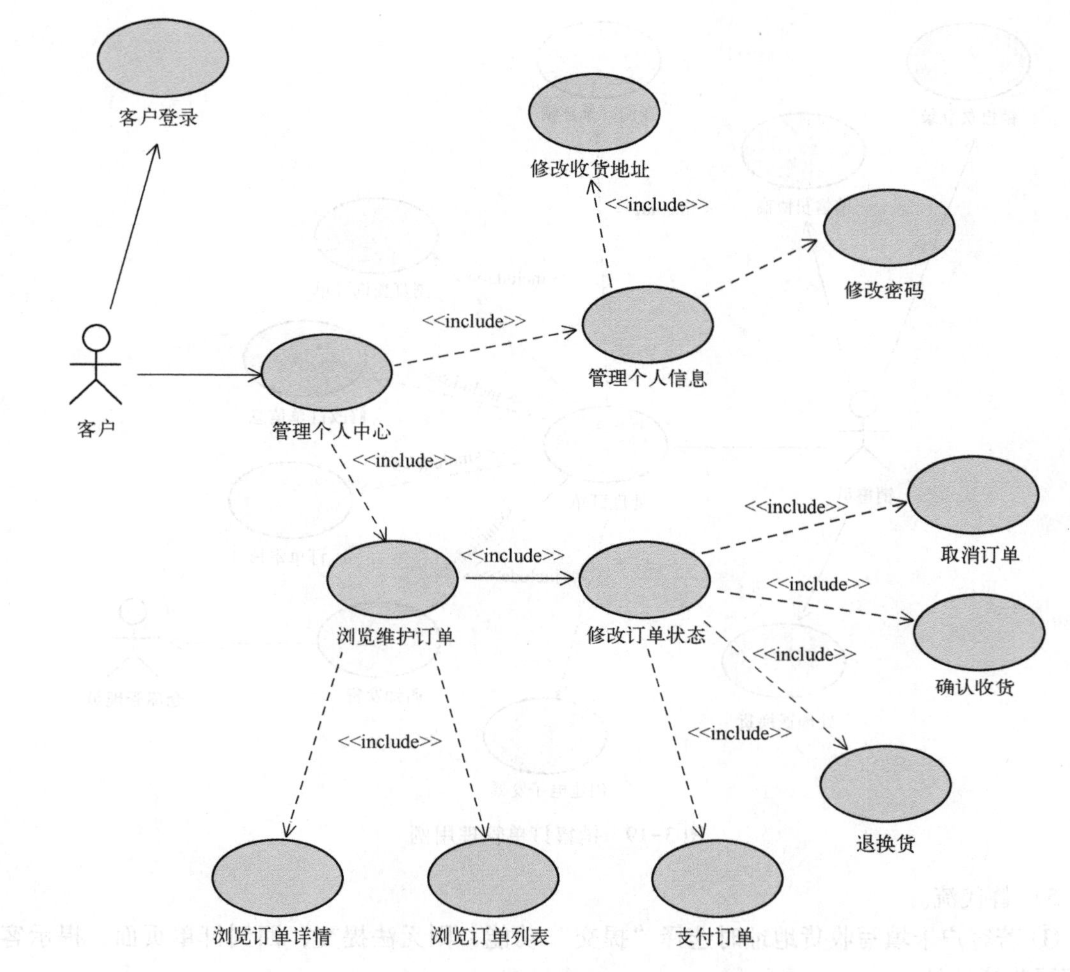

图 3-18　客户个人中心用例图

通过迭代增量开发方式，可定义每个迭代分别处理不同的部分：在第一次迭代中，通常只处理正常流中的精要部分；在第二次迭代中，补充细节；在第三次迭代中，处理替代流及意外。

以图 3-17 中的“生成订单”用例为例进行用例的描述。

1）简述：该用例允许客户输入一份购物订单，该订单包括提供运送和发票的地址，以及关于付款的详细情况。

2）参与者：客户。

3）前置条件：客户进入购物车管理页面，该页面显示已选择的服装细节及价格，当用户单击“结算”按钮时，该用例启动。

4）正常流。

① 系统显示客户购买商品列表供客户确认。

② 系统请求客户填写收货地址、发票信息，选择付款方式。

③ 客户选择“提交”功能，系统显示订单唯一的订单编号，将订单信息存储到数据库。

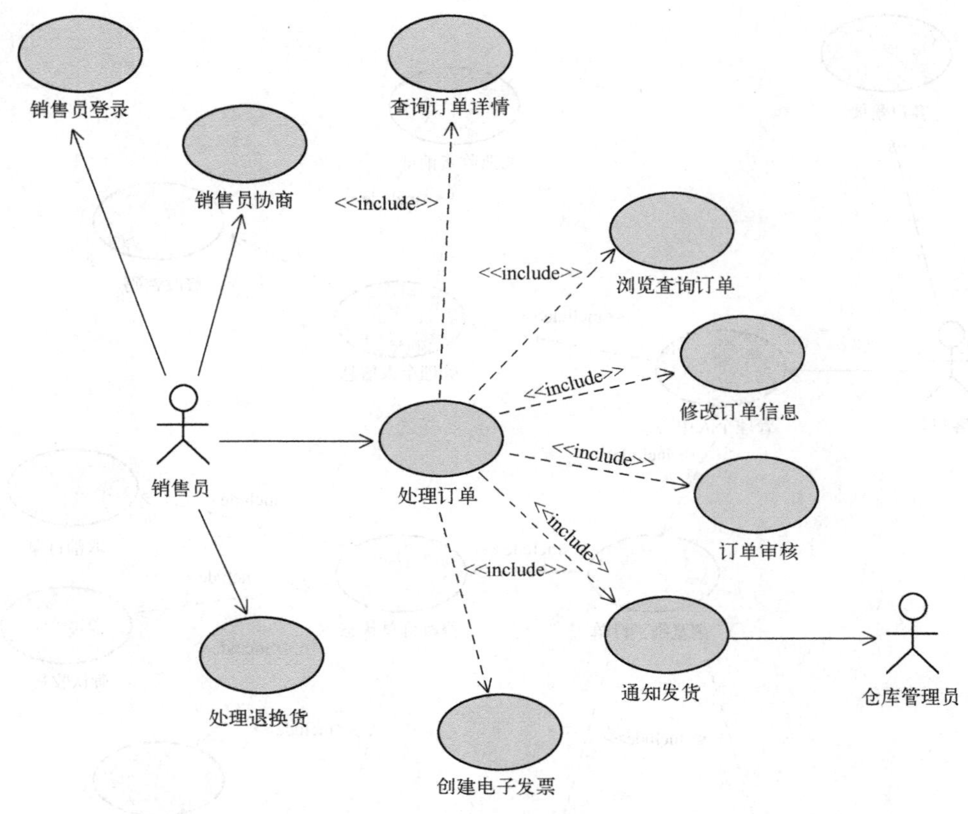

图 3-19　销售订单管理用例

5）替代流。

① 若客户未填写收货地址时选择“提交”功能，则无法提交，回到订单页面，提示客户填写收货地址。

② 若客户未填写发票信息时选择“提交”功能，则默认为无须发票，提交订单。

③ 若客户未选择付款方式时选择“提交”功能，则无法提交，回到订单页面，提示客户选择付款方式（网上支付、货到付款）。

6）后置条件。

如果用例成功，购物订单记录在系统的数据库中，否则系统状态不变。建立用例模型后，一方面要仔细检查角色和用例的各个环节，同时还要及早地与系统的用户进行讨论，一旦出现用户不理解或否定的情况，就必须与用户协商，共同解决问题，直到用户满意为止。

六、类图与静态结构

类图用于描述系统的静态结构。

1. 对象模型的类

类是面向对象中最重要的一个概念，它是面向对象的基础。对类的识别贯穿整个开发过程：在分析阶段主要识别问题域中的类；在设计阶段需要加入一些反映设计思想、方法及实现问题域所需要的类等；在编码阶段，因为语言的特点，可能还要加入一些其他类。

对象模型中的类包括以下 3 种。

1）实体类：是问题域中的核心类，一般是从客观世界中的实体对象归纳和抽象出来的，用于长期保存系统中的信息，以及提供针对这些信息的相关处理行为。

2）边界类：是从系统和外界进行交互的对象中归纳、抽象出来的，是系统类的对象和系统外的执行者的连接媒介，外界的消息只有通过边界类的对象实例才能发送给系统。

3）控制类：用于协调系统边界类和实体类之间的交互。例如，某个边界对象必须给多个实体对象发送消息，多个实体对象完成操作后，传回一个结果给边界类，这时，人们可以用控制类来协调这些实体对象和边界对象之间的交互。

如何用最简化的方法表达一个完整“问题领域”的抽象，即建立概念模型，其中重要的概念不外乎“人、事、时、地、物”这五者，因此设法将与五者相关的实体类找出来，并把它们之间的关系构造起来，就是找出概念模型及建立系统静态结构的最好方法。

2. 类图规范

类图可以说是整个开发过程中最重要的一个产物。通过类图，可以了解设计人员对其所面对领域的想象，进而了解设计人员关于一些重要设计的表达与观点。

事实上，由于类图的存在，设计的想法才有可能完整地表达出来，并且被真正地保存下来。富有经验的设计人员可以通过类图来深入了解其他设计人员对系统的看法，而没有经验的设计人员，也可以通过类图进行相关的学习。

下面来认识类图中的一些重要元素。

（1）类（Class）

类图中最重要的元素就是类。类主要由类名（Name）、属性（Attribute）及操作（Operation）组成。

1）类名：类名是访问类的索引，应当使用含义清晰、用词准确、没有歧义的名字作为类名。

2）属性：属性用来描述该类的对象所具有的特征，比如学生类中学生的姓名、学号、出生日期都可能是学生类的属性。在系统建模时，人们只抽象系统中需要使用的特征作为类的属性。属性有不同的可见性，利用可见性可以控制外部事件对类中属性的操作方式。可见性的含义和表示方式如表 3-1 所示。

表 3-1　可见性的含义和表示方式

字符	图标（属性）	图标（方法）	可 访 问 性
-	□	■	private 私有
#	◇	◆	protected 受保护
-	△	▲	package private 包内可见
+	○	●	public 公有

属性的语法格式：[可见性]属性名[:类型][=初值{约束特性}]

其中，“[ ]”部分是可选的，只有属性名是必需的。

3）操作：操作描述对数据的具体处理方法，存取或改变属性值或者执行某个动作都是操作，操作说明了该类能做些什么工作。操作可见性也分为 3 种，其含义和表示方法与属性的可见性相同。

操作的语法格式为：[可见性]操作名[(参数表)][:返回类型][约束特性]

例如，按照图 3-20 所示的类。类的名称是 ShopCart，包含两个访问权限私有的属性 user_name、totalPrice:float 和两个公有属性的方法 delete()、update()。

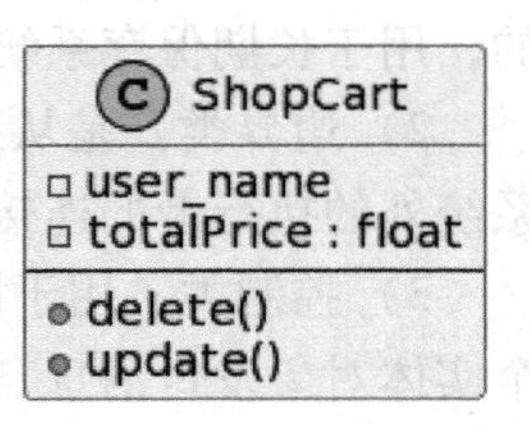

图 3-20　ShopCart 类的类图

(2) 关联

类与类之间最基本的关系就是关联。关联表达了两个类的对象彼此间的结构性关系。付款类 Payment 与订单类 Order 之间有一个关联，这就代表着某个"Payment 事件"一定会对应一个"Order 订单"。关联的图标为类之间的一根直线：

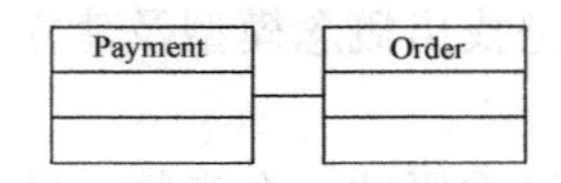

(3) 泛化关系

泛化关系表达了两个类之间"一般"与"特殊"的关系。一般来说，通常会为了增加系统的弹性而设计泛化关系。在服装销售系统中，销售者、客户是系统用户类的两个特殊类。

泛化的图标为一个由子类指向父类的箭头：

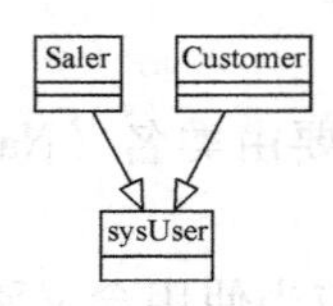

当一个类去实现一个接口时，它们之间的关系也是泛化关系。

(4) 整体-部分关系

整体-部分关系是关联的一个特例，因此这种关系其实也属于结构的关系。一般来说，针对整体-部分间不同的强度，整体-部分关系又分为聚合及组合两种关系。在聚合关系中处于部分方的类的实例，可以同时参与多个处于整体方的类的实例的构成，同时部分方的类的实例也可以独立存在。而组合关系中部分方的类的实例完全隶属于整体方的类的实例，部分类需要与整体类共存，一旦整体类的实例不存在了，部分类的实例也会随之消失，失去存在的价值。

聚合图标表示为在整体对象一侧关联端点有一个空心菱形：

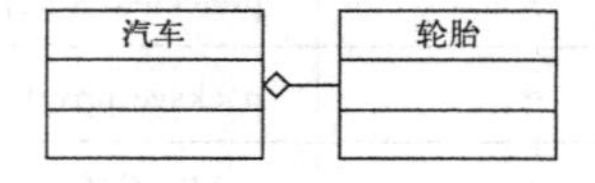

组合图标则为在整体对象一侧的关联端点有一个实心菱形：

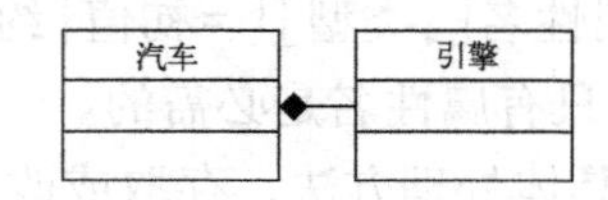

(5) 依赖关系

依赖关系是一种使用的关系，依赖关系的两个类并没有结构上的关联，一般称为"弱相关”。其中一个模型元素是独立的，另一个模型元素不是独立的，它依赖于独立的模型元素，需要有独立元素提供服务，如果独立模型改变了，将影响依赖于它的模型元素。

依赖关系的图标为：

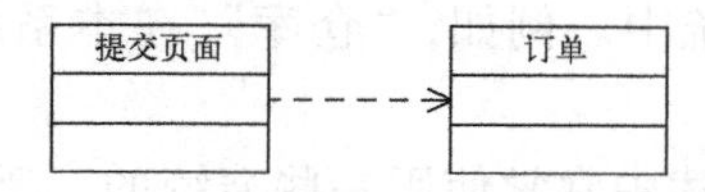

（6）多重性

多重性通常在关联或整体-部分关系中会加以使用，代表着对象关系结构中，彼此能够允许的最少及最多的数量。例如，一辆汽车最少要有 4 个轮胎，最多可能有 8 个轮胎，那么汽车与轮胎间的多重性就是 4~8。

多重性的图标为：

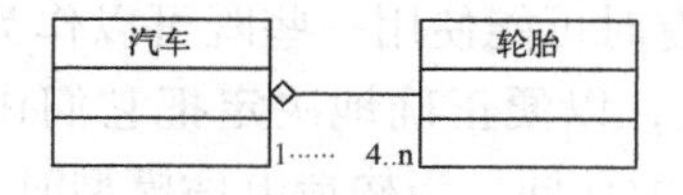

3. 类图建模

在分析阶段，类的识别通常是在分析问题域的基础上完成的。这个阶段识别出来的类实质上是问题域实体的抽象，应该以这些实体类在问题域中担当的角色来命名。识别对象与类的方法和步骤如下。

（1）识别类与对象

人们认识世界的过程是一个渐进的过程，需要经过反复迭代而不断深入。初始的对象模型通常都是不准确、不完整的，甚至是错误的，必须在随后的反复分析中加以扩充和修改。

在识别类与对象时，首先需要找出所有候选的类与对象，然后从候选对象中筛选掉不正确的或不必要的对象。

大多客观事物可分为下面 5 类：

① 可感知的物理实体，如汽车、书。

② 人或组织的角色，如学生、教师、教务处。

③ 应记忆的事件，如取款、订购。

④ 两个或多个对象的相互作用，如购书、付款。

⑤ 需要说明的概念，如保险政策、业务规则。

在服装销售系统中逐项判断系统中是否有对应的实体对象，识别结果如下。

① 可感知的物理实体：服装、服装配件、发票、仓库。

② 人或组织的角色：客户、销售员、库存管理员。

③ 应记忆的事件：购买、付款、添加购物车。

④ 两个或多个对象的相互作用：购买、付款、购物车。

⑤ 需要说明的概念：此系统中无此类实体对象。

上述方法帮助人们找到一些候选对象，但通过简单、机械的过程显然不可能正确地完成分析工作，还需要人们从中筛选出不正确、不必要的类与对象。可以从以下几个方面筛选对象与类。

1）冗余。如果两个类表达了同样的信息，则应该保留在此问题上最富有描述力的名称。例如，在服装销售系统中，购物单、订单显然指的是同一对象，因此，应该去掉购物单保留订单。

2）无关。现实世界中存在许多对象，不能把它们都纳入系统中，仅需要把与问题密切相关的类与对象放入目标系统中。例如，“仓库”在本系统的边界之外，不应纳入目标系统。

3）笼统。笼统指在需求描述中常常使用一些笼统的、泛指的名字，虽然在初步分析时把它们作为候选对象列出来了，但是，要么系统无须记忆有关它的信息，要么在需求陈述中有更具体的名字对应它们所指的事务，因此，通常把这些笼统或模糊的类去掉。

4）属性。有些名词实际上属于对象的属性，应该把这些名词从候选对象中去掉。但如果某个性质具有很强的独立性，则应把它们作为类而不是作为属性。例如，订单状态、付款方式都应作为类的属性，而付款却作为一个独立的类存在。

5）操作。在需求描述中，有时可能使用一些既可以作为名词又可以作为动词的词，应该慎重考虑它们在问题中的含义，以便正确地决定把它们作为类还是作为类中的操作。例如，谈到电话时，通常把拨号作为动词，当构造电话模型时，应该把它作为一个操作，而不是一个类。但是在开发电话记账系统时，拨号需要有自己的属性，如日期、时间、通话地点等，因此应该把它作为一个类。

6）实现。在分析阶段，不应过早地考虑怎样实现目标系统，应该去掉与实现有关的候选类与对象。在设计和实现阶段，这些类与对象可能是重要的，但在分析阶段过早地考虑它们反而会分散开发人员的注意力，如控制类、边界类等。例如，“Web 页”就属于边界类，在此阶段不应考虑。

使用上述方法对服装销售系统进行分析，识别出系统的实体类有客户、销售员、服装、服装材料及配饰、订单、购物车、付款、发票。

（2）识别属性

属性能使人们对类与对象有更深入、更具体的认识，它可以确定并区分对象与类，以及对象的状态。一个属性一般用于描述类的某个特征。

在需求陈述中通常用名词、名词词组表示属性，如商品的价格、产品的代码。往往用形容词表示可枚举的具体属性，如打开的、关闭的。但是不可能在需求陈述中找到所有的属性，人们还需要借助于领域知识和常识，才能分析得出需要的属性。属性的确定与问题域有关，也与系统的任务有关。应该考虑与具体应用直接相关的属性，不要考虑超出所要解决问题范围的属性。例如，在学籍管理系统中，学生的属性应该包括姓名、学号、专业、学习成绩等。而不考虑学生的业余爱好、习惯等特征。在分析阶段，先找出最重要的属性，再把其余的属性逐步添加进去。在分析阶段，也不应考虑纯粹用于实现的属性。

类的属性识别工作往往要反复多次才能完成，而属性的修改通常并不影响系统结构。在确定属性时应注意以下问题。

1）把对象当作属性。如果某实体的独立存在比它的值更重要，则应把它作为一个对象，而不是一个对象的属性。同一个实体在不同的应用领域中应该作为对象还是属性，需要具体分析才能确定。例如，在邮政目录中，城市是一个属性，而在投资项目中却应该把城市当作对象。

2）误把关联类的属性当作对象的属性。如果某个性质依赖于某个关联的存在，则该性质是关联类的属性，在分析阶段不应作为对象的属性。特别是在多对多关联中，关联类属性很明显，即使在以后的开发阶段中，也不能把它归结为相互关联的两个对象中的任意一个对象的属性。例如，客户类和商品类存在多对多关联，客户可以买多个商品，同一商品也可以被多个客户购买，“订单编号”依赖于客户购买商品这个关联而存在，可是它绝不能作为客户和商品的属性，应该创建一个关联类“订单”，将“订单编号”作为“订单”的属性。

3）把内部状态当成属性。如果某个性质是对象的非公开的内部状态，则应从对象模型中删除这个属性。例如，订单有提交订单、付款完成、订单审核、商品出库、交易完成5个内部状态，不能将这些状态作为属性。

4）过于细化。在分析阶段应忽略对大多数操作都没有影响的属性。

5）存在不一致的属性。类应该是简单且一致的。如果得出一些看起来与其他属性毫不相关的属性，则应该把这些属性分解为两个不同的类。

6）属性不能包含一个内部结构。如果人们将地址识别为人的属性，就不要试图区分省、市、街道等了。

7）属性在任何时候只能有一个在允许范围内的确定的值。例如，人这个类的眼睛颜色属性，通常情况下，两只眼睛的颜色是一样的。如果系统中存在一个对象的两只眼睛的颜色不一样，则该对象的眼睛颜色属性就无法确定。解决方法就是创建一个眼睛类。

使用上述方法，分析服装销售系统中的类属性，如图3-21所示。

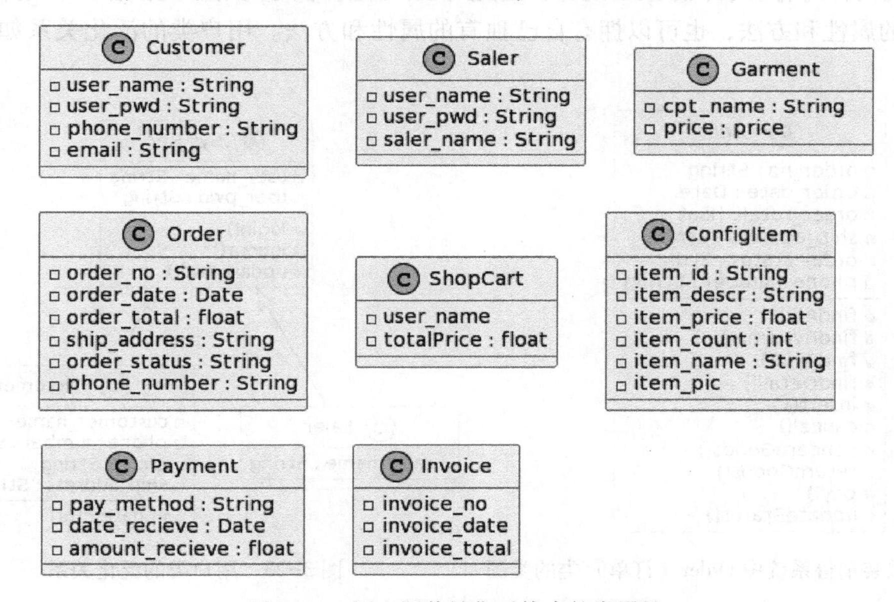

图3-21 网上服装销售系统中的类属性

（3）确定操作

识别了类的属性后，类在问题域内的语意完整性就已经体现出来了。类操作的识别可以依据需求陈述、用例描述和系统的上下文环境来完成。例如，分析用例描述时，人们可以通过回答下述问题进行识别。

1）有哪些类会与该类交互，包括该类本身？

2）该类会发送哪些消息给这些类？

3）该类如何响应其他类发送来的消息？在发送消息之前，该类需要做何处理？

4）从该类本身来说，它应该有哪些操作来维持其信息的更新、一致性和完整性？

5）系统是否要求该类具有另外的一些职责？

例如，在服装销售系统中，“订单类”的操作识别如下。

1）订单类会与客户类、销售员类、服装类发生交互。

2）客户类会向订单类发出查看所有订单、查询订单、查看订单详情、提交订单、取消订单、退货、确认收货、付款等消息。

3）销售员类会向订单类发出查看所有订单、查询订单、查看订单详情、修改订单状态等消息。

订单类收到不同的消息时，应该有相应的操作（方法）去处理，因此由收到的“消息”可以映射为类的“操作”（方法）。服装销售系统中 Order（订单）类的类图如图 3-22 所示。

（4）识别关联

1）识别泛化关系。

泛化关系表达了一般和特殊的关系，可以从两个类似的类中抽象出它们共同的属性和行为创建出父类。例如，客户类和销售员类都是作为系统的使用者，它们共同的属性有用户名、密码，共同的行为有登录、修改密码等，因此可以产生一个父类用户类，客户和销售员可以继承父类的属性和方法，也可以拥有自己独有的属性和方法。用户类的泛化关系如图 3-23 所示。

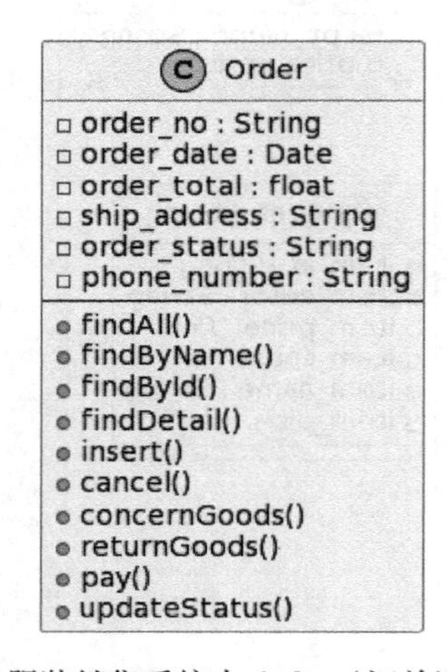

图 3-22　服装销售系统中 Order（订单）类的类图

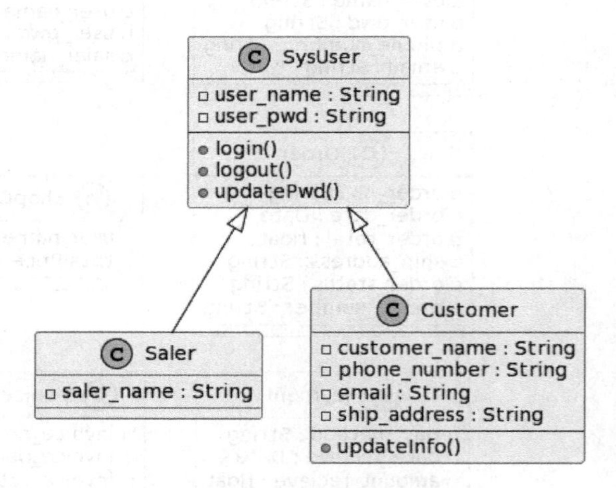

图 3-23　用户类的泛化关系

2）识别整体-部分关系。

在服装销售系统中，用户的购物车中可包含多个商品项目，购物车类和商品项目类形成了聚合关系，如图 3-24 所示。

同理，一套服装可能使用多种不同的布料和配饰，因此，服装类与材料类也形成了聚合关系，如图 3-25 所示。

3）识别关联关系。

在服装销售系统中，最主要的关联是客户购买服装行为所引起的，因此客户类、订单

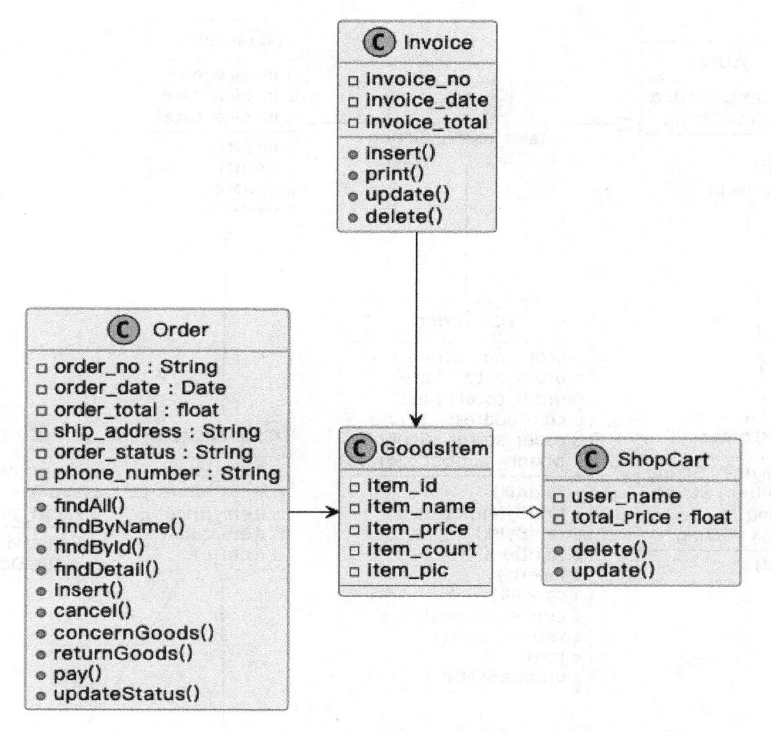

图 3-24　购物车类和商品项目类的聚合关系

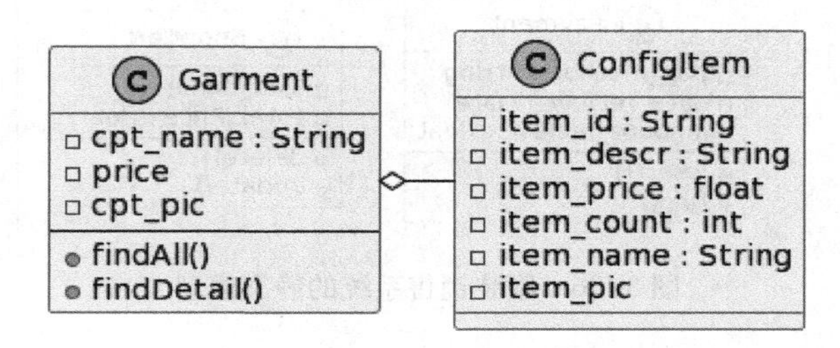

图 3-25　服装类与材料类的聚合关系

类、服装类具有关联关系。另外，因为购买行为产生付款、开发票等行为，因此，订单类和付款行为、发票类之间有关联关系。

经过上述识别和分析工作得到服装销售系统的类图，即静态模型如图 3-26 所示。

注意，实体类图的分析设计过程也是在迭代中不断修改与完善的，例如，在对“购物车构件”的详细类设计过程中，发现 ShopCart 实体类并不是必需的，可根据具体的需要删除或保留。

七、时序图与交互模型

一般来说，我们已经在用例分析中将系统应该满足的用户期望（系统功能）找出来了，也在类图中将系统的架构构造出来了，但是，针对每个特定用例的场景，要利用类图所规范的对象来完成用例所交付的任务，就必须用时序图来表达。

时序图最主要的目的就是表达对象与对象之间是如何沟通与合作的，因此才将时序图称

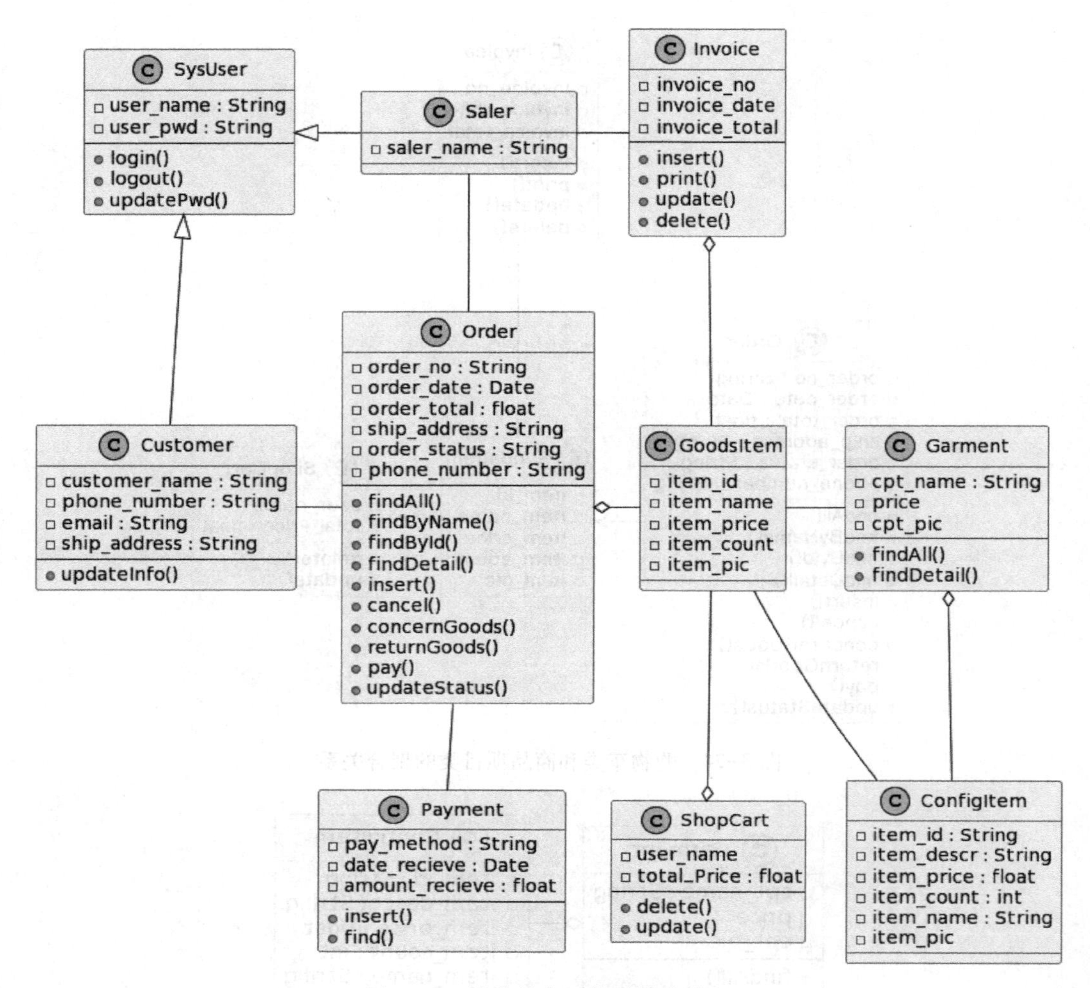

图 3-26　服装销售系统的静态模型

为一个动态模型。

一般来说，时序图的主要任务包括如下几项。

1）表达设计人员心中关于将来程序在运行时的对象协作模型。由于目前大部分实现平台都由面向对象编程语言所开发，因此，设计人员在实际开始编写代码之前，必须先在心中构造一个对象模型，而时序图正是这个对象模型的一种展现方式。

2）验证软件领域模型类图的正确性。时序图是从抽象层次的类图而来的，因此，时序图中的所有元素都必须在类图中存在。有经验的设计人员会利用绘制时序图的机会，重新审视自己设计的领域模型的正确性。

3）为程序员提供编码的蓝图。时序图表达的方式是以时间为纵轴的，这也恰巧符合编码的方式，它们都有“顺序”。时序图是面向对象程序流程的一种描述，在绘制时序图时，要注意的问题是：时序图不求精细，因为它只是一个“蓝图”，并非完整的“施工计划”。许多设计人员投入过多精力研究时序图的细节，反而造成时序图过于复杂，这就违背了“蓝图”的初衷。

1. 时序图规范

以一个用户登录的时序图为例说明时序图的规范，时序图中包含一个角色（操作员），由角色打开操作页面，体现用例模型中“由角色启动用例”，角色通过与页面对象（登录页面）、操作对象之间的交互，实现登录查询功能，如图 3-27 所示。

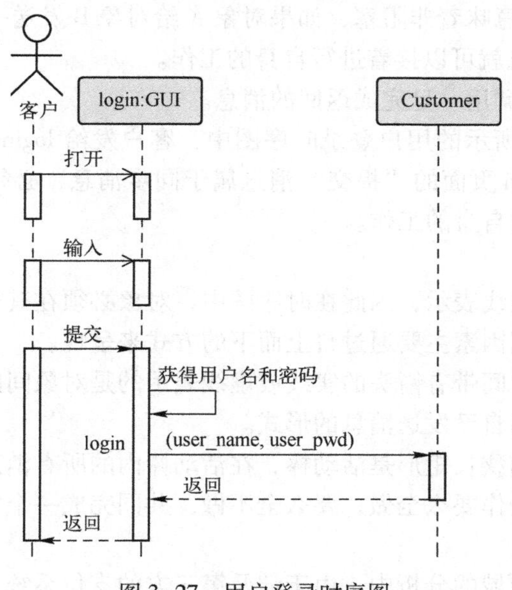

图 3-27　用户登录时序图

下面来讨论图 3-27 中的几个要素。

（1）对象

在时序图中，每个参与部分都是“对象”。“对象”在 UML 中主要以“对象名称:类名称”的方式来表达。如果使用“:类名称”来表达对象，那代表该对象并没有被指定特定的名称。例如，在用户登录时序图中，login 对象是登录界面，所以将它归纳为 GUI 类。有些对象名，在设计阶段或实现阶段才会具体地命名，在此阶段可以省略，如可省略掉 Customer 类的对象名。

（2）消息

对象与对象之间只能通过传递消息来联系。所谓消息，其实就是对象所属类的操作。发送消息，实际上就是让对象执行操作。如果消息并未被定义在对象所属的类中，可以使用“//消息名称”的方式来说明，在对类图进行审查时，可以将这些消息补充到类的方法中。例如，如果在用户登录时序图中，Customer 类对象接收登录页面传递的消息 login，那么 Customer 类的定义中也需要存在 login( )方法，在对图 3-26 服装销售系统的静态模型审查中，可以确定 Customer 类中已定义 login( )方法（见图 3-26 图中的 SysUser 类，login( )方法在该类中，它是 Customer 类的父类）。

简单消息→
同步消息→
异步消息→
返回消息←-----

图 3-28　常见的消息类型

两个对象间如果能够沟通消息，代表在类图中，这两个对象所属的类必然有关系（关联、整体-部分、泛化或依赖）。UML 1. X 用箭头的类型表示消息的类型，常见的消息类型如图 3-28 所示。

1）简单消息：只是表示控制如何从一个对象发送给另一个对象，并不包含控制的细节。

2）同步消息：同步意味着阻塞和等待，如果对象 A 给对象 B 发送一条消息，对象 A 会等待对象 B 接收完这条消息，才进行自身的工作。

3）异步消息：异步意味着非阻塞，如果对象 A 给对象 B 发送一条消息，对象 A 不必等待对象 B 接收完这条消息就可以接着进行自身的工作。

4）返回消息：操作调用一旦完成返回的消息。

例如，在如图 3-27 所示的用户登录时序图中，客户发给 login 页面的“打开”消息属于简单消息，而发给 login 页面的“提交”消息属于同步消息，必须等待该消息执行完，得到返回消息后，才能继续自身的工作。

（3）生命线

对象有生命线且用虚线表示，因此在时序图中，对象必须在其生命线中才能够彼此交换消息。在时序图中，时间因素主要通过自上而下的方式来呈现。

两个对象的生命线之间带有箭头的实线或虚线表示的是对象间的通信，而虚线则表示返回消息。也有对象自己给自己发送消息的形式。

每个对象生命线上的狭长矩形是活动棒，在活动棒内的所有消息之间存在清晰的时序关系，这些消息所引发的操作要么全做，要么全不做，共同完成一个完整的任务。

2. 时序图

在服装销售系统问题域的分析中，由于涉及第三方的支付系统，付款用例无疑是一个内部关系比较模糊的用例，为了能够更加透彻地了解付款用例的功能是由哪些对象交互实现的，也为了能够进一步完善用例图和静态模型图，在此对付款用例的时序图进行分析。

客户角色“提交订单”后便会进入“付款页面”，因此该用例从“付款页面”开始，首先用户在该页面确认金额和选择付款方式，选择“提交”后请求提交给了第三方支付系统，调用第三方支付系统接口完成付款后，将新增一条“付款”信息，然后修改“订单状态”为“已付款状态”。付款用例的时序图如图 3-29 所示。

通过图 3-29 可以检查服装销售系统的类图中是否具有 Payment 和 Order 两个类，以及 Payment 类是否具有 insert( ) 方法，Order 类是否具有 updateStatus( ) 方法，经检查（见图 3-26），答案是肯定的，那是不是就没有问题了呢？因为购买服装允许分期多次付款，用户付款后，应该可以查询到自己的每一次付款信息。查询付款用例的时序图如图 3-30 所示。

通过图 3-30，检查服装销售系统的类图中是否具有 Payment 类，同时该类是否具有 find( ) 方法，答案也是肯定的，但是在服装销售系统的用例图中却不存在“查询付款”用例，因此需要在客户个人中心的用例图中补充该用例。

对系统问题域内的所有用例进行时序图分析，不仅以时间为轴对用例内部的交互机制更加清晰，而且采用对象映射为类、消息映射为方法的原则来审阅静态模型类图，补充和更新类及方法，更为以后的编程实现提供了一个蓝图。

八、状态图与事件驱动模型

事件驱动模型表示系统内对外部事件的响应方式，事件引起一种状态向另一种状态的转

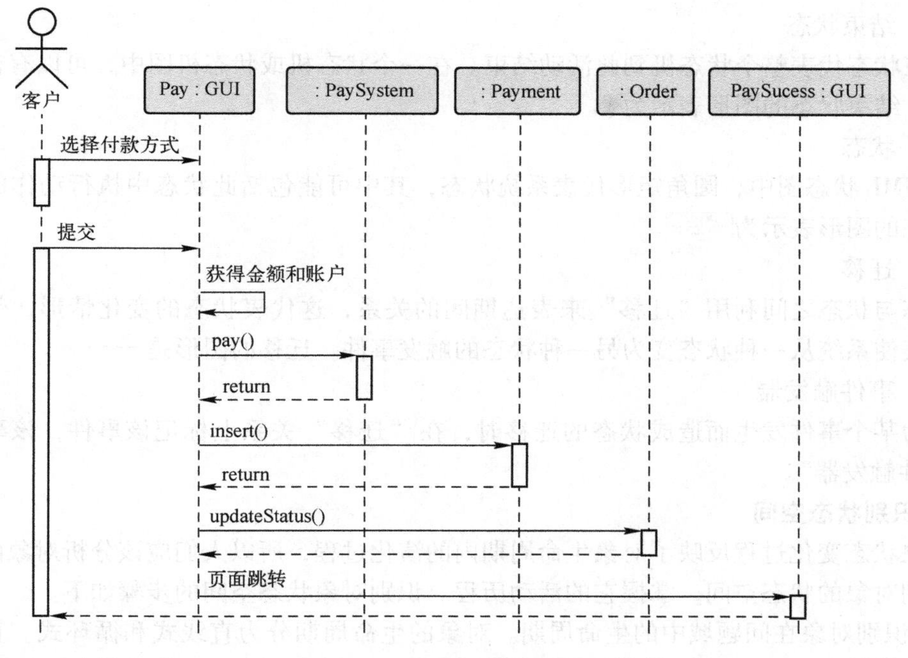

图 3-29　付款用例的时序图

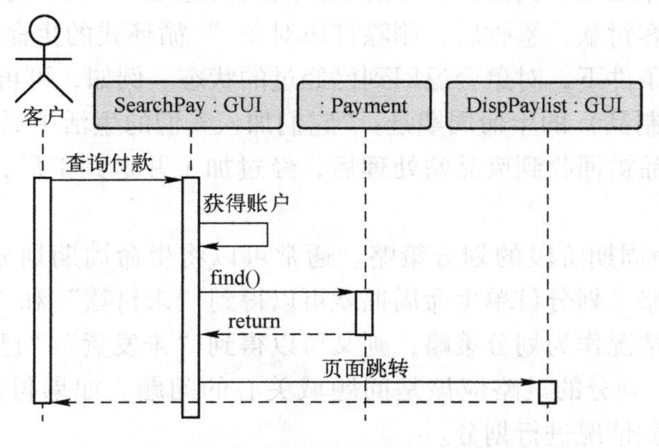

图 3-30　查询付款用例的时序图

变。例如，当控制阀门的系统接收到操作员的指令时，可能从状态“阀门开”变为状态“阀门关”，这种系统观点特别适合实时系统。

UML 通过使用状态图来支持基于事件的模型，状态图用来描述一个类对象在不同用例间状态的迁移。当一个用例或某个事件发生时，类对象的状态就会发生迁移，状态图有助于分析人员审核业务逻辑，以及完善静态模型。

1. 状态图规范

（1）起始状态

在一个状态机或状态机图中，只能有一个起始状态，这一点与活动图的起始点是相同的。起始状态用一个实心的圆形表示：●。

（2）结束状态

结束状态代表整个状态机到此活动结束。在一个状态机或状态机图中，可以有很多个结束状态。结束状态的图形表示为◉。

（3）状态

在UML状态图中，圆角矩形代表系统状态，其中可能包括此状态中执行动作的简单描述。状态的图形表示为 Waiting do/Display Time 。

（4）迁移

状态与状态之间利用“迁移”来表达期间的关系，这代表状态的变化情形，带标签的箭头代表使系统从一种状态变为另一种状态的触发事件。迁移的图形是———▸。

（5）事件触发器

因为某个事件发生而造成状态的迁移时，在“迁移”关系上标记该事件，该事件被称为“事件触发器”。

2. 识别状态空间

对象状态变化过程反映了对象生命周期内的演化过程，所以人们应该分析对象的生命周期，识别对象的状态空间，掌握它的活动历程。识别对象状态空间的步骤如下。

1）识别对象在问题域中的生命周期。对象的生命周期分为直线式和循环式。直线式生命周期通常具有一定的时间顺序特性，即对象进入初态后，经过一段时间会过渡到后续状态，如此直至对象生命结束。例如，订单的生命周期描述是：“顾客提出购货请求后产生订单对象，然后经历顾客付款、签收后，删除订单对象。”循环式的生命周期通常并不具备时间顺序特性，在一定条件下，对象会返回到已经过的状态。例如，可再利用的生活日用品对象（如玻璃瓶、塑料制品）的生命周期是：“它们加入人们的生活中后，当失去了使用价值时就变成了废品。废品被回收到废品站处理后，经过加工并送到工厂，然后又变成日用品，重新进入生活领域。”

2）确定对象生命周期阶段的划分策略。通常可以将生命周期划分为两个或多个阶段。例如，用付款情况策略来划分订单生命周期就可以得到“未付款”和“已付款”两个阶段。而如果运用订单处理情况作为划分策略，则又可以得到“未发货”“已发货”“未签收”和“已签收”四个阶段。划分的策略应该是问题域关心的问题。如果付款情况是问题域关心的，那么就应该按付款情况进行划分。

3）重新按阶段描述对象生命周期，得到候选状态。在确定生命周期的划分策略后，应该运用策略，重新按阶段描述对象的生命周期，这时就得到了一系列候选的状态。

4）识别对象在每个候选状态下的动作，并对状态空间进行调整。如果对象在某个状态下没有任何动作，那么该状态的存在就值得怀疑，同时，如果对象在某个状态下的动作太复杂，就应该考虑对此状态进行进一步的划分。

5）分析每个状态的确定因素（对象的数据属性）。每个状态都可由对象的某些数据属性的组合来唯一确定。针对每个状态，应该识别出决定该状态的数据属性和其取值情况，如果找不到这样的数据属性，一方面可能是该状态不为问题域所关心，另一方面可能是属性的识别工作有疏漏。

6）检查对象状态的确定性和状态间的互斥性。一般对象的不同状态间必须是互斥的，即任何两个状态之间不存在一个“中间状态”，使得该“中间状态”同时可以归结到这两个状态。

状态空间定义了状态图的“细胞”，而状态迁移则是状态图中连接“细胞”的脉络，通过它将各种状态有机地联系在一起，描述对象的活动历程。

3. 状态图建模

在服装销售系统中，并不是所有的类和对象都具有状态，只有 Order（订单）类具有 order_status（订单状态）属性，Order 类的类图如图 3-22 所示，订单状态属性有几种取值？订单的状态在整个系统的执行过程中会因为哪些事件（用例）而引起状态的迁移？需要使用状态图来详细分析。Order 类的状态图如图 3-31 所示。

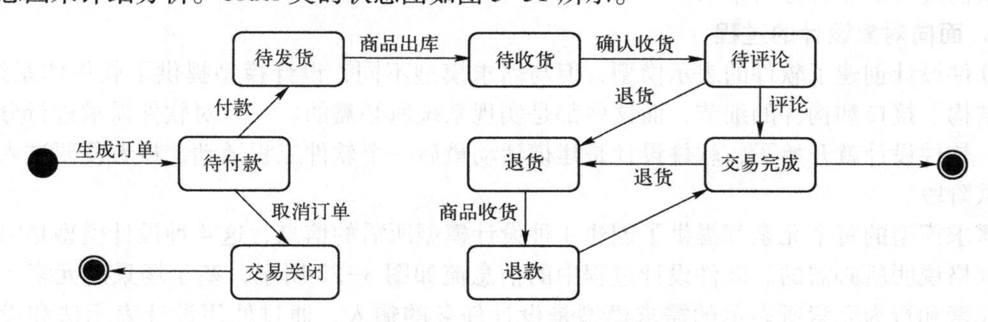

图 3-31　Order 类的状态图

Order 类的状态图反映了客户在整个购买流程中由不同的用例所引起的订单状态的变化。首先，客户填写完购买信息，“提交订单”用例发生后，订单状态就迁移到“待付款”状态。“付款”用例执行后，订单的状态迁移为“待发货”状态；“商品出库”后，订单状态迁移为“待收货”状态；用户“确认收货”后，状态迁移为“待评论”状态；用户“评论”后，状态迁移为“交易完成”状态。至此，正常的购买流程就结束了。然而，购买的过程中也会出现“取消订单”“退货”等用例的发生，因此订单的状态也会随之迁移。

在状态图中所有激发状态转移的事件大部分都应该存在于用例中，在图 3-31 中，“商品出库”“商品收货”因超出系统边界而不做处理，“评论”事件引起订单状态从“待评论”到“交易完成”的迁移，而该用例却未在客户个人中心用例图中出现，所以应对该用例予以补充。

第四节　面向对象的设计

面向对象的设计是将需求分析所创建的分析模型转换为设计模型，同时通过进一步细化需求，对分析模型加以修正和补充。与传统方法不同，设计模型采用的符号与分析模型是一致的，设计是结合实现环境不断细化、调整概念类的过程。面向对象分析时，主要考虑系统做什么，而不关心系统如何做，在设计阶段主要解决系统如何做的问题。因此，需要在分析模型中为系统实现补充一些新的类、属性或操作。在设计时同样遵循信息隐蔽、抽象、功能独立、模块化等设计准则。本节主要介绍面向对象设计的基本原理、特点、设计准则与设计过程。

一、面向对象软件设计概述

面向对象的设计以面向对象分析所产生的系统规格说明书为基础，设计出描述如何实现各项需求的解决方案。这个解决方案是后续进行系统实现的基础。从面向对象分析到面向对象设计，是一个逐渐扩展模型的过程，是用面向对象观点建立“求解”域模型的过程。尽管分析与设计的侧重有明显的区别，但是在实际的软件开发过程中，两者的界限是模糊的，很多分析结果可以直接映射成设计结果，而在设计中又往往会加深和补充对系统需求的理解，从而进一步完善分析结果。

1. 面向对象设计的过程

软件设计创建了软件的表示模型，但与需求模型不同，设计模型提供了软件体系结构、数据结构、接口和构件的细节，而这些都是实现系统所必需的。一旦对软件需求进行分析和建模，软件设计就开始了，软件设计是建模活动最后一个软件工程活动，接着便要进入编码和测试阶段。

需求模型的每个元素都提供了创建 4 种设计模型所需的信息，这 4 种设计模型是完整的设计规格说明所必需的。软件设计过程中的信息流如图 3-32 所示，基于场景的元素、基于类的元素和行为元素所表示的需求模型是设计任务的输入，通过使用设计表示法和设计方法，将得到数据/类设计、体系结构设计、接口设计和构件设计。

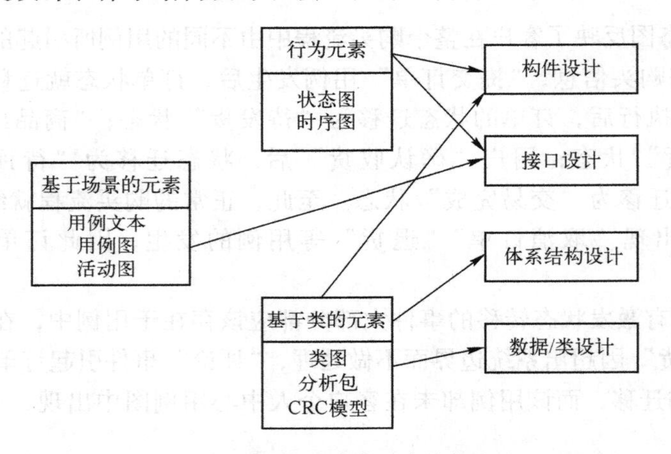

图 3-32　软件设计过程中的信息流

面向对象软件设计需要完成的工作如下。

1）数据/类设计。将类模型转化为设计类的实现及软件实现所要求的数据结构。类图所定义的对象和关系，以及类属性和其他表示法描述的详细数据内容为数据设计活动提供了基础。在软件体系结构设计中，也可能会进行部分类的设计，更详细的类设计则将在设计每个软件构件时进行。

2）体系结构设计。定义了软件主要结构化元素之间的关系、满足系统需求的体系结构风格和模式，以及影响体系结构实现方式的约束。体系结构设计的表示可以从需求模型导出，该设计的表示基于计算机系统的框架。

3）接口设计。描述软件和协作系统之间、软件和使用人员之间是如何通信的，接口意味着信息流（数据和控制）和特定的行为类型。因此，使用场景和行为模型为接口设计提供了大量的信息。

4）构件设计。将软件体系结构的结构化元素变换为对软件构件的过程性描述。从基于类的模型和行为模型中获得的信息是构件设计的基础。

设计过程中所做出的决策，将最终影响软件构建的成功与否，更重要的是会影响软件维护的难易程度。软件设计的重要性可以用一个词来表达——质量。在软件工程中，设计是质量形成的基础，设计提供了可以用于质量评估的软件表示，也是将利益相关者的需求准确地转化为最终软件产品或系统的唯一方法。软件设计是所有软件工程活动和随后的软件支持活动的基础。没有设计，将会存在构建系统不稳定的风险，这样的系统稍做改动就无法运行，而且难以测试，直到软件过程后期才能评估其质量，这可能导致软件项目延迟交付、花费大量经费，甚至导致软件项目失败。

面向对象软件设计的基本步骤如下。

1）通过建立模型表示系统或产品的体系结构。

2）为各类接口建模，这些接口在软件和最终用户、软件和其他系统与设备、软件和自身组成的构件之间起到连接作用。

3）详细设计系统的软件构件。

2. 面向对象设计准则

软件设计的目的是产生用于实现待开发系统的设计规格说明书，它对系统如何工作给出详细的描述。原则上，在设计阶段，应该尽量不涉及与具体编程环境相关的决策内容，这样的设计有较强的灵活性，可以适用于各种开发环境。面向对象设计的准则如下。

（1）模块化

大型系统的特点，决定了系统的设计必然走模块化的道路。自上向下、分而治之是控制系统复杂性的重要手段。为此，将一个问题分解成许许多多的子问题，由不同的开发人员同时开发，由此可得到很多易于管理和控制的模块。这些模块具有清晰的抽象界面，同时还指明了该模块与其他模块相互作用的关系，每个模块可以完成指定的任务。面向对象软件开发模式，很自然地支持把系统分解成模块的设计原理，因为对象就是把数据结构和操作这些数据的方法紧密地结合在一起所构成的模块。

（2）抽象

面向对象方法不仅支持过程抽象，而且支持数据抽象。类实际上是一种抽象数据类型，它对外开放的公共接口构成了类的规格说明（即协议），这种接口规定了外界可以使用的合法操作，利用这些操作可对类实例中包含的数据进行操作。使用者无须知道这些操作的实现算法和类中数据元素的具体表示方法，就可以通过这些操作使用类中定义的数据。通常把这类抽象称为规格说明抽象。此外，某些面向对象的程序设计语言还支持参数化抽象。所谓参数化抽象，是指当描述类的规格说明时，并不去具体指定所要操作的数据类型，而是把数据类型作为参数。这使类的抽象程度更高，应用范围更广，可复用性更高。例如，C++语言提供的“模板”机制就是一种参数化抽象机制。

（3）信息隐蔽

在进行模块化设计时，为了得到一组最好的模块，应该使一个模块内包含的信息（操作和数据）对于不需要这些信息的其他模块来说是不能被访问的，即要提高模块的独立性。

当修改或维护模块时，会减少把一个模块的错误扩散到其他模块中的机会。在面向对象方法中，信息隐蔽通过对象的封装来实现。类结构分离了接口与实现，封装和隐蔽的不是对象的一切信息，而是对象的实现信息、实现细节，即对象属性的表示方法和操作的实现算法。对象的接口是向外公开的，其他模块只能通过接口访问它。

（4）低耦合

在面向对象方法中，对象是最基本的模块，耦合主要指不同对象之间相互关联的亲密程度。低耦合的理想情况意味着对系统某一部分的理解、测试或修改，无须涉及系统的其他部分。如果某类对象过多地依赖其他类对象来完成自己的工作，则不仅给理解、测试或修改这个类带来很大困难，而且将大大降低该类的可复用性和可移植性。显然，类之间的这种过多的相互依赖关系是紧耦合的。当然，对象不可能是完全孤立的，当两个对象必须相互联系与相互依赖时，应通过类接口实现耦合而不应该依赖于类的具体实现细节。对象之间的耦合可分为交互耦合与继承耦合两大类。

1）交互耦合。如果对象之间的耦合表现为消息连接，这种耦合就是交互耦合。为使交互耦合尽可能松散，应该遵循下述准则。

① 尽量降低消息连接的复杂程度，应该尽量减少消息中包含的参数，降低参数的复杂程度。

② 减少对象发送或接收的消息数。

2）继承耦合。与交互耦合相反，应该提高继承耦合的程度。继承是一般类与特殊类之间耦合的一种形式。从本质上看，通过继承结合起来的基类（父类）和派生类（子类）构成了系统中粒度更大的模块。因此，它们彼此之间应该结合得越紧密越好。为了获得亲密的继承耦合，特殊类应该是对它的一般化类（基类或父类）的一种具体化，因此，如果一个派生类摒弃了其基类的许多属性，则它们是松耦合的，在设计时应该使特殊类（子类）尽量多地继承并使用其一般化类的属性和操作，从而更紧密地耦合到其一般化类（父类）。

（5）高内聚

内聚性可以衡量一个模块内各个元素彼此结合的紧密程度。设计时应力求高内聚性。在面向对象设计中存在以下 3 种内聚。

1）操作内聚：一个操作应该完成一个且仅完成一个功能。

2）类内聚：应该使一个类只有一个用途，类的属性和服务应该是高内聚的。类的属性和服务应该是完成该类对象任务所必需的，其中不包含无用的属性或服务。如果某个类有多个用途，通常应该把它分解为多个专用的类。

3）泛化内聚：设计出的泛化结构应该符合多数人的概念，这种结构应该是对相应的领域知识的正确抽取。

（6）可复用

软件复用是提高软件开发生产效率和目标系统质量的重要途径，复用基本上从设计阶段开始。复用有两个方面的含义：一是尽量使用已有的类，包括开发环境提供的类库及以往开发类似系统时创建的类；二是如果确实需要创建新类，则在设计这些类的协议时，应该考虑这个类将来的可复用性。

二、体系结构设计

在一般情况下，系统的体系结构不需要完全由自己来设计，因为针对特定的问题已经有很多现成的解决方案，某些解决方案在其他同类系统中已经得到成功的应用，可以供人们借鉴或直接使用。通常选择一个系统的总体架构，基于已有的相类似的系统，某些系统的架构模式是可以解决一些主要问题的。

1. 分层体系结构

分离性和独立性的概念是体系结构设计的基础，因为分离性和独立性使得软件的变更得以局部化（只改变局部，不影响整个系统）。例如，增加一个新的视图或改变一个已有的视图，这些操作都可以在不改变模型底层数据的情况下完成。分层体系结构是实现分离性和独立性的一个方式，系统的功能被划分成几个独立的层次，每一层只依赖紧接着的下一层所提供的服务和设施。表 3-2 对这种模式进行了说明。

表 3-2 分层体系结构

名称	分层体系结构
描述	将系统组织成分层结构，每一层中包含一组相关的功能，每一层提供服务给紧邻的上一层，因此最底层是有可能被整个系统所使用的核心服务
使用时机	在已有系统的基础上构建新的设施时使用；当开发团队由多个分散的小团队组成，且每个团队负责一层的功能时使用；当系统存在多层信息安全性需求时使用
优点	允许在接口保持不变的条件下更换整个层；在每一层中可以提供重复的服务（如身份验证）以提升系统的可靠性
缺点	在具体实践中，在各层之间提供一个界限清晰的分离是困难的，高层可能不得不直接与低层进行直接交互而不是通过紧邻的下一层进行交互。分层结构会引起性能下降，因为服务请求会在每一层中被处理

分层的方法支持系统的增量式开发，如果一层被开发完，则该层提供的服务就可以被用户使用。这种体系结构还是可改变和可移植的。如果一层的接口被保留下来，则该层可被另外一个对等层替换。当一层的接口改变或增加了新设施时，只有相邻层受影响。因为分层系统的抽象机依赖的是内层中的抽象机，因此，转换到其他机器上实现是比较容易的，此时只有内部与具体机器相关的层需要重新实现，以适应不同的操作系统或数据库。

图 3-33 所示是一个四层体系结构的例子。第一层包括系统支持软件，比较典型的有数据库和操作系统支持。第二层是应用程序层，包括与应用功能相关的组件、可以被其他应用组件利用的实用工具组件等。第三层与用户界面管理相关，并提供用户的身份验证和授权。第四层提供用户界面设施。

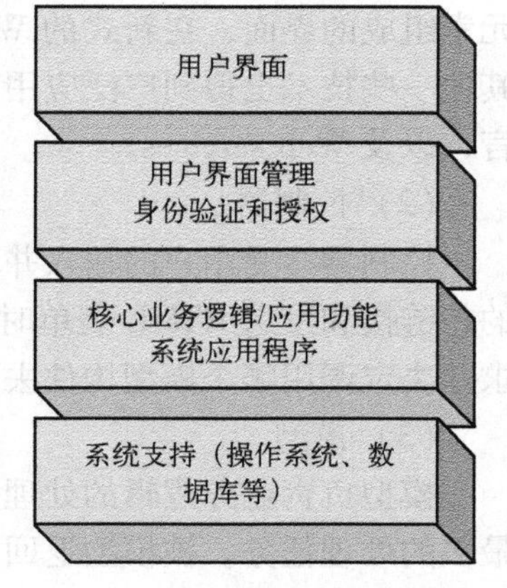

图 3-33 四层体系结构的例子

在不同系统的设计中，分层的数量并不是唯一的，图 3-33 中的任意一层都可以分为两层或更多层。

2. 三层架构

通常意义上的三层架构就是将整个业务应用划分为界面层、业务逻辑层和数据访问层。区分层次依据“高内聚低耦合”的思想。在软件体系架构设计中，分层式结构是最常见、最重要的一种结构。需要注意的是，三层架构并不是按功能来分解软件系统的，而是按类和对象进行分层的，将完成同一职责的类和对象放在同一层。对三层结构的每一层分别说明如下。

1）界面层：用于显示数据和接收用户输入的数据，为用户提供一个人机交互式操作的界面。

2）业务逻辑层：主要是针对具体问题的操作，也可以理解成对数据层的操作、对数据业务逻辑的处理，如果说数据层是积木，那逻辑层就是对这些积木的搭建。该层的主要任务如下。

① 从界面层接收请求。

② 根据业务规则处理请求。

③ 将 SQL 语句发送到数据访问层或者从数据访问层获取数据。

④ 将处理结果传回用户界面。

3）数据访问层：其功能主要是负责数据访问。简单地说，就是实现对数据表的 Select（查询）、Insert（插入）、Update（更新）、Delete（删除）等操作。如果要加入 ORM（Object Relational Mapping，对象关系映射）的元素，那么就会包括对象和数据表之间的映射以及对象实体的持久化。该层的主要任务如下。

① 建立数据库的连接、关闭数据库的连接、释放资源。

② 接收业务逻辑层传来的 SQL 语句，完成添加、删除、修改或查询数据，将数据返回业务逻辑层。

3. 采用 MVC 模式的 Web 体系结构

MVC（Model-View-Controller，模型-视图-控制器）模式，是一种软件设计典范。MVC 模式用一种业务逻辑、数据、界面显示分离的方法组织代码，将业务逻辑聚集到一个部件中，在改进和个性化定制界面及用户交互的同时，不需要重新编写业务逻辑。

MVC 应用程序被分成 3 个核心部件：视图、控制器、模型。它们各自处理自己的任务。

（1）视图

视图是用户看到并与之交互的界面。对传统的 Web 应用程序来说，视图就是由 HTML 元素组成的界面，在新式的 Web 应用程序中，HTML 依旧在视图中扮演着重要的角色，但其他一些技术也得到广泛应用，如：Adobe Flash、XHTML、XML/XSL、WML 等一些标识语言，以及 Web services。

（2）控制器

控制器接受用户的输入并调用模型和视图去完成用户的需求，所以当单击 Web 页面中的超链接和发送 HTML 表单时，控制器本身不输出任何内容和做任何处理。它只是接收请求并决定调用哪个模型构件去处理请求，然后确定用哪个视图来显示返回的数据。

（3）模型

模型负责业务逻辑的处理及数据库的访问。在 MVC 应用程序的 3 个部件中，模型拥有最多的处理任务。被模型返回的数据是中立的，即模型与数据格式无关，这样使得一个模型能为多个视图提供数据。由于应用于模型的代码只需写一次就可以被多个视图重用，所以减少了代码的重复性。

采用 MVC 模式的 Web 应用体系结构如图 3-34 所示，例如，用户在浏览器上访问登录页面，首先，请求被传递给了控制器，控制器进行 HTTP 请求处理，调用相应的登录页面

（视图）显示给用户。用户在登录页面输入账户信息后单击“登录”按钮，该事件请求被提交给了控制器，控制器调用模型来完成业务逻辑的处理和数据库的访问，模型完成业务处理后将结果数据返回控制器，控制器调用视图动态生成一个登录成功页面并显示结果给用户。

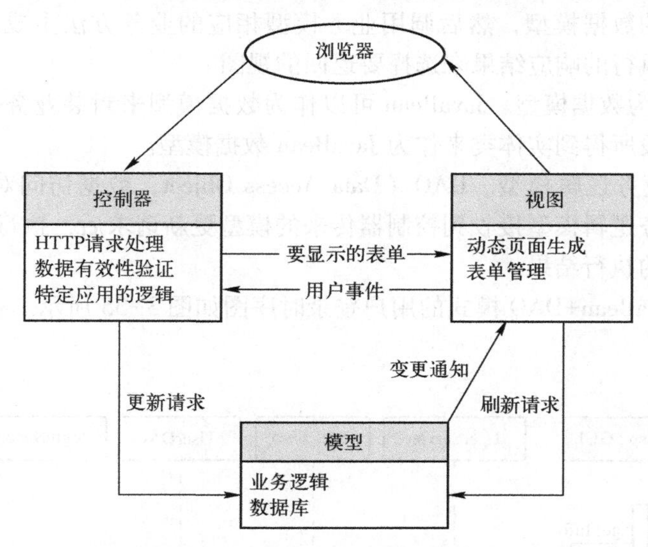

图 3-34　采用 MVC 模式的 Web 应用体系结构

MVC 框架模式的优点如下。

（1）耦合性低

视图层和业务层分离，这样就允许更改视图层代码而不用重新编译模型和控制器代码，同样，一个应用的业务流程或者业务规则的改变只需要改动 MVC 的模型层即可。因为与控制器和视图相分离，所以很容易改变应用程序的数据层和业务规则。由于 MVC 应用程序的 3 个部件是相互独立的，改变其中一个不会影响其他两个，因此依据这种设想能构造良好的松耦合的构件。

（2）重用性高

随着技术的不断进步，需要用越来越多的方式来访问应用程序。MVC 模式允许使用各种不同样式的视图来访问同一个服务器端的代码，因为多个视图能共享一个模型，它包括任何 Web（HTTP）浏览器或者无线浏览器（WAP）。例如，用户既可以通过计算机也可以通过手机来订购某样产品，虽然订购的方式不一样，但处理订购产品的方式是一样的。模型的数据没有进行格式化，因而同样的构件能被不同的界面使用。由于已经将数据和业务从界面层分开，因此可以最大化地重用代码。

（3）有利于开发，提高生产效率

使用 MVC 模式使开发时间得到相当大的缩减，这使程序员（Java 开发人员）集中精力于业务逻辑，界面程序员（HTML 和 JSP 开发人员）集中精力于表现形式。

（4）可维护性高

MVC 使开发和维护用户接口的技术含量降低。分离视图层和业务逻辑层也使得 Web 应用更易于维护和修改。最典型的 MVC 模式应用就是 JSP+Servlet+JavaBean+DAO 模式。

1）JSP 作为表现层。JSP 负责提供页面为用户展示数据，提供相应的表单（Form）用于用户的请求，并在适当的时候（单击按钮）向控制器发出请求，以使模型完成对应该请求的响应结果。

2）Servlet 作为控制器。Servlet 用来接收用户提交的请求，获取请求中的数据，将之转换为业务模型需要的数据模型，然后调用业务模型相应的业务方法生成用户请求的响应结果，同时根据业务执行的响应结果来选择要返回的视图。

3）JavaBean 作为数据模型。JavaBean 可以作为数据模型来封装业务数据或传递业务数据。通常用分析阶段所得到实体类来作为 JavaBean 数据模型。

4）DAO 作为业务逻辑模型。DAO（Data Access Object，数据访问对象）。用来包含应用的业务操作。业务逻辑模型接收到控制器传来的模型更新请求后，执行特定的业务逻辑处理，然后返回相应的执行结果。

JSP+Servlet+JavaBean+DAO 模式的用户登录时序图如图 3-35 所示。

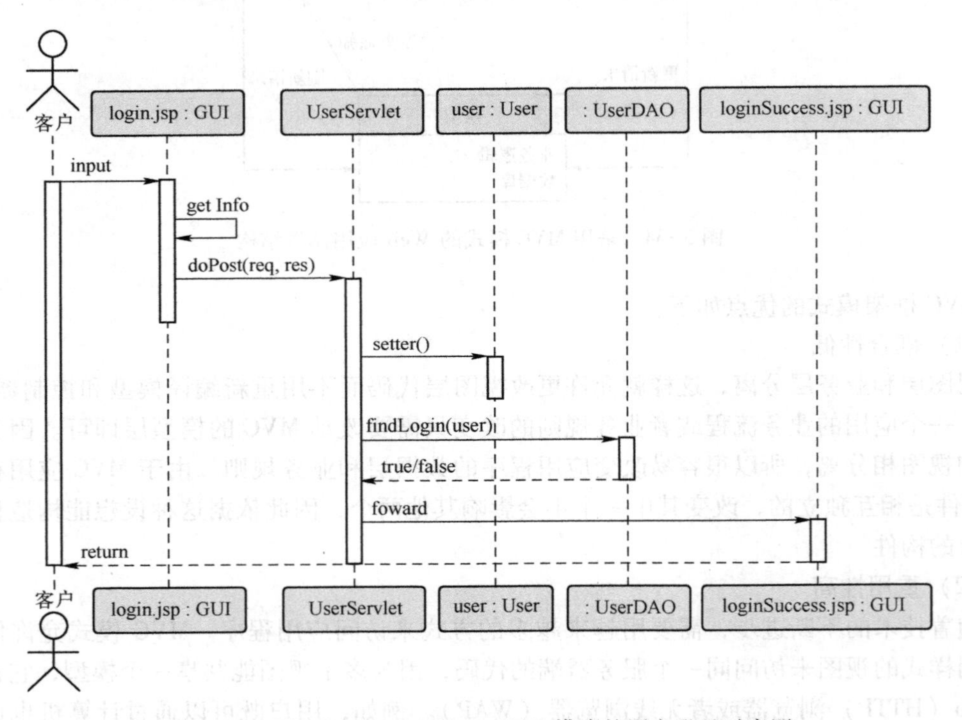

图 3-35　JSP+Servlet+JavaBean+DAO 模式的用户登录时序图

用户在 login. jsp 页面上发起登录请求，请求交给 UserServlet，UserServlet 执行 doPost 方法，首先获得登录页面上的用户名和密码，实例化 User 类（JavaBean），将用户登录信息封装到 user 对象中，将该对象传递给下一层 UserDAO，由它的实例化对象执行 findLogin(user) 查询方法，最后将查询结果返回给 UserServlet，UserServlet 决定跳转到哪个页面（登录成功页面/登录失败页面），并将结果动态显示在页面上。

4. 系统逻辑结构与类包图

包图由若干个包及包之间的关系组成。包是一种分组机制，将同类的类、对象、模型元素放在一起，形成高内聚、低耦合的类集合，一个包相当于一个子系统。

(1) 包图规范

在 MVC 模式下，可以将属于“同一层次”的类放在相同的包中，既从逻辑上体现了系统的体系结构，又方便后期组织编码。例如，当某个页面跳转控制发生改变或错误时，程序员只需要在存放 Controller 的包中很快找到某个控制类就可以解决问题。MVC 模式的包图如图 3-36 所示。

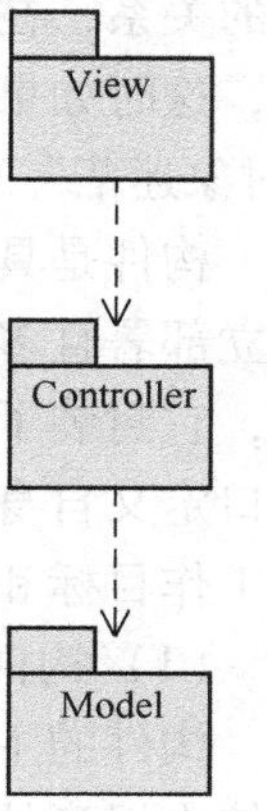

1）包。包图中最基本的元素就是“包”，包的 UML 图形为 。

2）依赖关系。一个包中的类需要引用另一个包中的类或对象才能完成其功能时，两个包之间形成依赖关系。依赖关系的图标为一条加箭头的虚线，表示为 。

图 3-36　MVC 模式的包图

(2) 设计要求

在进行分层时注意以下几点要求。

1）层与层之间的耦合应尽可能地松散。

2）级别相同、职责类似的元素应该被组织到同一层中。

3）复杂的模块应被继续分解为粒度更细的层或子系统。

4）应尽量将可能发生变化的元素封装到一层中。

5）每一层应当只调用下一层提供的功能服务，而不能跨层调用。

6）一层绝不能使用上一层提供的功能服务，即不能在层与层之间造成双向依赖。

(3) 包图建模

鉴于服装销售系统是基于 Web 的网络应用系统，在软件体系架构设计时，可以采用典型的 MVC 模式应用 JSP+Servlet+JavaBean+DAO 的结构。

分析阶段重点识别了问题域中的实体类，但是这些类还不能使整个系统正常运转起来，要将“分析类”转化为“设计类”，还需要为系统添加界面类和控制类，以及进行业务逻辑处理和数据库访问的 DAO 层的类。

服装销售系统的逻辑体系结构如图 3-37 所示。

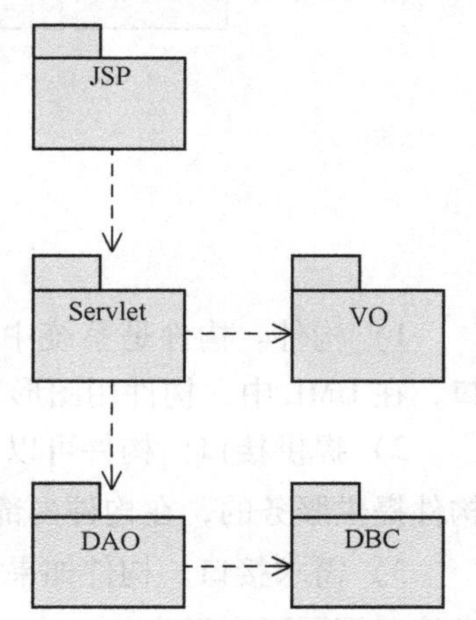

图 3-37　服装销售系统的逻辑体系结构

1）JSP 包中存放所有和用户交互的页面，如 JSP 页面、HTML 页面等。

2）Servlet 包中存放控制类，接收用户的请求，负责页面的跳转。

3）VO 包中存放实体类，负责数据的存储和传递。

4）DBC 包中存放负责加载数据库驱动、创建数据库连接、获得数据库连接、关闭数据库连接的类。

5）DAO 包中存放实现业务逻辑处理和数据访问的类。

在这里专门负责数据库连接的类被独立放在一个包中，方便程序员使用不同服务器上的数据库。一般来说，实体类（Entity）是属于领域的重要概念，无论未来系统如何变化，这些实体类的变动性应该是最小的。因此，位于实体包内的类应该相对稳定，一般在设计上，实体类的包通常不依赖其他包。

5. 系统物理体系结构与构件图

当系统进入物理设计阶段，软件设计人员最好可以利用构件图整理物理项目和逻辑类之间的关系，在一些大型项目中所设计出的类和接口有数百个，而编码团队的成员只有数十位，这时如果不用构件图来组装这些不同的构件，则在编码时程序员常常会不知不觉地陷入“对象迷茫”中。

构件是具有相对独立功能、可以明显辨识、接口由契约制定、语境有明显依赖关系、可独立部署且多由第三方提供的可组装软件实体。按照 UML 的定义，构件是系统的模块化部分，它封装了自己的内容，且它的声明在其环境中是可以替换的。构件利用提供接口和请求接口定义自身的行为，使用构件图可以清晰地看出系统的结构和功能，方便项目组的成员制定工作目标和了解工作情况。同时，最重要的一点是有利于软件的复用。

（1）构件图规范

构件的主要组成元素包括构件与接口。接口是一个构件提供给其他构件的一组操作。与系统中提到的接口一样，在构件重用和构件替换上，接口是一个很重要的概念。在系统开发中构造可通用的、可重用的构件时，如果能够清晰地定义、表达出接口的信息，那么构件的替换和重用就变得非常容易，否则开发人员就不得不一步一步地编写代码，这个过程非常耗时。图 3-38 所示是维修派工系统的构件图。

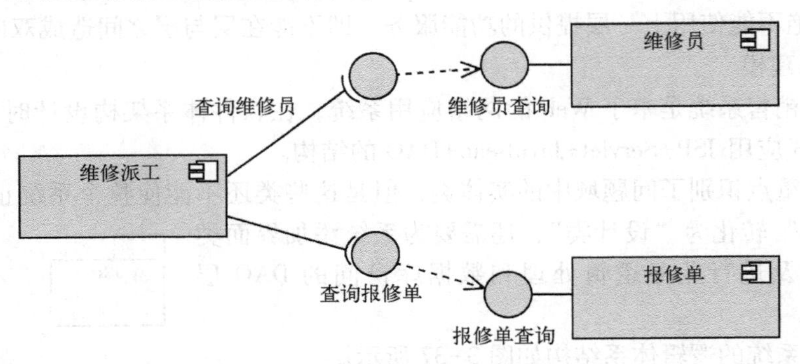

图 3-38　维修派工系统的构件图

1）构件。构件是系统中可以被替换的物理部件，一个构件通常会实现一组特定的接口，在 UML 中，构件用图形表示为▭。

2）提供接口。构件可以利用提供接口来表达某个构件的接口集合，提供接口是向其他构件提供服务的，在构件内部需要实现该接口的全部特征。提供接口用图形表示为○——。

3）需求接口。构件如果需要其他构件的服务才能运作，可以利用需求接口来表达。需求接口用图形表示为)——。

4）依赖关系。构件之间的关系主要是依赖关系，表示一个构件需要另一些构件才能有完整的意义。从一个构件 A 到构件 B 的依赖意味着从 A 到 B 有特定的语言依赖，在所编译的语言中，这意味着 B 的改变将需要重新编译 A 一次，因为编译 A 时使用 B 中的定义。如果构件是可执行的，那么依赖连接能用来指出一个可执行程序需要哪些动态链接库才能运行。构件与构件之间或构件与接口之间需要用到依赖关系。构件之间的依赖关系用图形表示为----->。

图 3-38 中定义了维修派工的构件及构件之间的联系，从图中可以清晰地看到维修派工构件依赖于维修员查询和报修单查询两个构件，因此在系统组织开发时，由于维修员查询和报修单查询之间并不存在依赖关系，因此可以将被依赖的维修员查询和报修单查询构件同时并行开发，然后再开发维修派工构件。每个构件中应该包含用于实现该构件全部接口的三层的类，简要分析如下。

1）报修单查询构件。报修单查询控制类、报修单实体类、报修单数据处理类（查询方法）。

2）维修员查询构件。维修员查询控制类、维修员实体类、维修员数据处理类（查询方法）。

3）维修派工构件。维修派工控制类、维修派工实体类、维修派工数据处理类（添加方法）。

（2）基于实体类的构件图建模

构件划分的方式有很多，有的系统用三层架构的方式来划分构件，将每一层划分为一个构件，由于三层架构之间的弱耦合关系，这种划分方法有助于分组开发，协同合作，但是划分的粒度还不够细致，尤其不利于边开发边测试，对于大型项目来说，这种划分并不合适。

最好的划分方法来自领域，能最准确反映领域概念的是实体类模型，实体类及其属性表现了系统所需存储和传输的数据，实体类的方法反映了系统需要实现的功能，是系统领域完整的抽象表示。依据实体类模型来找出系统的构件，同时结合开发过程的需要，如数据库构件和页面构件应该作为独立的构件单独开发，将前端和后台分离，根据此方法来设计服装销售系统的构件图，如图 3-39 所示。

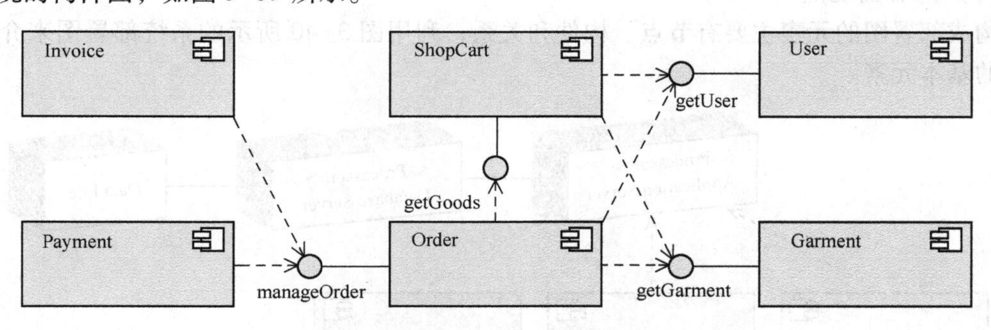

图 3-39　服装销售系统的构件图

由于篇幅限制，本书仅列出 6 个构件，图上省略了页面构件和数据库构件。页面构件的各种请求处理依赖于图 3-39 中的 6 个构件，而图 3-39 中的构件又依赖于数据库构件才能实现其对应的功能。对图 3-39 中构件的说明如下。

1）User 构件中包含客户、销售员和人有关的所有功能的实现，包括用户登录、注销、修改密码、修改个人信息等。

2）Garment 构件中包含服装相关的所有功能的实现，包括服装查询列表、查询详细信息等。

3）ShopCart 构件中包含添加购物车、更新购物车、移除购物车商品等功能的实现。

4）Order 构件中包含订单添加、订单查询、订单状态更新、取消订单、确认收货等功能的实现。

5）Payment 构件中包含付款的添加、付款信息查询等功能的实现。

6）Invoice 构件中包含发票的添加、打印、更新、删除等功能的实现。

依据 MVC 模式，每个功能的实现都需要如图 3-37 中的三层类来完成，因此每个构件都由控制类、实体类、数据处理类（DAO）三层类组成。图 3-39 中除了构件的划分，还体现了构件间的依赖关系，简要地描述了构件之间接口的设计。根据系统的依赖关系，系统首先需要开发的是数据库构件，然后开发的是 User 和 Garment 构件，最后依次开发 ShopCart、Order、Payment、Invoice 构件，页面构件可以在开发这 6 个构件的同时进行，便于开发与调试同时进行。

6. 系统物理体系结构与部署图

部署图是面向对象系统的物理方面建模时使用的图，用于描述系统硬件的物理拓扑结构及在此结构上运行的软件。部署图可以显示计算机节点的拓扑结构、通信路径、节点上运行的软件、软件包含的逻辑单元（对象、类等）。部署图是描述任何基于计算机的应用系统（特别是基于 Internet 和 Web 的分布式计算系统）的物理配置的有力工具。

部署图用于静态建模，是表示运行时节点结构、构件实例及其对象结构的图，展示了构件图中所提到的构件如何在系统硬件上部署，以及各个硬件部件如何相互连接。UML 部署图显示了基于计算机系统的物理体系结构，它可以描述计算机、展示它们之间的连接以及驻留在每台计算机中的软件。每台计算机用一个立方体来表示，立方体之间的连线表示这些计算机之间的通信关系。

（1）部署图规范

构成部署图的元素主要有节点、构件和关系，利用图 3-40 所示的系统部署图来介绍部署图的基本元素。

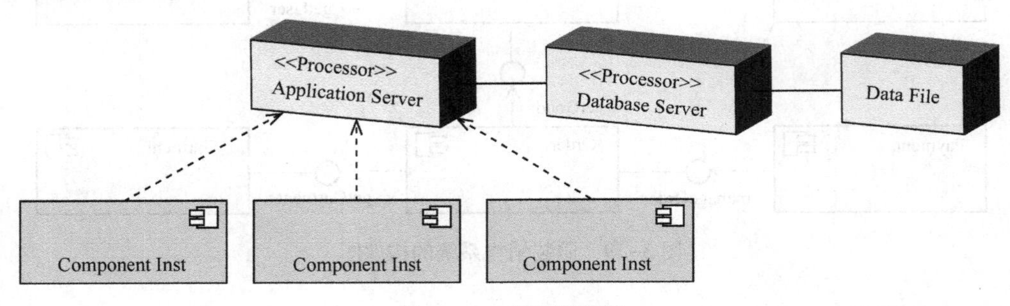

图 3-40　系统部署图

1）节点。节点是存在于运行时，并代表一项计算机资源的物理元素。在建模过程中，可以把节点分为两种类型：处理器和设备。处理器是能够执行软件组件，具有计算能力的节点。设备是不能执行软件组件的外围硬件、没有计算能力的节点，通常是通过其接口为外界提供某种服务，如打印机、扫描仪等。在 UML 中用立方体来表示一个节点。

2）构件。部署图中还可以包含构件，这里所指的构件是构件图中的基本元素，它是系统可替换的物理部件。

构件和节点的关系可以归纳为以下几点。

1）构件是参与系统执行的事物，而节点是执行构件的事物。简单地说，构件是被节点执行的事物，如假设节点是一台服务器，则构件就是其上运行的软件。

2）构件表示逻辑元素的物理模块，而节点表示构件的物理部署。这表明一个构件是逻辑单元（类）的物理实现，而一个节点则是构件被部署的地点。一个类可以被一个或多个构件实现，而一个构件也可以部署在一个或多个节点上。

3）关联关系。关联关系用一条直线表示，它指出节点之间存在着某种通信路径，并指出通过哪条通信路径可使这些节点间交换对象或发送消息。

4）依赖关系。节点和构件间的关系主要是依赖关系，在UML中，依赖关系的图形表示是一致的。图3-40是一个典型的软件系统部署图，系统被部署在3个物理节点上，包括应用程序服务器、数据库服务器、数据文件节点，在应用程序服务器上部署着3个应用程序构件，数据库被部署在数据库服务器上，同时将数据文件部署在另一个节点上，当应用程序访问数据库或需要将数据文件导入数据库中时，它们之间都要进行通信，因此具有关联关系。另外，3个构件的执行需要应用程序服务器的支持，所以它们之间是依赖关系。

（2）部署图建模

服装销售系统是一个Web应用系统，常用的Web应用部署结构包括4层节点：带浏览器的客户端、Web服务器、应用程序服务器和数据库服务器，如图3-41所示。

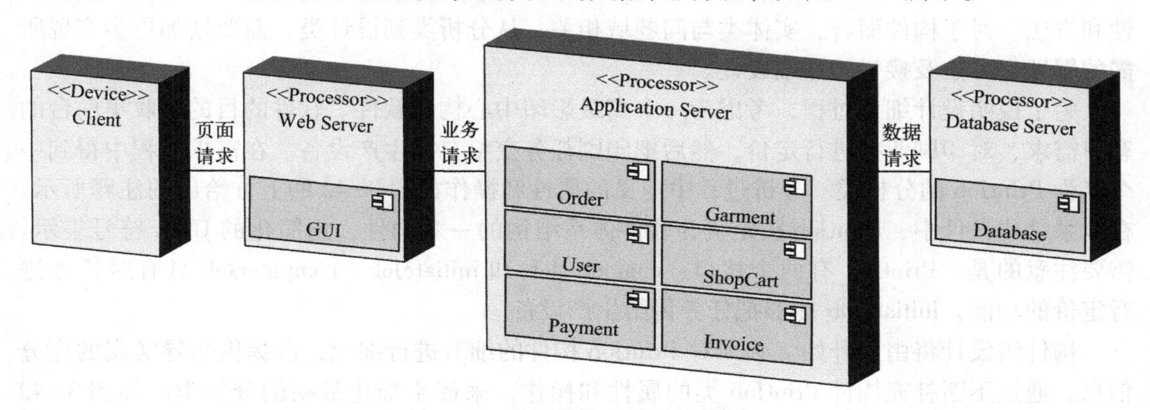

图3-41 服装销售系统的部署图

客户端可以用来供用户通过浏览器基于HTTP访问Web服务器上的静态或动态页面；Web服务器处理来自浏览器页面的请求，并且为客户端执行和显示动态产生的页码和代码；应用程序服务器负责管理业务逻辑。业务构件封装了存储在数据库中的永久对象，它们与数据库服务器通过数据库互联协议（如JDBC、ODBC）进行通信。

服装销售系统被部署到4层的计算节点上，实际运行场景中，Web服务、应用服务、数据库服务可以安装在不同的机器上，进行分布式管理。有些小型项目也会把这3种服务运行在同一台机器上，也就是说，一台机器，它既是Web服务器，也是应用程序服务器，同时还是数据库服务器，虽然管理起来很方便，但是对服务器性能要求较高，且数据安全、系统可靠性很难保障。系统也可以放在云服务器上，管理方便，更加安全，但是需要付费使用。

三、构件级设计

体系结构设计第一次迭代完成之后，就应该开始构件级设计。在这个阶段，全部数据和软件的程序结构都已经建立起来，但是没有在接近代码的抽象级上表示内部数据结构和每个构件的处理细节。如何把设计模型转换为运行软件，是构件级设计关注的主要问题。由于现有设计模型的抽象层次相对较高，而可运行程序的抽象层次相对较低，因此这种转化具有挑战性，构件设计的失误可能会在软件后期引入难以发现和改正的微小错误。

构件设计的重要性：必须在构造软件之前就确定该软件是否可以工作。为了保证设计的正确性，以及与早期设计表示（即数据、体系结构和接口设计）的一致性，构件级设计需要以一种可以评审设计细节的方式来表示软件。它提供了一种评估数据结构、接口和算法是否能够工作的方法。

数据、体系结构和接口的设计表示构成了构件级设计的基础。每个构件的类定义或者处理说明都转化为一种详细设计，该设计采用图形或基于文本的形式来详细说明内部的数据结构、局部接口细节和处理逻辑。

1. 从分析类到设计类

在面向对象软件工程环境中，构件包括一个协作类集合。构件中的每个类都应得到详细阐述，包括所有属性和与其他实现相关的操作。作为细节设计的一部分，必须定义所有与其他设计类通信和协作的接口，为此，软件设计师需要从分析模型开始，详细分析实体类的属性和方法。对于构件而言，实体类与问题域相关，从分析类到设计类，需要增加更多实现所需的属性、方法及接口的详细设计。

为了说明设计细化过程，考虑为一个高级影印中心构造软件。软件的目的是收集前台的客户需求，对印刷业务进行定价，然后把印刷任务交给自动生产设备。在需求工程中得到一个名为 PrintJob 的分析类。分析过程中定义的属性和操作如图 3-42 的上方给出的注释所示。在体系结构设计中，PrintJob 被定义为软件体系结构的一个构件，用简化的 UML 符号表示。需要注意的是，PrintJob 有两个接口：computerJob 和 initiateJob。computerJob 具有对任务进行定价的功能，initiateJob 能够把任务传给生产设备。

构件级设计将由此开始。必须对 PrintJob 构件的细节进行细化，以提供指导实现的充分信息。通过不断补充构件 PrintJob 类的属性和操作，来逐步细化最初的分析类。如图 3-42 所示，细化后的设计类 PrintJob 包含更多的属性信息和构件实现所需要的更广泛的操作描述。computerJob 和 initiateJob 接口隐含着与其他构件（图中没有显示出来）的通信和协作。例如，computerPageCost( ) 操作（computerJob 接口组成部分）可能与包含任务定价信息的 PricingTable 构件进行协作。checkPriority( ) 操作（initiateJob 接口组成部分）可能与 JobQueue 构件进行协作，用来判断当前等待生产的任务类型和优先级。

对于体系结构设计的组成部分，每个构件都要实施细化，细化一旦完成，要对每个属性、操作和接口进行更进一步的细化。对适合每个属性的数据结构必须予以详细说明。另外，还要说明实现与操作相关的处理逻辑的算法细节，最后是实现接口所需机制的设计。对于面向对象软件，机制的设计是对系统内部对象间通信机制的描述。

2. 从用例场景到设计类

从分析类到设计类，软件设计人员以构件为单元围绕问题域增加了接口定义和实现接口类（设计类）的属性和方法，但是经常会由于对问题域的思考不全面、疏漏漏掉一些实现环节中的细节，而这些遗漏掉的属性或方法在软件实施阶段会给程序带来很多困扰。

用例反映了系统的需求，界定了系统的边界，涵盖了所有系统的应用场景，因此通过对

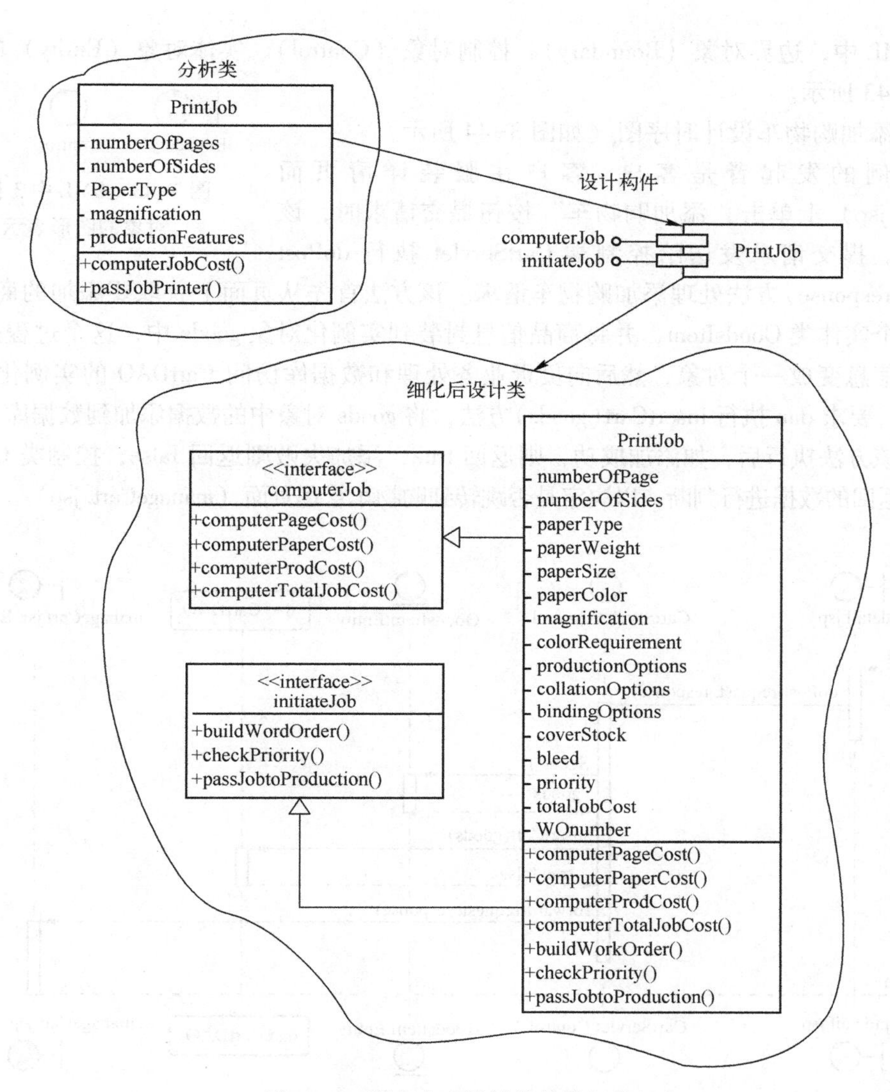

图 3-42　影印中心设计构件的细化

用例场景进行分析设计、对用例中对象间的通信机制进行描述，可以准确识别出实现该用例的全部设计类，以及其所需的属性、方法及接口的定义，这种方式对审阅和完善构件的设计细节非常有必要，在面向对象的设计中，用时序图来描述对象之间的通信机制。

下面以 ShopCart 构件为例对构件进行详细设计。图 3-17 给出了用户购买服装的用例图，该用例图中与购物车相关的用例有 4 个：添加购物车、浏览购物车、移除商品、更新商品数量。在图 3-26 中显示了从此问题域中抽象出来的与购物车相关的实体类有 ShopCart（购物车）、GoodsItem（商品条目）。从分析类转换成设计类需要结合具体的设计模式，如本节前面所提到的 MVC 三层模式，可以得到以下公式：

分析类+设计模式=设计类

时序图描述用例场景中需要三层设计类/对象（模型、视图、控制器）交互来实现其功能，为了更贴近代码实现，采用 MVC 的经典应用模式 JSP+Servlet+JavaBean+DAO。

在 UML 中，边界对象（Boundary）、控制对象（Control）、实体对象（Entity）的图形表示如图 3-43 所示。

Boundary　Control　Entity

图 3-43　UML 中 3 种类对象的图形表示

（1）添加购物车设计时序图（如图 3-44 所示）

该用例的发起者是客户，客户在服装详情页面（cptdetail. jsp）上单击“添加购物车”按钮提交请求时，该用例启动。提交请求发送给控制类 CartServlet 执行 doPost(request，response)方法处理添加购物车请求。该方法首先从页面上获取要添加的商品信息，实例化一个实体类 GoodsItem，并将商品信息封装到实例化对象 goods 中，这个过程是将要添加的商品信息变成一个对象，然后向负责业务处理和数据库访问 CartDAO 的实例化对象 dao 发送消息，要求 dao 执行 insertCart(goods)方法，将 goods 对象中的数据添加到数据库“购物车表”中。该方法执行后，如添加成功，则返回 true，添加失败则返回 false，控制类 CartServlet 根据 dao 返回的数据进行判断，以决定是否跳转到购物车管理页面（manageCart. jsp）。

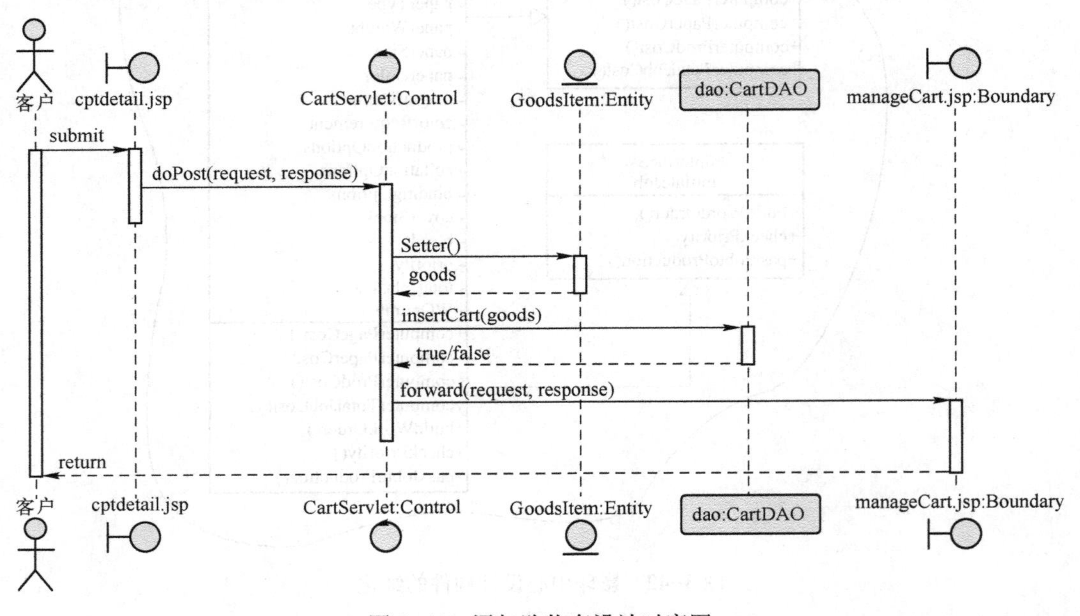

图 3-44　添加购物车设计时序图

（2）浏览购物车设计时序图（如图 3-45 所示）

当用户打开购物车管理页面（manageCart. jsp）时该用例启动。购物车管理页面需要呈现购物车中的全部商品，将查询购物车全部商品的请求发送给控制类 CartServlet，CartServlet 执行 doPost(request,response)方法处理查询购物车全部商品的请求。doPost()方法从页面上获得要查询的用户账户名（username），然后向负责业务处理和数据库访问 CartDAO 的实例化对象 dao 发送消息，要求 dao 执行 findAll(username)方法。findAll()方法首先会到数据库“购物车表”中找到所有 username 的商品记录，然后将这些记录一条一条地封装到 GoodsItem 的实例化对象 Goods 中，最后会向控制类 CartServlet 返回 Goods 对象的集合 List<Goods>。控制类将页面仍然留在 manageCart. jsp 面上，并将查询结果动态显示在该页面上。

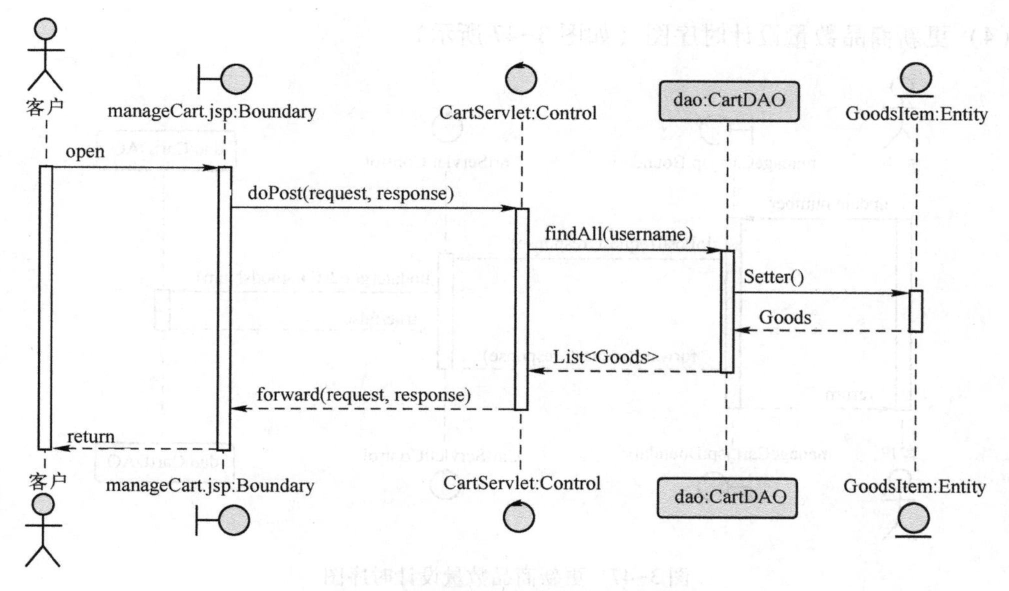

图 3-45 浏览购物车设计时序图

（3）移除商品设计时序图（如图 3-46 所示）

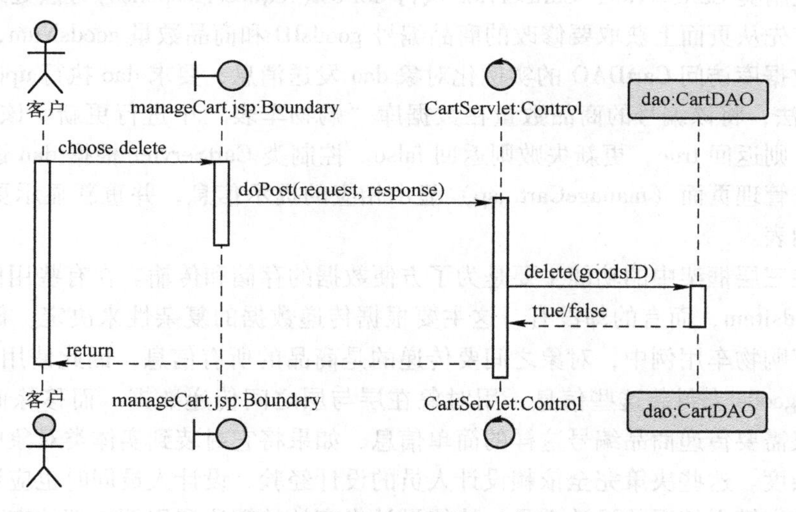

图 3-46 移除商品设计时序图

客户在购物车管理页面（manageCart. jsp）中删除一件商品时该用例启动。提交请求发送给控制类 CartServlet，CartServlet 执行 doPost(request,response)方法处理删除商品请求。该方法首先从页面上获取要删除的商品编号，然后向负责业务处理和数据库访问 CartDAO 的实例化对象 dao 发送消息，要求 dao 执行 delete(goodsID)方法，将该编号的商品数据在数据库“购物车表”中删除。该方法执行后，如删除成功，则返回 true，删除失败则返回 false。控制类 CartServlet 根据 dao 返回的数据，来决定在购物车管理页面(manageCart. jsp)显示相应的提示信息，并重新显示删除后的当前购物车的商品列表。

（4）更新商品数量设计时序图（如图 3-47 所示）

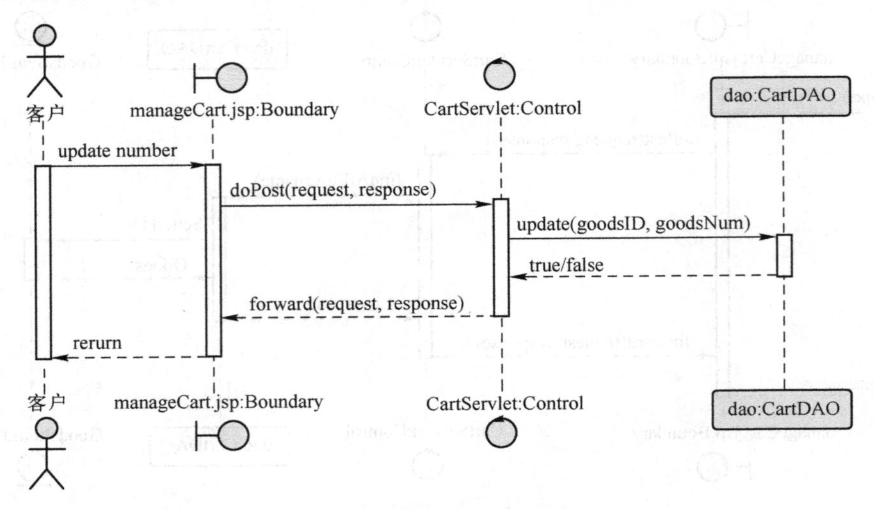

图 3-47　更新商品数量设计时序图

客户在购物车管理页面（manageCart. jsp）中修改一件商品的数量时该用例启动。提交请求发送给控制类 CartServlet，CartServlet 执行 doPost(request,response)方法处理更新商品请求。该方法首先从页面上获取要修改的商品编号 goodsID 和商品数量 goodsNum，然后向负责业务处理和数据库访问 CartDAO 的实例化对象 dao 发送消息，要求 dao 执行 update(goodsID, goodsNum)方法，将该编号的商品数量在数据库“购物车表”中进行更新。该方法执行后，如更新成功，则返回 true，更新失败则返回 false。控制类 CartServlet 根据 dao 返回的数据来决定在购物车管理页面（manageCart. jsp）显示相应的提示信息，并重新显示更新后的当前购物车商品列表。

实体类在三层框架中的功能主要是为了方便数据的存储和传输。在有些用例设计中使用了实体类 GoodsItem，而有的却没有，这主要根据传递数据的复杂性来决定。例如，在添加购物车、浏览购物车用例中，对象之间要传递的是商品的所有信息，因此使用实体类 GoodsItem 的对象 goods 来封装这些信息，用对象在层与层之间传递数据。而移除商品、更新商品数量用例仅需要传递商品编号这样的简单信息，如果将它封装到实体类对象中，反而增加了代码的复杂度。这些决策完全依赖设计人员的设计经验，设计人员同时也应该是一个好的开发人员，只有懂得编码的设计人员，才能设计出高效的算法和用例内部的交互机制。

同时，在用例的设计分析中还发现并未使用到 ShopCart 实体类，因此该实体类是不需要存在的，但是在数据库中“购物车表”是必需的。

3. 构件详细类图建模

完成与购物车相关的全部用例场景时序图设计，对每个用例内部的对象交互机制有了清晰的把握，同时也筛选出了全部的边界对象、控制对象、模型对象，通过对对象之间消息的映射可以得到对象（类）所应具有的操作（方法），为下一步接口的详细定义奠定了基础。购物车构件设计类模型如图 3-48 所示。

如图 3-48 所示，将购物车构件所有设计类归纳在图中，购物车构件内部组成元素有明显的分层结构，其组成元素有边界类对象 manageCart. jsp、cptdetail. jsp，控制类 CartServlet，

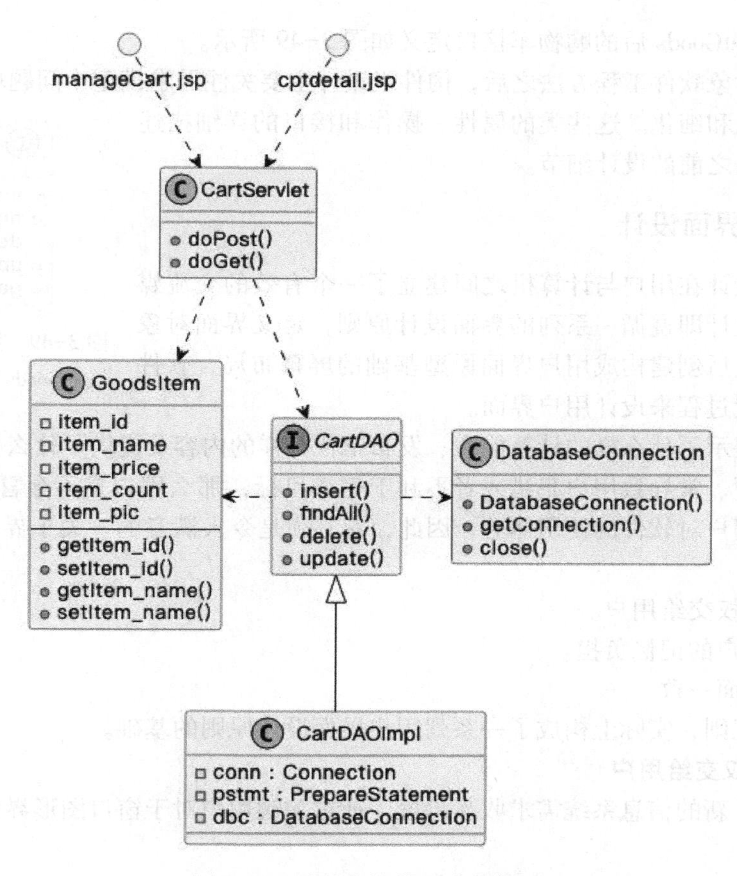

图 3-48　购物车构件设计类模型

实体类 GoodsItem，数据库连接类 DatabaseConnection，业务处理和数据库访问 CartDAO，实现接口的类 CartDAOImpl。CartDAOImpl 类需要实现 CartDAO 中所定义的全部方法。接口的定义体现了面向对象多态性的特点，可以帮助软件设计师实现更加多样化的系统，如“同一接口，多种不同的实现”方法。

设计类模型中显示了各层次之间的依赖关系，边界类依赖控制类，控制类依赖模型类，当页面得到用户一个请求时，这个请求将逐层向下传递处理。例如，当客户在服装详情页面（cptdetail.jsp）上发起添加购物车请求时，请求又发送给控制类 CartServlet，CartServlet 执行 doPost()方法处理请求，doPost()方法首先实例化实体类 GoodsItem 得到对象 goods，并将添加的计算机信息封装到该对象中，然后用 CartDAOImpl 实例化 CartDAO 得到对象 dao，dao 对象执行 insert(goods)方法进行数据库的连接访问，将要添加的商品信息添加到数据库“购物车表”中。

然而，目前所收集到的所有方法仅来自购物车构件的“内部”，购物车构件向其他构件所提供的服务还没有定义，如在图 3-39 中所描述的服装销售系统构件图，ShopCart 购物车构件需要向 Order 构件提供一个 getGoods 服务，用来处理用户在购物车里选择结算时，即“生成订单”用例启动时，购物车构件必须能向它提供用户所选择结算的全部商品列表和用户信息，因此属于构件间所提供的服务，所以也应该定义在“购物车构件”的接口中。添加构件间服务 getGoods 后的购物车接口定义如图 3-49 所示。

选择面向对象软件工程方法之后，构件级设计主要关注需求模型中问题域特定类的细化及基础类的定义和细化。这些类的属性、操作和接口的详细描述是构造活动开始之前的设计细节。

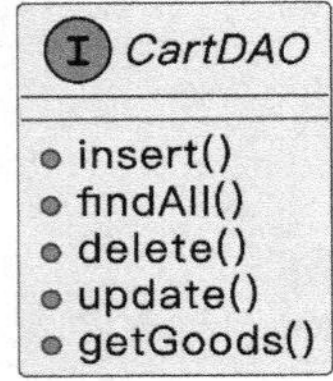

图 3-49　添加构件间服务 getGoods 后的接口定义

四、用户界面设计

用户界面设计在用户与计算机之间建立了一个有效的交流媒介。用户界面设计即遵循一系列的界面设计原则，定义界面对象和界面动作，然后创建构成用户界面原型基础的屏幕布局，软件工程师通过迭代过程来设计用户界面。

不管软件展示了什么样的计算能力、发布了什么样的内容及提供了什么样的功能，如果软件使用不方便、常导致用户犯错或者不利于完成目标，那么用户是不会喜欢这个软件的。由于界面影响用户对软件的使用体验，因此，它必须是令人满意的。关于界面设计有以下 3 条黄金规则。

1）把控制权交给用户。

2）减轻用户的记忆负担。

3）保持界面一致。

这些黄金规则，实际上构成了一系列用户界面设计原则的基础。

1. 把控制权交给用户

在重要的、新的信息系统需求收集阶段，征求关键用户对于窗口图形界面相关属性的意见是必要的。

在很多情况下，设计者为了简化界面的实现可能会引入约束和限制，其结果可能是界面易于构建，但会妨碍使用。界面设计的以下设计原则允许用户掌握控制权。

1）以不强迫用户进入不必要的或不希望的动作的方式来定义交互模式。交互模式就是界面的当前状态。例如，如果在文字处理器菜单中选择拼写检查，则软件将转移到拼写检查模式。如果用户希望在这种情形下进行一些文本编辑，则没有理由强迫用户停留在拼写检查模式，用户应该能够几乎不需要做任何动作，就可以进入和退出该模式。

2）提供灵活的交互。由于不同的用户有不同的交互偏好，因此应该提供选择机会。例如，软件可能允许用户通过键盘命令、鼠标移动、数字笔、触摸屏或语音识别命令等方式进行交互。

3）允许用户交互被中断和撤销。即使陷入一系列动作之中，用户也应该能够中断动作序列去做某些其他事情而不会失去已经做过的工作。同样，用户也应该能够“撤销”任何动作。

4）当技能水平高时可以使交互流线化并允许定制交互。用户发现他们经常重复地完成相同的交互序列，因此，值得设计一种“宏”机制，使得高级用户能够定制界面，以方便交互。

5）使用户与内部技术细节隔离开来。用户界面应该能够将用户引入应用的虚拟世界中，用户不需要知道操作系统、文件管理功能或其他隐秘的计算技术。

6）设计应允许用户与出现在屏幕上的对象直接交互。当用户能够操纵完成某任务所必需的对象，并且以一种该对象好像是真实存在的方法来操纵它时，用户就会有一种控制感。例如，允许用户将文件拖到“回收站”的应用界面，即是直接操纵的一种实现。

2. 减轻用户的记忆负担

一个经过精心设计的用户界面不会加重用户的记忆负担，因为用户必须记住的东西越多，与系统交互时出错的可能性也就越大。只要可能，系统应该“记住”有关的信息，并通过有助于回忆的交互场景来帮助用户。以下设计原则使得界面能够减轻用户的记忆负担。

1）减少对短期记忆的要求。当用户陷入复杂的任务时，短期记忆的要求会很强烈。界面的设计应该尽量不要求记住过去的动作、输入和结果。可行的解决办法是通过提供可视化提示，使得用户能够识别过去的动作，而不是必须记住它们。

2）建立有意义的默认设置。初始的默认集合应该对于一般的用户有意义，但是，用户应该能够说明个人的偏好。提供“重置”（Reset）选项，使得用户可以重新定义初始默认值。

3）定义直观的快捷方式。当使用助记符来完成系统功能时（如用〈Alt+P〉组合键激活打印功能），助记符应该以容易记忆的方式联系到相关动作。

4）界面的视觉布局应该基于真实世界的象征。例如，一个账单支付系统应该使用支票簿和支票登记簿来指导用户的账单支付过程。这使得用户能够依赖很好理解的可视化提示，而不是记住复杂难懂的交互序列。

5）以一种渐进的方式揭示信息。界面应该以层次化的方式进行组织，即关于某任务、对象或行为的信息应该首先在高抽象层次上呈现，更多的细节应该在用户表明兴趣后再展示。

3. 保持界面一致

用户应该以一致的方式展示和获取信息，这意味着：①按照贯穿所有屏幕显示的设计规则来组织可视信息；②将输入机制约束到有限的集合，在整个应用中得到一致的使用；③从任务到任务的导航机制要一致地定义和实现。以下设计原则有利于保持界面一致性。

1）允许用户将当前任务放入有意义的环境中。提供指示器（如窗口标题、图标、一致的颜色编码）可帮助用户了解当前工作环境的重要性。另外，用户应该能够确定其来自何处及存在哪些转换到新任务的途径。

2）在完整的产品线内保持一致性。一个应用系列（即一个产品线）应采用相同的设计规则，以保持所有交互的一致性。

3）如果过去的交互模式已经建立起了用户期望，除非有不得已的理由，否则不要改变它。一个特殊的交互序列一旦变成事实上的标准（如使用〈Alt+S〉组合键来存储文件），则用户在遇到每一个应用时均会如此期望，改变这些标准将导致混淆。

本章小结

本章介绍了面向对象的基本概念，统一建模语言（UML）的作用及几种模型图，详细地说明了面向对象软件需求分析和设计的过程，以及如何使用UML描述需求分析及设计阶段的各种模型。本章小结如下。

1）面向对象的基本概念：对象、类、继承、封装、多态及重载。

2）UML的作用，用例图、时序图、协作图、类图、状态图、组件图、部署图的用途。

3）如何进行面向对象的需求分析，并使用活动图、用例图、时序图、类图、状态图描述需求分析各阶段的成果。如何根据对业务的了解建立活动图；如何根据业务流程建立描述系统功能的用例图并对用例图进行文字描述；时序图的作用、时序图的规范及实例；类图规范及类图建模的过程：对象模型中的实体类、边界类、控制类；识别类和对象、识别属性、确定操作、识别关联；如何消除不必要的类，分析阶段的类图建模实例；状态图的作用、规范、识别状态空间的步骤、状态图建模实例。

4）面向对象设计的过程与任务、设计的基本步骤；面向对象设计的基本准则；软件设计的体系结构：分层体系结构、三层架构、采用 MVC 模式的 Web 应用体系结构；MVC 模式的优点；典型的 MVC 模式应用；包图规范与包图建模；构件图规范与基于实体类的构件图建模；部署图规范与部署图建模；构件级设计的工作目标，以服装销售系统为例说明构件级设计的过程和方法，阐述如何生成设计类模型；用户界面的设计原则。

习　题

一、单项选择题

1. 下列关于对象与类的关系的描述中，正确的是【　】。
   A. 对象是类的一种实例　　B. 对象是类中的操作
   C. 对象是类的封装　　D. 对象是类中的属性
2. 下列关于用例图的叙述中，正确的是【　】。
   A. 用例图用于描述系统的业务　　B. 用例图用于表示系统中类的构成
   C. 用例图用于描述系统的功能　　D. 用例图用于表示系统的状态变化
3. 下列选项中，用于显示对象间处理过程分布的图是【　】。
   A. 协作图　　B. 部署图　　C. 时序图　　D. 状态图
4. 基于用例实现的面向对象的建模需要完成的任务不包括【　】。
   A. 了解系统的业务流程，建立活动图模型
   B. 从用户与系统交互的角度，确定目标系统功能，建立用例模型
   C. 基于用例，通过时序图描述系统内各对象之间的交互关系
   D. 了解系统的部署需求，建立部署模型
5. 在需求分析阶段表示目标系统与其他外部系统的关系的模型是【　】。
   A. 系统的静态模型　　B. 上下文模型
   C. 系统的组件模型　　D. MVC 模型
6. 下列选项中，适合作为类的属性的是【　】。
   A. 学生　　B. 计算机　　C. 服装　　D. 手机型号
7. 下列选项中，适合作为类或对象的是【　】。
   A. 员工　　B. 员工姓名　　C. 员工所述部门　　D. 员工身份证号
8. 下列模型能被自动转换为程序代码的是【　】。
   A. 包图　　B. 组件图　　C. 类图　　D. 部署图
9. 时序图中不包括【　】。
   A. 对象　　B. 生命线　　C. 对象的属性　　D. 活动棒

10. 表达类之间一般性与特殊性关系的是【　】。

A. 泛化关系　　B. 聚合关系

C. 关联关系　　D. 部分与整体的关系

11. 下列关于 MVC 模式的叙述中，正确的是【　】。

A. MVC 用视图、数据、操作三个部分组织程序

B. MVC 模型将系统分为界面层、业务逻辑层和数据访问层

C. MVC 将应用程序划分为视图、控制器、模型三个核心部件

D. MVC 应用程序被分成用户界面、计算程序、输出程序三个核心部分

二、简答题

1. 说明统一建模语言的用途和适用范围。
2. 在面向对象的分析中，主要使用哪 5 种类型的 UML 图？
3. 基于用例实现的面向对象的建模由哪几个步骤组成？
4. 总结在面向对象分析过程中进行类图建模的基本步骤。
5. 时序图的任务是什么？时序图中包含哪些要素？
6. 状态图的作用是什么？如何识别对象的状态空间？
7. 面向对象设计要完成哪些工作？面向对象软件设计的基本步骤是什么？

三、应用题

1. 用非正式分析法分析、确定下述杂货店问题中的对象，并确定对象类之间可能有的继承关系。

一家杂货店想使其库存管理自动化。这家杂货店拥有能够记录顾客购买的所有商品的名称和数量的销售终端，顾客服务台也有类似的终端以处理顾客的退货，它在码头有另一个终端处理供应商发货，肉食部和农产品部有终端用于输入由于损耗导致的损失和折扣。

2. 建立下述牙科诊所管理系统的分析类模型。

王大夫在小镇上开了一家牙科诊所。他有一个助手、一个保健员和一个接待员。王大夫需要一个软件系统来管理预约。

当病人打电话预约时，接待员将查阅预约登记表，如果病人申请的就诊时间与已定下的预约时间冲突，则接待员建议一个就诊时间以安排病人尽早得到诊治。如果病人同意建议的就诊时间，接待员将输入约定时间和病人的名字。系统将核实病人的名字并提供记录的病人数据，数据包括病人的病历号等。在每次治疗或清洗后，助手或保健员将标记相应的预约诊治已经完成，如果必要的话，会安排病人下一次再来。

系统能够按病人姓名和日期进行查询，能够显示记录的病人数据和预约信息。接待员可以取消预约，可以打印出前两天预约尚未接诊的病人清单。系统可以从病人记录中获知病人的电话号码。接待员还可以打印出关于所有病人每天和每周的工作安排。

3. 请用面向对象方法分析设计下述图书馆自动化系统。

设计一个软件以支持一家公共图书馆的运行，该系统有一些工作站用于处理读者事务。这些工作站由图书馆馆员操作。当读者借书时，首先读入客户的借书卡。然后，由工作站的条形码阅读器读入该书的代码。当读者归还一本书时，并不需要查看他的借书卡，仅须读入该书的代码。客户可以在图书馆内任意一台个人计算机上检索馆藏图书目录。当检索图书目录时，客户应该首先指明检索方法（按作者姓名、书名或关键词）。

第四章　移动应用的设计与测试

学习目标：

1. 从功能需求、开发技术、技术难度几个方面领会移动应用的特点。

2. 掌握移动应用开发的生命周期的5个迭代阶段，理解将敏捷开发与5个迭代阶段相结合的方法，能够将其应用在实际系统的开发中。

3. 领会移动应用界面设计需要特别注意的问题和用于界面设计的3种模型。

4. 领会移动计算环境的层次结构、环境感知的含义。

5. 掌握WebApp设计的内容、设计的基本思想及一些基本的方法。

6. 掌握移动应用测试的工作内容及测试方法。

教师导读：

1. 考生在理解前三章的基础上，先理解移动应用的特殊性。然后结合对移动应用特殊性的理解学习开发移动应用的步骤、工作内容、相关技术。

2. 学习了本章内容后，考生应能掌握移动应用的特点、移动应用开发的软件过程、移动设计的方法、移动应用的测试技术。

3. 结合教材和网络资源，将理论与实际案例结合起来以深入理解本章内容。

移动设备，包括智能手机、平板电脑、可穿戴设备、手持游戏设备及其他专业化的产品，已经掀起了新的计算浪潮，移动计算已经成为主流。移动应用（移动App）是可运行在移动设备中的应用程序，它包括支持移动设备的WebApp、虚拟现实以及移动游戏。

随着移动应用和功能变得复杂、移动应用的规模包含成百上千的内容对象、函数和分析类，必须考虑采用工程化的方法开发移动应用，先对移动应用进行周密的设计，对设计方案进行质量评估，然后实现并测试移动应用并对其进行质量评估。早先的WebApp的运行环境主要是主机设备，而移动App的运行环境更加丰富、多样、复杂，开发移动App的工具也更加复杂、多样。开发WebApp的工程化方法可用于移动App的开发，但移动App的开发过程和测试需要一些特殊的策略和方法。

第一节　移动应用的特点

在讨论移动应用开发技术的特殊性之前，本节先从不同角度介绍移动应用不同于传统应用程序的特点。

一、强调用户体验

虽然不同的移动设备有许多相同的产品功能，但是用户更关心自己的移动产品所附带的功能体验。一些用户希望自己的计算机能有移动设备的功能，另一些用户则关注移动设备给他们带来的自由，而宁愿接受移动设备上类似软件产品功能和性能方面的局限性。还有一些用户期待移动 App 带来的在传统计算机上或一些娱乐设备上不可能实现的独特体验。良好的用户体验可能比任何移动产品本身所含有的技术质量更为重要。

二、需求及环境的复杂性

与所有的计算机设备一样，移动平台也因其所交付软件的不同而不同，操作系统（如安卓或苹果系统）与能够提供广泛功能的成百上千的移动 App 相结合。现在新的工具允许那些几乎没有经过正规培训的个人去开发或者销售应用产品，与大型软件开发团队开发出来的其他应用一样。

尽管业余爱好者可以开发出应用，但是很多软件工程师认为在目前构造的软件中，移动 App 属于最具挑战性的软件。移动平台很复杂，安卓操作系统和苹果操作系统的代码都超过 1200 万行。移动设备通常都有迷你浏览器，这种浏览器不能展示网页上的全部内容。不同的移动设备通常根据开发环境选择不同的操作系统和平台。移动设备通常比个人计算机更小巧，屏幕尺寸更加多元化。这就需要将更多的注意力放在用户界面设计的问题上，包括如何限制某些内容的显示。除此之外，移动 App 的设计必须考虑到间歇性网络连接中断、电池寿命的限制以及其他设备约束。

移动 App 运行时，移动计算环境中的系统构件可能会改变其自身的位置。为了保持网络的连接性，就必须开发用于发现设备、交换信息、维护安全性和通信完整性以及同步动作的协调机制。

此外，软件工程师还必须权衡移动 App 的表现力和利益相关者的安全性问题，以此来确认一个合适的设计方案。为了尽可能节约电池电量，开发者必须努力发现新的算法（或者调整现有的算法）以达到高效节能。开发者可能需要创建中间件来实现不同型号的移动设备在同一个移动网络里的互相通信。

软件工程师需要充分利用设备的特性和环境感知的应用来精心实现用户体验。移动 App 的非功能性需求（如安全保密性、性能、可用性）与 WebApp 或者桌面应用稍有不同。而在安全性和移动产品设计的其他元素之间也总是存在着权衡取舍。用户期望他们能够在大量不同的物理环境下运行移动 App，因此移动软件产品的测试与传统主机软件产品的测试相比难度更大。移动 App 需要具有更好的可移植性，因为相同的移动 App 需要在完全不同的硬件和操作系统平台上运行，而重复开发的成本太高。因此，需要软件开发人员对移动 App 的设计是可以保证其可移植性要求的。

三、技术难度更高

由于手机、数码相机、电视等日常设备中 Web 功能的低成本改变了人们获取信息和使用网络服务的途径。因此，用户更喜欢在移动设备上通过网络获得和使用各种功能的应用程序，而针对各种不同硬件平台开发基于网络的应用需要解决各种复杂的技术问题。以下是移动 App 需要解决的技术问题。

1）多元化的硬件和软件平台。移动 App 运行在大量不同层次功能的不同平台上，包括移动平台和固定平台，从而增加了开发的成本和时间，同样也使得配置管理变得更加困难。

2）多种开发框架和程序设计语言。当前的移动 App 是在至少 5 种流行开发框架（安卓、苹果、Xamarin、Windows、Angular JS）的基础上使用多种不同的程序设计语言（HTML5、JavaScript、Java、Swift、C#）编写的。很少有移动设备允许在设备上直接进行软件开发。相反，移动应用开发者通常使用在桌面开发系统上运行的模拟器进行开发。这些模拟器与移动设备本身具有差异性。瘦客户端应用往往比运行在移动设备上的应用更容易移植到多个设备上。

3）多种具有不同规则和工具的应用商店。每一个移动平台都有自己的应用商店和接入应用标准（如苹果、谷歌、微软和亚马逊都发布了自己的标准）。针对多个平台的移动产品的研发必须分开进行，并且每个版本都需要有自己的标准。

4）开发周期短。移动产品的市场竞争非常激烈，因此软件工程师在建立移动 App 时通常采用敏捷开发过程，以此来尽力缩短开发周期。

5）用户界面的限制以及传感器与设备之间交互的复杂性。与个人计算机相比，移动设备拥有更小尺寸的屏幕、更丰富的交互方式（如触摸、手势、摄像等）和基于环境感知的使用场景。

6）环境的有效利用。用户期望移动 App 能够基于设备的物理位置及其可利用的网络功能提供个性化的用户体验。

7）电源管理。电池的待机时间通常是移动 App 最重要的限制约束之一。背光、存储器读写、无线网络连接的使用、专业硬件设备的利用以及处理器速度都会影响到电池的使用，这些都是软件开发者需要考虑的因素。

8）安全保密性、隐私模式和策略。无线网络可能被窃听，阻止窃听对于用户的安全性来说是至关重要的。此外，若移动设备丢失或者被人下载了恶意应用程序，那么存储在设备上的数据就会被盗窃。而用来提高移动 App 安全保密及隐私方面可信度的软件策略通常会降低应用的可用性和用户之间的相互交流，如何平衡两者是开发人员需要思考的问题。

9）计算和存储限制。使用移动设备来控制家庭环境和安全服务是人们关注的一个领域。当允许移动 App 在它们的环境中与设备和服务进行交互时，移动设备将会很容易因为海量的信息而不堪重负（如存储、处理速度、能量消耗）。开发人员可能需要寻找减少处理器与内存资源占用以及降低能耗的编程技巧和方法。

10）依赖外部服务的应用。构建瘦移动客户端意味着应用需要依靠 Web 服务提供商和云存储设施，这增加了人们对数据或服务的可访问性与安全性的担忧。

11）测试的复杂性。完全在设备上运行的移动产品可以使用传统的软件测试方法或使用在个人计算机上运行的模拟器进行测试。虽然瘦客户端移动 App 的测试面临许多同样在 WebApp 测试中存在的问题，但是它们还存在与通过互联网网关和电话网络进行数据传输有关的其他问题，因此移动 App 的测试具有其特殊性。

第二节　移动应用开发的软件过程

一、移动应用的开发过程

移动应用软件的开发与软件本身的特点及开发、运行的环境密切相关，其工程化开发过程与传统主机软件的开发过程不同，移动应用采用敏捷开发模型，其开发过程包括如下5个主要迭代阶段。

1）需求分析阶段。确定移动产品的目标、特征和功能，以确定第一个增量或可行性原型的范围和规模。开发人员和利益相关者必须留意人员性、社会性、文化性以及组织性的活动，它们可能会暴露潜藏的用户需求并影响移动产品的业务目标和功能。

2）设计阶段。这一阶段的工作包括体系结构设计、导航设计、界面设计以及内容设计。开发人员使用屏幕模型和纸质原型来定义应用程序的用户体验，以此协助创建适当的用户界面设计。该设计也需要考虑不同的屏幕尺寸和功能，以及每个目标平台的功能。

3）开发。开发人员为移动软件进行编码，其中包含功能性以及非功能性部分。测试人员创建并执行测试用例，并随着产品的进展进行可用性和可访问性评估。

4）稳定阶段。大多数移动产品都会经历一系列原型：可行性原型，它旨在作为一个概念证明，证明整个应用程序中也许只存在一条完整的逻辑路径；alpha原型，它包含最小可行产品的功能；beta原型，它已基本完成并包含大部分通过测试的功能；最后是候选发布版，它包含所有必需的功能，所有计划的测试均已完成，并且可供产品所有者审查，稳定阶段最终需要获得候选的发布版产品。

5）部署阶段。一旦产品稳定后，移动产品将由应用商店进行审查，并可以出售和下载。对于仅供公司内部使用的应用，部署之前需要对产品完成所有审查以保证软件的质量。

移动开发利用了敏捷的螺旋工程过程模型，上述5个阶段并不需要像瀑布模型那样按顺序完成。随着开发人员和利益相关者对用户需求和产品业务目标有更好的理解，他们将不断重复上述5个阶段。

二、用户界面设计

移动设备用户希望能够用最短的时间来学习并掌握一个移动App。为了达到这个目标，移动App设计者应在不同的平台上使用统一的图标和布局。此外，对于在移动设备屏幕上显示个人信息，设计者必须对用户的隐私保持敏感。触摸和手势界面以及先进的语音输入和人脸识别技术已经成熟，并已成为用户界面设计师工具箱的一部分。

为所有人提供访问权限所产生的法律和道德压力表明：移动设备界面需要考虑品牌差异、文化差异、计算体验差异以及老年用户和残疾人用户（如视觉障碍、听觉障碍、行动不便者）。可用性差就意味着用户不能完成他们的任务或者不满意结果，这也表明，在每个可用性领域中（用户界面、外部辅助界面和服务界面），以用户为中心的设计活动的重要性。

可访问性是一个重要的设计问题，采用以用户为中心的设计时设计人员必须将其考虑在内。为了满足利益相关者对于可用性的期望，为了评估设备的外部表现，移动App开发者应该了解以下问题。

1）用户界面在多个应用中是否一致？

2）设备是否能与不同的网络服务相互协作？

3）在目标市场中，就利益相关者的价值观而言，设备是否能被大众所认可？

用抽象的、与平台无关的模型来描述用户界面有利于移动设备多平台用户界面的一致性和可用性。以下3种模型可用于移动应用的界面设计。

1）平台模型：描述了支持平台的约束条件。

2）表示模型：描述了用户界面的外观。

3）任务模型：是用户满足其任务目标所需要执行的任务的结构化表示。

利用基于模型的设计技术可以帮助设计人员识别并适应移动计算中存在的独特环境以及环境变化。没有用户界面的抽象描述，移动用户界面的开发可能容易出错并耗费更多的时间。

三、移动应用设计

开发传统软件和开发移动应用程序之间有着重要的区别。软件工程师不能继续使用他们已经使用过的传统技术，并期望能够成功应用在移动应用开发上。以下是由经验丰富的技术人员提出的3种设计移动应用程序的方法。

1）使用场景。开发者必须考虑相关环境因素（位置、用户和设备）以及相关场景之间的转换（如用户从卧室移动到厨房或使用手指代替手写笔）。用户场景开发中应该考虑的因素包括位置、设置、运动和姿势、设备和用法、负载和干扰以及用户的喜好。

2）观察不同应用者。这是一种广泛使用的方法，用来收集所设计的软件产品具有代表性的用户信息。随着用户场景的改变，观察他们通常是很困难的，因为观察者必须跟随用户很长一段时间，而这可能引发隐私问题。一个复杂的因素就是，有时用户在私人场合和公开场合完成任务的方式是不同的。随着场景的变化，可能需要观察同一用户完成不同场景下的任务，同时记录用户对于变化的反应。

3）低保真度的纸质原型（如卡片或便条）。在用户界面设计中，这是一种成本效益高的可用性评估方法，可以在任何编程之前使用。这些原型在尺寸和重量上要相似，并允许在各种情况下使用，这一点很重要。同样重要的是，草图或文本显示的尺寸必须真实，并且最终产品要保持高质量。开发者必须为用户界面部件（如按钮或滚动条）的位置和大小进行设计，保证当用户通过缩放扩展屏幕时它们不会消失。开发者也需要在低保真原型（如使用彩色笔或图钉）中模拟交互类型（如手写笔、操纵杆、触摸屏），以检查放置位置和易用性。在布局和放置问题解决后，也可以创建后续的原型以在目标移动设备上运行。

在移动App的设计中应该尽量避免：功能复杂、前后矛盾、设计过度、加载过慢、废话连篇、非标准的交互、对常见问题的回答和帮助。

第三节　移动计算环境

移动应用依赖于服务计算和云计算环境，服务计算和云计算使得基于新型体系结构的大规模分布式应用得以快速开发。这些计算模式可以更容易、更经济地创建不同设备（如笔记本计算机、智能手机和平板电脑）上的应用。这两种模式允许资源外包或将信息技术管理的信息转移给服务提供商，同时减轻在某些移动设备上有限的资源对软件运行的影响。面向服务的体系结构提供了移动开发所需要的体系结构风格、标准协议（如XML、SOAP）和接口（如WSDL）。云计算可以方便、按需地通过网络访问可配置的计算资源（服务器、存储、应用程序和服务）共享池。

服务计算使移动 App 的开发人员不用将提供服务的源代码开发成运行在移动设备上的客户端程序，而是将服务功能部署在提供商的服务器上，移动设备上的客户端通过消息传递协议向服务器发送功能请求，服务器运行相应的服务程序后将结果发送给移动设备上的客户端。服务通常会提供应用程序接口（API），这样就可以把服务器提供的服务程序集合当作一个抽象的黑盒子。服务计算和云计算环境的工作模式如图 4-1 所示。

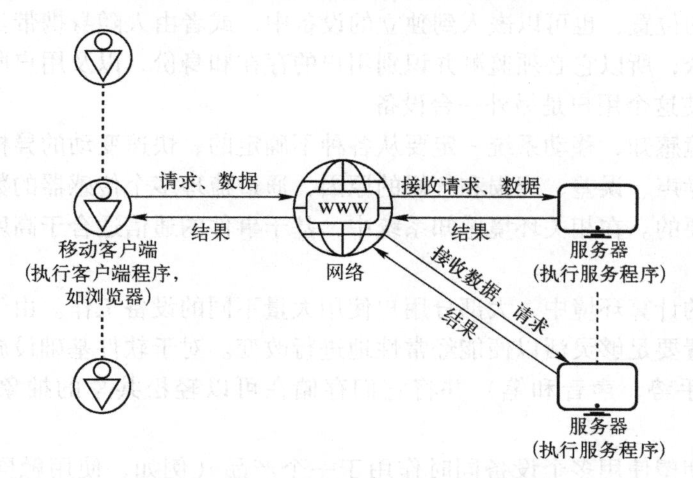

图 4-1　服务计算和云计算环境的工作模式

云计算响应网络内任意地方、任意时间的客户端（用户或程序）对所需计算服务的请求。云计算的体系结构有三层，如图 4-2 所示，每一层都可以称为一个服务。软件即服务（Software as a Service，SaaS）层包括由第三方服务提供商提供的软件构件和应用。平台即服务（Platform as a Service，PaaS）层提供了一个协同开发平台，协助地理上分散的团队成员进行设计、实施和测试。基础设施即服务（Infrastructure as a Service，IaaS）层为云计算提供虚拟计算资源（存储、处理能力、网络连接）。

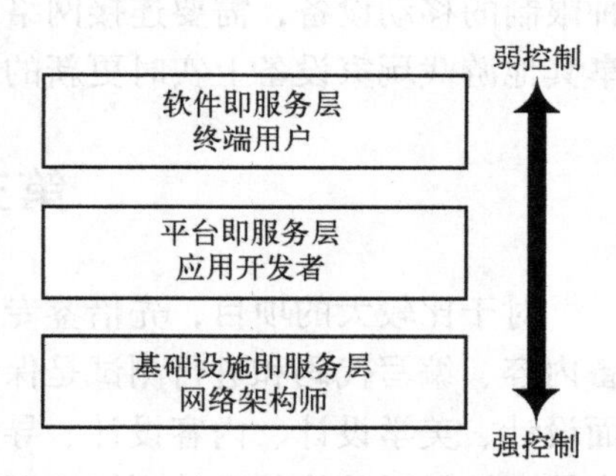

图 4-2　云计算体系结构的层次图

移动设备可以从任何位置在任何时间访问云服务。身份盗窃和服务劫持风险的存在使得移动服务和云计算提供商需要采用严格的安全工程技术来保护他们的用户。

利用云存储可以很容易完成世界各地数以百万计的任何移动设备或软件功能的更新。事实上，虚拟化整个移动用户体验，使所有应用软件都从云端下载是可能实现的。

第四节　环境感知 App

环境允许基于移动设备的位置和移动设备具有的功能来创建新的应用软件。它还帮助调整个人计算机的应用来适应移动设备（例如，当家庭卫生保健工作人员到达患者房时，他所携带的移动设备能自动下载患者的信息）。

采用适应性高、与环境相关的界面能够较好地解决移动设备的局限性（例如，屏幕尺寸小和内存较小）。为了更好地开发环境感知的用户交互，需要相应的软件体系结构的支持。

在早期的环境感知应用的讨论中，有人指出：移动计算通过提供允许设备感知自身位置、时间和周围物体的功能，将现实世界和虚拟世界连接在一起。该设备可以如警报传感器一样在一个固定的位置，也可以嵌入到独立的设备中，或者由人随身携带。因为设备可用于个人、团体或大众，所以它必须监测并识别用户的存在和身份，以及用户所依赖或准许的相关环境属性（即使这个用户是另外一台设备）。

为了实现环境感知，移动系统一定要从各种不确定的、快速变动的异构数据源中生成可靠的信息。由于噪声、误差、磨损和气候的原因，通过梳理多个传感器的数据来提取相关的环境信息是很重要的。在相关环境感知系统中，基于事件的通信适合于高度抽象的连续性数据流的管理。

在普遍存在的计算环境中，大部分用户使用大量不同的设备工作。由于移动工作实践的需求，设备的配置要足够灵活以便能经常性地进行改变。对于软件基础设施来说，支持不同类型的交互（如手势、声音和笔）并将它们存储在可以轻松共享的抽象存储中是至关重要的。

用户有时会期望使用多个设备同时作用于一个产品（例如，使用触屏设备来编辑文档的图像，同时使用键盘来编辑文档的文本）。需要整合众多不一定总是与网络相连并具有各种限制的移动设备，需要连接网络的多人游戏都应具备的功能是在设备上存储游戏状态并共享其他游戏玩家设备上实时更新的信息。

第五节　WebApp 设计

对于比较大的项目，先借鉴专家的专业知识和技术对 WebApp 进行设计、评估之后再准备内容、编写代码和进行测试是保证 WebApp 质量的必要步骤。WebApp 设计的内容包括界面设计、美学设计、内容设计、导航设计、体系结构设计、构件设计。WebApp 设计的内容由技术性最强的构件设计到接近用户的界面设计，如图 4-3 所示。

一、界面设计

传统应用的界面设计原则同样适用 WebApp 用户界面设计。但是，WebApp 在界面设计方面有更多、更复杂的问题需要考虑。很典型的一个方面是用户的进入点不明确，即用户可能从主页进入 WebApp，或者可能链接到 WebApp 体系结构的一些较低层。在某些情况下，可以通过将用户路由到主页的方式来设计 WebApp，如果不想这样做，那么 WebApp 设计必须提供包含全部内容对象的界面导航特征。精心设计 WebApp 的界面，可以使用户能轻松地用多种不同的方式进入系统，获得自己需要运行的程序和功能。

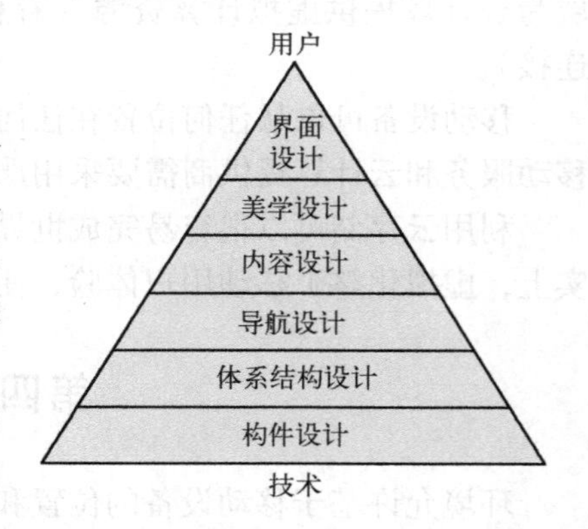

图 4-3　WebApp 设计的金字塔

WebApp 界面的目标如下。

1）建立一致性的窗口，用户由此进入界面提供的内容和功能。

2）通过一系列与 WebApp 的交互以指导用户。

3）组织用户可用的导航选项和内容。

为了获得一致的界面，首先要用可视化设计建立一致的外观。在设计中强调界面的布局和导航机制的形式。为了指导用户的交互操作，要使用户能直观地理解界面。为了提供导航选项，可以选择网页中位置固定的导航菜单，可以选择用户容易识别和理解的图标作为导航元素，也可以选择链接到内容主题或 WebApp 功能的图像。要特别注意在内容层次的每个级别上都应提供一种或多种导航机制。

每个网页中能够用来支持非功能性的美学设计、导航特征、信息内容及指导用户功能的“空间”都是有限的，应该在美学设计期间对这种空间的“开发”进行规划。

二、美学设计

美学设计，又称可视化设计或平面设计，是一种艺术工作。它是对 Web 设计在技术方面的补充。页面布局是美学设计的一个方面，它会影响 WebApp 的有用性和可用性。

网络页面布局的设计没有绝对的规则，但以下的页面布局指导原则在进行界面设计时值得参考。

1）适当留下空白空间。把网页中的每一寸空间都排满信息，会导致用户寻找有用信息或要素变得很困难，并会造成很不舒服的视觉混乱。

2）重视内容。毕竟内容是用户浏览网页的根本原因。典型的 Web 网页应用的 80%应该是内容，剩余的资源为导航和其他要素。

3）按照从左上到右下的顺序组织布局元素。绝大多数用户浏览网页的方式与看书相同：从左到右，从上到下。如果布局元素有特定的优先级，应该将高优先级的元素放在页面空间的左上部分。

4）按导航、内容和功能安排页面的布局。访问界面时，用户更乐于使用自己熟悉的模式或者说惯例。如果 Web 页面中没有用户体验过的布局模式，用户对所需要的信息都要进行频繁的查找，会导致很差的用户体验。

5）不要通过滚动条扩展空间。虽然滚动是经常需要的，但大多数的研究表明，用户不喜欢用滚动条。最好减少网页内容或者多页显示必要的内容。

6）在设计页面布局时，要考虑分辨率和浏览器窗口的尺寸。设计应该能够确定布局元素占用可用空间的百分比，而不是在布局中规定的固定尺寸。随着越来越多的移动设备使用具有不同尺寸的屏幕，在设计界面时结合屏幕大小考虑分辨率和浏览器的窗口尺寸变得越来越重要。

三、内容设计

在 WebApp 设计中，内容对象与传统软件中的数据对象关系更加紧密。内容对象具有的属性包括特定的内容信息（通常在 WebApp 建模期间定义）的属性和指定为设计成分的实现属性。

例如，考虑为 SafeHome 电子商务系统开发的分析类 ProductComponent。分析类的属性

Description 在这里被描述为一个设计类，名为 CompDescription。这个类包括 5 个内容对象：MarketingDescription、Photograph、TechDescription、Schematic 和 Videos，如图 4-4 中最底下一行的阴影部分所示。内容对象所包含的信息被标注成对象的属性，例如，Photograph（一个 jpg 格式的图标）包含属性 horizontal dimension、vertical dimension 和 border style。

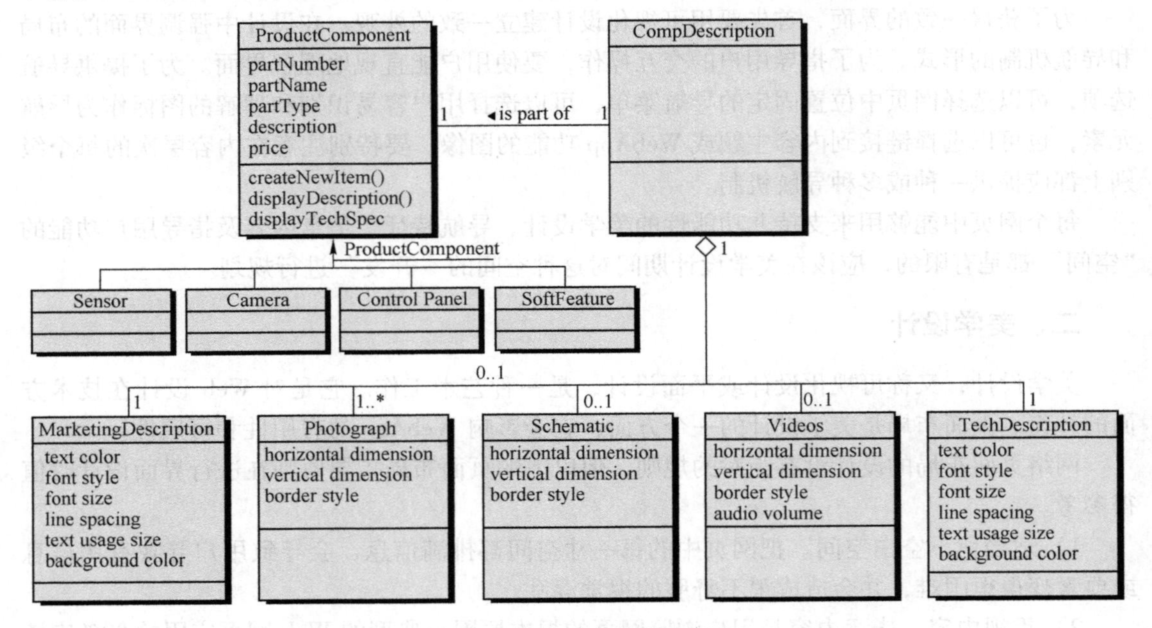

图 4-4　内容对象的设计表示

图 4-4 所示的 UML 关联表明一个 CompDescription 类对象用于描述一个 ProductComponent 类实例；一个 CompDescription 类实例由图 4-4 所示的 5 个内容对象组成。其中，Schematic 类实例和 Videos 类实例是可选的（值可能为 0），一个 MarketingDescription 类实例和一个 TechDescription 类实例是必需的，会用到一个或多个 Photograph 类实例。

四、体系结构设计

体系结构设计与已建立的 WebApp 的目标、展示的内容、将要访问它的用户和已经建立的导航原则紧密相关。体系结构设计者必须确定内容体系结构和 WebApp 体系结构。内容体系结构着重于内容对象（如网页的组成对象）的表现和导航的组织方式。WebApp 体系结构描述应用将以什么组织方式来管理用户交互、操纵内部处理任务、实现导航及展示内容。

在大多数情况下，体系结构设计与界面设计、美学设计和内容设计并行进行。由于 WebApp 的体系结构对导航的影响很大，因此在设计活动中做出的决定会影响导航设计阶段的工作。

WebApp 体系结构描述了使基于 Web 的系统或应用达到其业务目标的基础结构。对这一结构基本特性的描述为：创建应用程序应该考虑到不同层所关注的方面不同，特别是，应用程序数据应该与网页的内容（导航节点）分开，而这些内容又应该与界面的外观（页面）清楚地分开。

建议采用三层设计体系结构，使界面与导航及应用程序行为相分离。保持界面、应用程序和导航分离可以简化实现并增加复用性。在很多情况下，在实现应用程序的开发环境中定义 WebApp 的体系结构。

模型-视图-控制器（Model-View-Controller，MVC）体系结构是一种流行的 WebApp 体系结构模型，它将用户界面与 WebApp 的功能及信息内容分离。模型（有时称“模型对象”）包括应用的所有详细内容和处理逻辑，还包括所有内容对象、对外部数据或信息源的访问，以及应用的特定处理功能。视图包括所有界面的特定功能，并能够表示内容和处理逻辑，包括所有内容对象、对外部数据或信息源的访问，以及最终用户所需要的所有处理功能。控制器管理对模型和视图的访问，并协调两者间的数据流。在 WebApp 中，视图由控制器进行更新，更新数据来自基于用户输入的模型。MVC 体系结构的示意图如图 4-5 所示。

此图表示用户请求或数据由控制器处理。控制器也可以根据用户请求选择合适的视图对象。一旦确定了请求的类型，就将行为请求传递给模型，模型实现功能，或者检索满足用户请求所需要的内容。模型对象可以访问存储在数据库中的数据，被访问的数据可以与本地数据存储在一起，或者作为一些独立文件单独存储。模型创建的数据必须由合适的视图对象对其进行格式化和组织，然后从应用服务器传回到客户端浏览器，并显示在客户的计算机上。

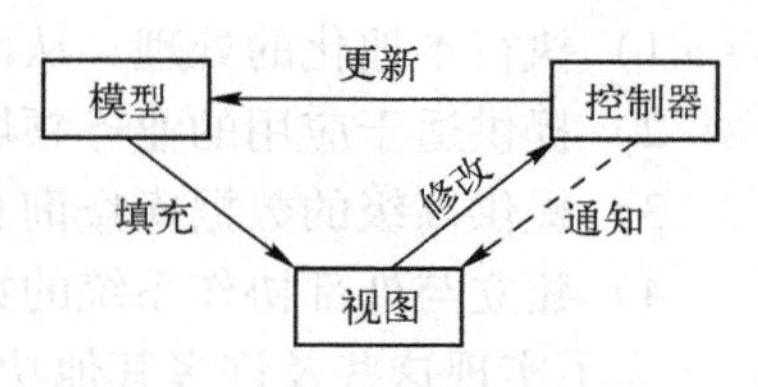

图 4-5 MVC 体系结构

五、导航设计

一旦建立了 WebApp 的体系结构并确定了体系结构的构件（页面、脚本、Applet 和其他处理功能），设计人员就应定义导航路径，使用户可以访问 WebApp 的内容和功能。为了完成这一任务，要为网站的不同用户确定导航语义，并且定义实现导航的机制（语法）。

像很多 WebApp 设计活动一样，在进行导航设计时，要首先考虑用户层次和为每一类用户角色创建的相关用例。每一类角色使用 WebApp 的方式或多或少会有所区别，因而会有不同的导航要求。另外，为每一类角色设计的用例会定义一组类，这组类包含一个或多个内容对象，或者包含 WebApp 功能。当用户与 WebApp 进行交互时，接触到一系列的导航语义单元（Navigation Semantic Unit，NSU），NSU 描述了每个用例的导航需求。本质上，NSU 显示了每个角色如何在内容对象或 WebApp 功能之间移动。

NSU 由一组导航元素组成，其中，导航元素也称作导航通路（Way of Navigation，WoN）。对于特定类型的用户来说，为了达到导航目的，WoN 展示了最佳的导航路径。每个 WoN 由一组相关的导航节点（Navigational Node，NN）组成，这些导航节点通过导航链接连接起来，在某些情况下，导航链接可能就是另一个 NSU。因此，可以将 WebApp 的总体导航结构组织为 NSU 的层次结构。

在导航设计的初始阶段，应对 WebApp 的内容体系结构进行评估，为每个用例确定一个或多个 WoN。如上面所说，一个 WoN 标识了导航节点（如内容）和使它们之间能够导航的链接，然后将 WoN 组织到 NSU 中。

随着设计的进行，下一项任务就是定义导航机制。大多数网站会利用以下一个或多个导航来实现每个 NSU：单独的导航链接、水平或垂直导航条（列表）、标签或者一个完整的站点地图入口。如果定义了站点地图，则应该可以从每个页面访问它。WebApp 设计者也需要组织站点地图本身，以便能够清晰地显现 WebApp 信息的结构。

除了选择导航机制外，设计人员还应该建立合适的导航习惯和帮助。例如，为了使图标和图形链接呈现“可点击”的状态，图标和图形的边缘应成斜角，使其呈现出三维效果。应该考虑设计听觉和视觉反馈，提示用户导航选项已选择。对于基于文本的导航，应该用颜色来显示导航链接，并给出链接已经访问的提示。

六、构件设计

移动应用提供了更加成熟的处理功能，这些功能描述如下。

1）执行本地化的处理，从而动态地产生内容和导航能力。

2）提供适于应用的业务领域的计算或数据处理能力。

3）提供高级的数据库查询和访问。

4）建立与外部协作系统的数据接口。

为了实现这些及许多其他功能，工程师必须设计和创建程序构件，这些构件在形式上与传统软件构件相同。实现移动级构件能够使软件可重用，不需要为不同平台的相同功能进行重新编程，可以节约应用开发的成本，提高开发效率。

WebApp 构件首先是定义良好的聚合功能，为最终用户处理内容，或提供计算及数据处理功能。其次，WebApp 构件是内容和功能的聚合包，提供最终用户所需的功能。因此 WebApp 的构件级设计通常包括内容设计元素和功能设计元素。

“购物车”是一个很好的构件示例（见第三章），购物车构件可以是电子商务 WebApp 的一部分。客户通过购物车功能，在结账前保存和查看已经被选中的物品。客户可以在电子商务情景下使用一个交易订单为所有选中的物品付钱。一个被精心设计过的购物车构件可以在多个网上商店复用，只要简单修改它的内容模型即可。

WebApp 功能可以作为一系列构件交付，这些构件与信息体系结构并行开发，以确保它们的一致性。之前描述的购物车构件同时包含内容元素和算法元素。可以在设计开始时就考虑需求模型和初始的信息体系结构。接着，检查功能如何影响用户和应用的交互，信息是如何呈现的，用户任务是如何完成的。

在体系结构设计中，往往将 WebApp 的内容和功能结合在一起来创建应用系统的功能体系结构。在这里，功能体系结构代表的是 WebApp 的功能域，并且描述了 WebApp 中的关键功能构件以及这些构件是如何进行交互的。

七、移动性与设计质量

每个人都对什么是“好的”移动应用有自己的看法，大家看待这一问题的角度也相差甚远。有些人喜欢闪烁的图标，有些人则喜欢简单的文本；有些人想看到丰富的内容，而有些人只是渴望看到简略的陈述；有些人喜欢高级的分析工具或者数据库访问，而有些人只是需要一些简单应用。实际上，比起从技术角度讨论移动应用的质量，能满足用户认为的“好”的标准可能更重要。移动设计质量属性实际上与 WebApp 质量特征基本相同。

但是如何认识移动产品的质量呢？具有哪些特性的移动产品才能得到最终用户的好评？同时，在质量方面，具有哪些技术特点才能使工程师可以长期对移动产品进行修正性维护、适应性维护、增强性维护及支持？

实际上，有关软件质量的所有技术特征和通用质量属性都适用于移动应用。然而，其中一些最相关的通用特性：可用性、功能性、可靠性、效率及可维护性为评估移动系统的质量提供了有用基础。最终用户对于移动 App 的满意度取决于 6 个重要的质量因素：易用性、功能性、可靠性、时效性、可维护性及可移植性。图 4-6 的质量需求树定义了一组高质量移动产品的技术属性，其中包括了易用性、功能性、可靠性、时效性、可维护性。

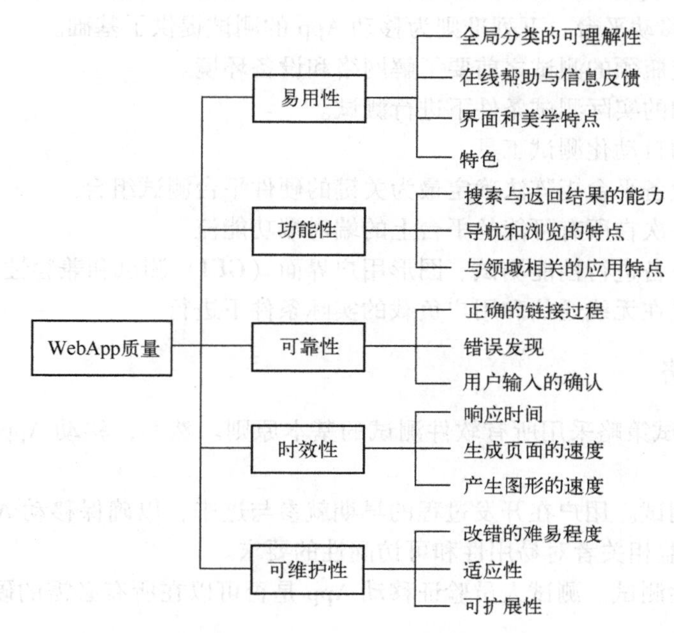

图 4-6　移动 App 的质量需求树

除了质量需求树中列出的质量属性，安全性、可用性、可扩展性、投放市场的时间、内容的质量作为扩展的质量属性，用于对移动应用的质量进行评价。

第六节　移动软件的测试

移动软件测试的目标是发现移动 App 在内容、功能、易用性、导航性、性能、容量和安全性等方面的错误。软件工程师和其他的项目利益相关者（经理、客户和最终用户）都应参加移动性测试。如果一个移动 App 中的错误和问题太多，用户会很容易放弃一个产品而去寻求另外的产品以满足他们所需要的个性化的内容和功能。移动性测试过程要从关注移动 App 用户的可见性方面开始，一直进行到有关所用技术和基础设施的测试。往往首先要制定移动 App 的测试计划，为每个测试步骤开发一套测试用例，并且保存测试结果以供将来使用。要按照测试计划尽可能完成全面的测试，并且尽可能保证纠正了在测试中发现的所有错误。

一、测试准则

完全在移动设备上运行的移动 App 可以使用传统的软件测试方法进行测试，也可以在个人计算机上使用模拟运行的方式测试。瘦客户端移动 App 的测试会比较复杂，瘦客户端移动 App 测试必须考虑互联网网关和电话网络进行数据传输相关的问题。

通常，用户希望移动 App 能够感知环境，并提交基于设备的物理位置，以及与可用的网络功能相关的个性化用户体验。使用每个可能的设备和网络配置在一个特定的动态网络环境中测试移动 App，是非常困难甚至是不可能的。

人们期望移动 App 能够提供桌面应用程序所具有的复杂功能和可靠性，但是移动 App 常驻于资源有限的移动平台。下列准则为移动 App 的测试提供了基础。

1）在进行确定瓶颈的测试之前要了解网络和设备环境。

2）在不受控制的实际测试条件下进行测试。

3）选择适当的自动化测试工具。

4）利用加载设备平台矩阵法确定最为关键的硬件平台测试组合。

5）至少检查一次在所有可能的平台上的端对端功能流。

6）使用实际设备进行性能测试、图形用户界面（GUI）测试和兼容性测试。

7）测量性能只在无线通信和用户负载的实际条件下进行。

二、测试策略

移动 App 的测试策略采用所有软件测试的基本原则。然而，移动 App 的独特性质要求考虑以下问题。

1）用户体验测试。用户在开发过程的早期就参与进来，以确保移动 App 在支持的所有设备上都能达到利益相关者对易用性和可访问性的要求。

2）设备兼容性测试。测试人员验证移动 App 是否可以在所有必需的硬件和软件组合上正常工作。

3）性能测试。测试人员检查移动设备特有的非功能性需求（如下载时间、处理器速度、存储容量和电源可用性）。

4）连接性测试。测试人员确保移动 App 可以访问任何需要的网络或 Web 服务，并且可以容忍网络很差或访问被中断。

5）安全性测试。测试人员确保移动 App 不会损害用户的隐私或安全需求。

6）自然环境测试。在全球各种网络环境中，在实际的用户设备和真实的条件下进行测试。

7）认证测试。测试人员确保移动 App 符合分发机构制定的标准。

仅使用技术手段不能保证移动 App 在商业上的成功，如果这些 App 在运行中失灵，或是未能达到预期的使用效果，那么用户将会很快抛弃这些 App。为了在开发活动早期阶段发现缺陷而设计测试用例以及验证其具有重要的质量属性是非常重要的。移动 App 应具有的质量属性是基于国际标准提出的软件产品的质量属性，包括功能性、可靠性、易用性、时效性、可维护性和可移植性。

制定移动 App 测试策略既要了解软件测试知识，又需要理解移动设备及其网络基础设施特性所面临的挑战。除了具有常规软件测试方法的全面知识以外，移动 App 的测试人员还应该对电信原理有很好的理解，并且要认识到移动操作系统平台的差异和功能。对于这些基础知识，必须要有另外的知识对其加以补充，包括对不同类型移动 App 测试的深入理解（如移动 App 测试、移动手持终端设备的测试、移动网站测试）、模拟器的使用、测试自动化工具以及远程数据存取服务。

三、用户体验测试相关问题

在功能相同的多种产品充满市场的情况下，用户自然会挑选易于使用的移动 App，其中用户界面及其交互机制是移动 App 用户的可见部分。移动 App 提供的用户体验质量测试能满足用户的期望，这是非常重要的。与用户体验相关的测试包括手势测试、虚拟键盘输入、语音输入和识别、警报和异常条件。

1. 手势测试

由于当前移动设备中普遍存在触摸屏，因此，开发人员已添加了多种触摸手势（如轻扫、缩放、滚动、选择等）作为扩展用户交互的可能性，这些手势不会造成屏幕损耗。然而，手势密集界面带来了大量的评审和测试挑战。

当测试开始后，使用自动化工具测试触摸或手势界面操作是很难的。屏幕大小和分辨率以及之前的用户操作都会影响到屏幕上对象的位置，使得准确的手势测试变得困难。即使进行了测试，手势也很难被准确地记录下来进行重现。测试人员需要开发测试框架程序，使其完成模拟手势测试的功能，这些做法的问题是既昂贵又费时。

由于手势界面通常不提供任何触觉反馈和听觉反馈，使得对于视障用户的可访问性测试更困难。对于智能手机这类无处不在的设备，手势的可用性和可访问性测试是非常重要的。当手势操作无效时，测试设备的操作就更加重要。

在理想情况下，详细的用户故事或用例可作为测试脚本的基础，在此基础上需要对所有目标设备补充有代表性的用户。当使用移动 App 测试手势时，要考虑屏幕差异，测试人员应确保手势符合为移动设备或平台设定的标准和环境。

2. 虚拟键盘输入

由于激活虚拟键盘时可能会遮挡部分显示屏，因而应测试移动 App 以确保当用户进行输入操作时重要的屏幕信息不会被隐藏。如果必须隐藏屏幕信息以测试移动 App 的能力，则要让用户轻触页面，但并不丢失输入的信息。

虚拟键盘比个人计算机的键盘小，难以准确敲击，而且并不提供触觉反馈，因此必须测试移动 App 以确保它易于纠错，并且在输入错误词语时不致导致系统崩溃。

预测技术（即自动完成部分词语的输入）往往使用虚拟键盘来帮助用户加快输入。如果考虑要使移动 App 面向全球市场，针对用户选择的自然语言，测试词语输入的正确性是十分重要的。

通常，虚拟键盘测试是在用于进行可用性测试的实验室中进行的，但有些则应该在自然环境下进行。如果在虚拟键盘测试中发现了重要的问题，那么唯一的选择是确保移动 App 可以接受设备的输入，而不用虚拟键盘输入（如语音输入）。

3. 语音输入和识别

在手忙和眼忙的情况下，语音输入已成为一种常用的提供输入的方法，每一种语音的输入都将对其测试构成挑战。

来自噪声环境的干扰会妨害各种形式语音的输入和处理。与指向屏幕对象或按键相比，使用语音命令来控制设备会给用户带来更大的认知负担。用户必须想出正确的字和词，以便移动 App 执行所需的动作。当屏幕上显示出一个对象时，用户只要辨认出适合的屏幕对象，并将其选中即可。然而，语音识别系统的广度和准确性还在迅速发展。在很多移动 App 中，语音识别很可能成为通信的主要形式。

测试语音输入和识别的质量与可靠性时，应考虑环境条件和个体语音变化。移动 App 的用户和系统处理输入的部分都会出错。应测试移动 App 以确保错误的输入不会造成移动 App 或设备崩溃。应该考虑大量的用户人群和环境，以保证将差错率限制在可接受的范围之内。记录 App 中与语音相关的错误也是重要的，这可以帮助开发人员提高移动 App 处理语音输入的能力。

4. 警报和异常条件

当移动 App 在实时环境中运行时，有许多因素会影响它的行为。例如，当用户在使用移动 App 时丢失无线网络信号，或传入文本消息、电话呼叫，或接收到日历警报。

这些因素可能破坏移动 App 用户的工作流，然而，大多数用户会允许弹出警报或中断。因此，移动 App 测试环境必须能够模拟这些警报和异常。此外，在实际设备的工作环境中，应该测试移动 App 处理警报和异常的能力。

移动 App 测试应该注重与警报和弹出消息相关的可用性问题。测试应该检查警报的清晰度和环境，检查这些事件在设备显示屏上出现的位置是否恰当，并且当涉及外语时，要验证一种语言翻译成另一种语言的正确性。

在各种移动设备上，由于网络或环境的变化，可能会引发许多不同的警报和异常，虽然许多异常处理过程可以用软件测试工具进行模拟，但在开发环境中，不能仅仅依靠模拟测试。这里再次强调用实际设备在自然条件下测试移动 App 的重要性。

许多基于计算机的系统必须从故障中恢复并在几乎没有停机的情况下进行恢复处理，在某些情况下，系统必须能够容错。也就是说，处理错误一定不能导致整个系统功能停止。在其他情况下，必须在指定的时间内纠正系统失效，否则会造成严重的经济损失。

恢复测试是一种系统测试，它强制使软件以各种方式失效，并验证是否能正确执行恢复操作。如果恢复是由系统本身自动执行的，则会评估重新初始化、检查点机制、数据恢复和重新启动的正确性。如果恢复需要人工干预，则评估平均修复时间以确定其是否在可接受的范围内。

四、WebApp 测试

许多 Web 测试实践也适用于测试瘦客户端移动 App 和交互式仿真。WebApp 测试策略采用所有软件测试所使用的基本原理，并建议使用面向对象系统所使用的策略和战术。需要对 WebApp 进行的测试如下所述。

1）对 WebApp 的内容模型进行评审，以发现错误。

2）对接口模型进行评审，保证其适合所有的用例。

3）评审 WebApp 的设计模型，发现导航错误。

4）测试用户界面，发现显示和导航机制中的错误。

5）对每个功能构件都要进行单元测试。

6）对贯穿体系结构的导航进行测试。

7）在各种不同的环境配置下实现 WebApp，并测试 WebApp 对于每一种配置的兼容性。

8）进行安全性测试，试图攻击 WebApp 或其所处环境的弱点。

9）进行性能测试。

10）通过可监控的终端用户群对 WebApp 进行测试，评估他们与系统的交互结果是否有错误。

由于许多 WebApp 不断演化，因此 WebApp 测试是技术人员所从事的一项持续活动。他们会使用回归测试。

五、WebApp 测试策略

测试是为了发现并最终改正错误而运行软件的过程。事实上，由于基于 Web 的系统及应用位于网络上，并与很多不同的操作系统、浏览器、硬件平台、通信协议及其他的应用进行交互，因此查找错误是一项艰巨的任务。图 4-7 将 WebApp 的测试内容与过程相并列，当测试流从左到右、从上到下移动时，首先测试 WebApp 设计中用户可见的元素，然后对内部结构的设计元素进行测试。

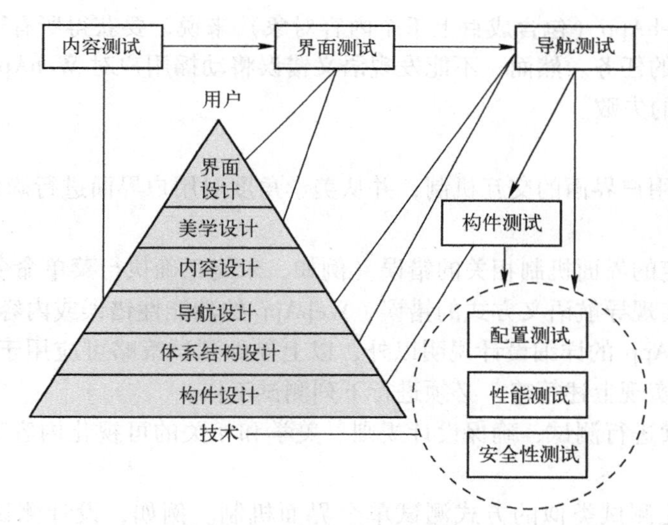

图 4-7　WebApp 的测试过程

1. 内容测试

WebApp 内容中的错误可以小到拼写错误，也可以大到不正确的信息、不合适的组织或者违背知识产权法。内容测试试图在用户碰到这些问题及很多其他问题之前就发现它们。内容测试具有 3 个重要的目标。

1）发现基于文本的文档、图形表示和其他媒体中的语法错误（如拼写错误、语法错误）。

2）发现当导航发生时所展现的任何内容对象中的语义错误（即信息的准确性和完备性方面的错误）。

3）发现展示给最终用户的内容在组织或结构方面的错误。

内容测试结合了评审和可运行的测试用例的生成。尽管技术评审不是测试的一部分，但应执行内容评审，以确保内容的质量并发现语义错误。可运行的测试用于发现内容错误，这些错误可被跟踪到动态导出的内容（这些内容由从一个或多个数据库中获取的数据驱动）。

为了达到第一个目标，可以使用自动的拼写和语法检查。然而，很多语法上的错误会逃避这种工具的检查，而必须由审查人员（测试人员）人为发现。实际上，大型网站会借助专业文本编辑器，以发现拼写错误、语法错误、内容一致性错误、图形表示错误和交叉引用错误。

语义测试关注每个内容对象所显示的信息。评审人员（测试人员）必须关注的问题包括：信息确实准确吗？信息简洁扼要吗？内容对象的布局对于用户来说容易理解吗？嵌入在内容对象中的信息易于发现吗？对于从其他地方导出的所有信息，是否提供了合适的引用？显示的信息是否与内部一致？与其他内容对象中所显示的信息是否一致？内容是否具有攻击性？是否容易误解？或者是否会引起诉讼？内容是否侵犯了现有的版权或商标？内容是否包括补充现有内容的内部链接？链接正确吗？内容的美学风格是否与界面的美学风格相矛盾？

对于大型的 WebApp（包含成百上千个内容对象）来说，要获得所有这些问题的答案可能是一项令人生畏的任务。然而，不能发现语义错误将动摇用户对 WebApp 的信任，并且会导致 WebApp 产品的失败。

2. 界面测试

界面测试检查用户界面的交互机制，并从美学角度对用户界面进行确认。界面测试的总体测试策略如下。

1）发现与特定的界面机制相关的错误（例如，未能正确执行菜单命令）。

2）发现界面实现导航语义方式的错误、WebApp 的功能性错误或内容显示错误。

除了面向 WebApp 的详细设计说明以外，以上界面测试策略可应用于所有类型的客户/服务器软件。为了实现上述策略，必须进行下列测试工作。

1）对界面要素进行测试，确保设计规则、美学和相关的可视化内容对用户有效，且没有错误。

2）采用与单元测试类似的方式测试单个界面机制。例如，设计测试用例对所有的表单、客户端脚本、动态 HTML、脚本、流内容及应用的特定界面机制（例如，电子商务应用中的购物车）进行测试。

3）对于特殊的用户类，在用例或导航语义单元的环境中测试每一种界面机制。

4）对所有界面进行测试，发现界面的语义错误及可用性测试。

5）在多种环境（如浏览器）中对界面进行测试，确保其兼容性。

3. 导航测试

用户在 WebApp 中旅行的过程与访问者在商店或博物馆中漫步的过程很相似。可以有很多路径，可以有很多站，可学习和观看很多事情，启动很多活动，并且可以做决策。导航测试的工作如下。

1）确保允许 WebApp 用户经由 WebApp 游历的机制都是功能性的。

2）确认每个导航语义单元都能够被合适的用户类获得。

实际上，导航测试的第一个阶段在界面测试期间就开始了。对导航机制的链接及所有类型的锚、重定向、书签、框架和框架集、站点地图以及内部搜索工具的准确性进行测试，以确保每个机制都能执行其预期功能。诸如链接检查这一类测试可以由自动工具执行，而另外一些要手工设计和执行。导航测试的目的始终是确保在 WebApp 上线之前发现导航功能方面的错误。

导航语义单元由一系列链接导航节点（如网页、内容对象或功能）的导航路径（称为“用户旅程”）定义。作为一个整体，每个导航语义单元允许用户获得特殊的需求，这种特殊的需求是针对某类用户由一个或多个用例定义的。导航测试应检查每个导航语义单元，以确保能够获得这些需求。如果在 WebApp 的分析或设计中没有创建导航语义单元，则可以将用例应用于导航测试用例的设计。在测试每个导航语义单元或用例时，要回答下面的问题。

1）此导航语义单元是否没有错误地全部完成了？

2）在为此导航语义单元定义的导航路径的上下文中，为某个导航语义单元定义的每个导航节点是否都是可达的？

3）如果使用多条导航路径都能完成此导航语义单元，每条相关的路径是否都已经被测试？

4）如果使用用户界面提供的指导来帮助导航，当导航进行时，它们的方向正确并可理解吗？

5）是否具有返回到前一个导航节点及导航路径开始位置的机制？

6）大型导航节点（即一个长的网页）中的导航机制工作正常吗？

7）如果一个功能在一个结点上运行，并且用户选择不提供输入，那么导航语义单元能完成吗？

8）如果一个功能在一个结点上运行，并且在功能处理时发生了一个错误，那么导航语义单元能完成吗？

9）在到达所有节点之前，是否有办法终止导航，然后又能返回到导航被终止的地方并从那里继续？

10）从站点地图可以到达每个节点吗？节点的名字对最终用户有意义吗？

11）如果可以从外部信息源到达导航语义单元中的一个节点，那么有可能推移到导航路径的下一个节点吗？有可能返回到导航路径的前一个节点吗？

12）运行导航语义单元时，用户知道他在内容体系结构中所处的位置吗？

如同界面测试和可用性测试，导航测试应该由尽可能多的不同的支持者进行。测试的早期阶段由 Web 工程师进行，但随后的测试应该由其他的项目利益相关者、独立的测试团队进行，最后应该由非技术用户进行，目的是彻底检查 WebApp 导航。

六、安全性测试

移动安全性是一个复杂的主题，在有效地完成安全性测试之前，必须对该主题有充分的了解。移动 App 和其所处的客户端和服务器端环境对于一些人来说是很有吸引力的攻击目标，这些人包括外部的黑客、对单位不满的员工、不诚实的竞争者以及其他想偷窃敏感信息、恶意修改内容、降低性能、破坏功能或者给个人、组织或业务制造麻烦的人。

安全性测试用于探查软件在安全性方面所存在的弱点，比如客户端环境、当数据从客户端传到服务器并从服务器再传回客户端时所发生的网络通信及服务器端环境，这些环节中的每一个都可能会受到攻击。安全性测试的任务是发现可能会被怀有恶意的人利用的弱点。

在客户端，弱点通常可以追溯到早已存在于浏览器、电子邮件程序或通信软件中的缺陷。在服务器端，薄弱环节包括拒绝服务攻击和恶意脚本，这些恶意脚本可以被传到客户端，或者用来使服务器操作失效。另外，服务器端数据库能够在没有授权的情况下被访问（数据窃取）。

为了防止各种攻击，可以使用防火墙、鉴定、加密和授权技术。应该设计安全性测试，探查每种安全性技术来发现安全漏洞。

在设计安全性测试时，需要深入了解每一种安全机制的内部工作情况，并充分理解所有网络技术。

七、性能测试

对于实时和嵌入式系统，软件既要满足功能需求还必须满足性能需求。性能测试的目的是在集成系统环境中测试软件运行时的性能。性能测试贯穿于整个测试过程的所有步骤，即使在单元测试阶段，也可以在进行测试时评估单个模块的性能。但是，直到所有的系统元素都完全集成之后，才能确定系统的真正性能。

你的移动 App 要花好几分钟下载一个文档，而竞争者的移动 App 下载相同的内容只需几秒钟；你正设法登录到一个 WebApp，收到“服务器忙”的信息，建议你过一会儿再试；移动 App 或 WebApp 对某些情形能够立即做出反应，而对某些情形却似乎进入了一种无限等待状态，所有这些事件每天都在 Web 上发生，并且所有这些都是与性能相关的。

使用性能测试可以发现性能问题，导致这些性能问题的原因可能是：服务器端资源缺乏、不合适的网络带宽、不适当的数据库容量、操作系统不够强大、设计不良的 WebApp 功能以及可能导致客户端和服务器性能下降的其他硬件或软件问题。性能测试的目的一是了解系统如何对负载（即用户的数量、事务的数量或总的数据量）做出反应。二是收集度量数据用以促成设计的改善，从而使性能得到提高。

性能测试经常与压力测试结合在一起，通常需要硬件和软件工具。也就是说，需要以严格的方式测量资源利用率（如处理器周期）。外部检测工具可定期监测执行间隔、记录事件（如中断）并对机器状态进行采样。通过检测系统，测试人员可以发现导致性能下降和潜在系统故障的情况。

至少在终端用户看来，移动 App 性能的某些方面很难测试。网络负载、网络接口硬件的变化以及类似的问题很难在客户端或浏览器级别进行测试。移动性能测试旨在模拟真实的负载情况，设计移动性能测试来模拟现实世界的负载情形。随着同时访问 App 的用户数量的增加，在线事务数量或数据量（下载或上载）也随之增加。

性能测试需要针对以下问题来进行。

1）服务器响应速度是否降到了值得注意的或不可接受的程度？

2）在什么情况下（就用户、事务或数据负载来说），性能变得不可接受？哪些系统构件导致了性能下降？

3）在多种负载条件下，对用户的平均响应时间是多少？性能下降是否影响系统的安全性？

4）当系统的负载增加时，App的可靠性和准确性是否会受影响？

5）当负载大于服务器容量的最大值时会发生什么情况？

6）性能下降是否对公司的收益有影响？

为了得到这些问题的答案，要进行两种不同的性能测试，即负载测试和压力测试。负载测试是在多种负载级别和多种组合下，对真实世界的负载进行测试。压力测试是将负载增加到强度极限，以此来确定App环境能够处理的容量。负载测试的目的是确定WebApp和其服务器环境如何响应不同的负载条件。对移动App进行压力测试是要在极限运行条件下力图查找错误。此外，压力测试还提供了一种机制，在不损害安全性的情况下观察移动App的运行水平是否会降低。

八、实时测试

许多移动和实时应用程序具有时间依赖性和异步性，测试用例设计人员不仅要考虑传统的测试用例，还要考虑事件处理（即中断处理）、数据的处理时间以及处理数据任务（进程）的并行性。在许多情况下，当实时系统处于某一种状态时提供的测试数据会被正确地处理，而当系统处于其他不同状态时提供相同的数据则可能导致错误。此外，实时软件与其硬件环境之间存在的密切关系也会导致测试问题。软件测试必须考虑硬件故障对软件处理的影响，很难真实地模拟这样的硬件故障。

许多移动App的开发商主张进行自然环境测试，或是在用户的本地环境中使用移动App资源的生产发布版本进行测试。伴随着移动App的演变，自然环境测试要敏捷地响应变更。

自然环境测试的特征包括不利的和不可预测的环境、过时的浏览器和插件、独特的硬件以及不完善的联通性（无线网络和动态载流）。

九、测试人工智能子系统

移动用户希望移动App、虚拟现实系统和电子游戏等产品具有环境感知能力，无论是软件产品对用户环境做出反应，还是根据过去的用户行为自动调整用户界面，或是在游戏场景下提供真实的非玩家角色。这些都涉及人工智能（AI）技术，这些技术经常依赖于机器学习、数据挖掘、统计、启发式编程或基于规则的系统。对移动App系统需要进行人工智能相关的功能和程序（即人工智能子系统）的测试。

软件工程师通常需要依靠仿真和基于模型的技术来测试人工智能子系统。人工智能子系统的测试可以通过静态测试、动态测试以及基于模型的测试技术来完成。

1. 静态测试

静态测试是一种软件验证技术，它关注评审而不是可执行的测试，重要的是要确保专家同意开发人员在人工智能子系统中表示及使用信息的方式。像所有软件验证技术一样，重要的是要确保程序代码能够表示人工智能的规范，这意味着用例中输入和输出之间的映射会反映在代码中。

2. 动态测试

人工智能系统的动态测试是一种确认技术，它通过测试用例来运行源代码。其目的是证明人工智能系统符合专家指定的行为。在进行知识发现或数据挖掘时，该程序可能被设计用于发现专家还不知道的新关系。专家必须对这些新关系进行验证，才能将其用于安全相关的软件产品中。许多实时测试问题适用于人工智能系统的动态测试。

3. 基于模型的测试

基于模型的测试（Model-Based Testing，MBT）是一种黑盒测试技术，它使用需求模型（特别是用户故事）中的信息作为生成测试用例的基础。在很多情况下，基于模型的测试技术使用形式化表示方法，如 UML 状态图作为测试用例设计的基础。MBT 技术需要以下 5 个步骤。

1）分析软件的已有行为模型或创建一个行为模型。

2）遍历行为模型并标明促使软件在状态之间进行转换的输入。

3）评估行为模型并标注当软件在状态之间转换时所期望的输出。

4）运行测试用例。

5）比较实际结果和期望结果，并根据需要进行调整。

MBT 有助于发现软件行为中的错误，因此，它在测试事件驱动的应用（如环境感知的移动 App）时也非常有用。

十、虚拟环境测试

对软件开发者而言，预见用户实际如何使用程序几乎是不可能的，如果软件是一种虚拟仿真或游戏供多个客户使用，那么让每个用户都进行正式的验收测试是不切实际的。多数软件开发者使用称为 α 测试和 β 测试的过程，以期查找到似乎只有最终用户才能发现的错误。

α 测试是由有代表性的最终用户在开发者的场所进行的。软件在自然设置下使用，开发者站在用户的后面观看，并记录错误和使用问题。α 测试在受控的环境下进行。

β 测试是在一个或多个最终用户场所进行的。与 α 测试不同，开发者通常不在场。因此，β 测试是在不为开发者控制的环境下“现场”应用软件。最终用户记录测试过程中遇见的所有问题（现实存在的或想象的）并定期报告给开发者。接到测试的问题报告之后，开发人员对软件进行修改，然后准备向最终用户发布软件产品。

虚拟环境的测试包括可用性测试、可访问性测试和可玩性测试。可用性测试评价用户在多大程度上能够与 App 进行有效交互，以及 App 在多大程度上指导用户行为、提供有意义的反馈并坚持一致的交互方法。可访问性测试是验证所有人均可使用计算机系统，而不考虑任何用户的特殊需求。可访问性测试通常需要考虑的特殊需求是视觉、听觉、运动和认知障碍。可玩性测试是确认用户/玩家进行游戏或模拟的有趣程度，最初被认为是电子游戏开发的一部分。游戏的可玩性受可用性、故事情节、策略、机制、真实性、图形和声音等游戏质量的影响。

十一、文档测试

帮助设施或文档中的错误与数据或源代码中的错误一样，它们都会影响程序的验收。完全按照用户指南或帮助设施进行操作，但得到的结果或行为却与文档的描述不符，这种情况会让用户非常困扰。因此，文档测试应该是所有软件测试计划中有意义的一部分。文档测试可分为两个阶段进行：第一个阶段为技术评审，检查文档编辑的清晰性；第二个阶段是现场测试，结合实际程序使用文档。

对文档的现场测试可以采用与前面讨论的许多黑盒测试方法相似的技术，包括：基于图的测试可用于描述程序的使用；等价类划分和边界值分析方法可用于定义各种输入类和相关的交互操作；基于模型的测试可用于确保文档规定的行为和实际行为的吻合。因而程序的用法可以贯穿全部文档而得到追踪。

本章小结

本章针对移动应用开发的特点介绍了移动开发的特征、环境、软件过程、移动应用设计的内容及经验、方法、模型，最后介绍了移动软件的测试内容及相应的测试方法。本章还介绍了有关移动应用的质量评价问题。本章内容小结如下。

1）移动应用强调用户体验、具有更复杂的需求、运行和开发平台更多样、技术难度更高，移动 App 开发需要解决的技术难题。

2）移动应用开发的软件过程包括的 5 个主要迭代阶段。用户界面设计的特殊要求、3 种设计移动应用程序的方法。

3）移动计算环境下的移动 App 计算模式：云计算和服务计算。

4）适用于移动应用设计的 Web 设计：WebApp 设计的内容包括界面设计、美学设计、内容设计、导航设计、体系结构设计、构件设计。界面设计的目标和经验；美学设计的参考原则；内容设计的示例；体系结构设计的内容、MVC 模型；导航设计的内容和方法、导航语义单元的定义；构件设计与可移植性。

5）移动应用的质量及其评价；质量属性。

6）移动应用的测试：移动应用测试的准则和策略；用户体验测试的内容；移动应用测试的内容和策略；内容测试的目标和达到测试目标的方法；界面测试的策略和界面测试工作的内容；导航测试的目的和测试每个导航语义单元或用例需要针对的问题；安全性测试的目的，解决安全性问题的技术；性能测试的目的、影响性能的因素、压力测试、负载测试、需要针对哪些问题进行性能测试；实时测试的必要性和进行实时测试的方法；人工智能测试及其采用的测试技术，静态测试、动态测试、基于模型的测试、基于模型测试的步骤；虚拟环境测试的内容、方法；α 测试与 β 测试；文档测试的两个阶段，文档测试可使用的测试技术。

习　题

一、单项选择题

1. 下列选项中，移动应用不同于传统应用程序的特点是【　】。

A. 应用与网络相关

B. 需要友好的用户界面

C. 需要采用工程化方法进行应用开发

D. 移动应用需要支持更多样化的人机交互方式

2. 关于开发移动应用技术的叙述中，正确的是【　】。

A. 由于移动设备资源有限，因此开发移动应用适合采用机器级语言

B. 由于移动设备硬件的多样性，因此应该在移动硬件上直接开发移动应用

C. 针对不同平台的移动应用需要在不同的环境下分开开发

D. 移动应用的规模较小，因此其开发适合采用瀑布模型

3. 下列选项中，正确的移动应用开发的 5 个迭代阶段是【　】。

A. 可行性分析、需求分析、设计、测试、维护

B. 需求分析、设计、编码、测试、维护

C. 需求分析、设计、编码、稳固、部署

D. 需求分析、设计、开发、稳固、部署

4. 下列选项中，用于描述用户界面的模型是【　】。

A. 任务模型　　　　B. 内容模型

C. 接口模型　　　　D. 设计模型

5. 移动计算环境的层次按照由强控制到弱控制的顺序，3 个层次依次为【　】。

A. 软件即服务层、平台即服务层、基础设施即服务层

B. 基础设施即服务层、平台即服务层、软件即服务层

C. 平台即服务层、软件即服务层、基础设施即服务层

D. 软件即服务层、基础设施即服务层、平台即服务层

6. 下列选项中，WebApp 界面设计中的美学设计不需要关注的是【　】。

A. 用户界面的功能　　　　B. 用户界面的内容

C. 用户界面的布局　　　　D. 用户界面的响应时间

7. 导航语义单元是【　】。

A. 一个导航页面　　　　B. 一组关于导航信息的集合

C. 一组导航选项　　　　D. 信息和相关的导航结构的集合

8. 关于手势测试，下列叙述正确的是【　】。

A. 手势测试对于所有的移动设备都是必需的

B. 通过自动化工具来完成手势测试是效率较高的方法

C. 手势测试需要考虑移动设备屏幕大小的差异

D. 手势测试的结果不会影响移动应用的可访问性

二、简答题

1. 移动应用有哪些特征？
2. 列举一些移动应用开发需要解决的技术问题。
3. 哪些因素会影响移动设备电池的待机时间？
4. 移动应用的设计包括哪些内容？
5. 移动应用提供的处理功能完成哪些任务？
6. 移动应用的导航测试要测试哪些内容？
7. 为了移动应用的安全性，可采取的技术有哪些？
8. 导致移动应用性能低的原因有哪些？
9. 负载测试和压力测试的任务分别是什么？

三、应用题

某网上药店的移动 App，主要为满足老年人的购药需求而设计。药店可提供典型功能，而且为每位客户维护数据库，以便提供药物信息，并且向用户提供可能的药物间潜在的互作用的警告。针对这一移动 App，用户界面的设计应该注意哪些问题？可用性测试应该测试的内容是什么？

第五章 软件测试

学习目标：

1. 掌握软件测试的目的和基本步骤。
2. 掌握软件单元测试、组装测试、确认测试、系统测试的目的和方法。
3. 掌握动态测试的黑盒法和白盒法，掌握黑盒法和白盒法测试用例的设计方法。
4. 掌握穷举测试法、边界值分析方法。
5. 理解静态测试的内容和方法。
6. 掌握程序调试的方法和原则。
7. 了解软件测试工具。

教师导读：

1. 考生重点理解什么是软件测试，为什么要进行软件测试，软件测试的目标是什么。
2. 学习了本章内容后，考生应能掌握基本的测试技术：黑盒测试方法、白盒测试方法以及如何设计黑盒测试、白盒测试所使用的测试用例；考生应该理解组装测试、系统测试的目的、方法、内容。
3. 结合编写和修改程序的经验理解静态分析和程序调试方法。
4. 结合教材和网络资源，了解不同软件测试工具的功能和作用，知道如何在软件开发的过程中使用适合的测试工具以提高测试工作效率。

本章介绍软件测试的目的、软件测试的基本方法和技术，阐述如何利用黑盒法和白盒法测试程序是否符合软件的功能和逻辑要求；介绍软件测试的一般步骤；说明软件单元测试、组装测试、确认测试、系统测试的目的、时机、内容、方法；说明软件测试的种类和使用时机；介绍程序的静态分析、软件调试技术和软件测试工具。

第一节 软件测试概述

一、什么是软件测试

软件测试是根据软件开发各阶段的规格说明和程序的内部结构而精心设计测试用例，利用这些测试用例运行程序，以发现程序中潜在错误的过程。简而言之，软件测试就是为了发现程序中的错误而执行程序的过程。

软件测试可以发现错误，但不可能保证程序没有错误。软件测试过程中的重要目标是以尽可能少的测试用例发现存在于软件中的尽可能多的错误，以保证软件有足够好的质量和稳定性。

二、软件测试的步骤

软件测试的基本步骤依次为单元测试、组装测试、确认测试、系统测试，如图 5-1 所示。

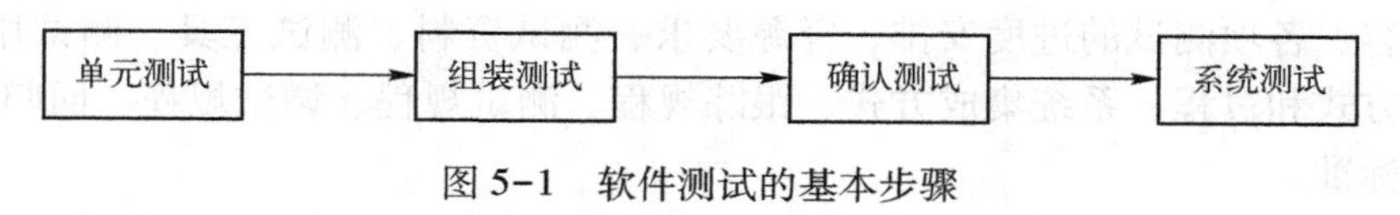

图 5-1　软件测试的基本步骤

单元测试可以在编码阶段开始，边写程序边测试。也可以在编码告一段落时，由专门的软件测试人员完成。组装测试、确认测试、系统测试是在软件开发过程的软件测试阶段进行的。

三、软件测试的目标

软件测试的目的在于发现错误。一个好的、成功的测试是能发现至今未被发现的错误。软件测试追求的目标是以最少的时间和人力找出软件中潜在的尽可能多的各种错误和缺陷。

四、软件测试的原则

软件测试工作应遵循的原则如下。

1）应当尽早且不断地进行软件测试以减少发现和纠正错误的代价。如果一个软件错误已经存在了，若不及早纠正这个错误，可能会造成更多的错误。遵循这条原则的做法如下。

① 及时审查每个阶段的工作成果，包括各种文档。

② 在编码阶段及时测试各个程序模块，写一个模块，测试一个模块。

2）测试用例应该包括测试输入数据和与之对应的预期输出结果。遵循该原则应该避免在设计测试用例时只给出测试的输入数据而不给出相应的输出结果。如果对测试输入数据没有给出相应的预期输出结果，就失去了检验实际测试结果的基准，可能导致把一个似是而非的错误结果当成正确的结果。

3）程序员应该避免检查自己的程序。程序员测试自己编写的程序容易按自己的编程思路去构造测试用例、执行程序，难以发现异常或特殊操作下可能出现的错误。为了发现隐藏较深、不易发现的错误，提高测试效率，应该避免仅让程序员自己测试自己编写的程序，而是让非程序开发者参与程序的测试。

4）测试用例应当包括合理的输入条件和不合理的输入条件。合理的输入条件是指能验证程序正确的输入条件，而不合理的输入条件是指异常的、临界的、可能引起问题异变的输入条件。

在测试程序时，我们往往重视合法的和期望的输入条件，以检查程序是否做了它应该做的事情，而容易忽视不合法的和预想不到的输入条件，事实上，软件在投入运行以后，用户在使用时往往不会完全遵循事先的约定，会使用一些意外的输入，例如，在键盘上敲错了键或输入了非法命令。如果开发的软件不能对这些输入做适当的处理，不能给出相应的错误提示信息，软件执行就容易出现故障，轻则给出错误的结果，重则导致软件失效。

5）充分注意测试中的群集现象。经验表明，经过测试后程序中残存的错误数量与程序中已发现的错误数量成正比。所以，对错误较多的程序应采用不同的测试方法进行反复测试、纠错。

6）严格执行测试计划，排除测试的随意性。测试计划包括所测软件的功能、输入和输出、测试内容、各项测试的进度安排、资源要求、测试资料、测试工具、测试用例的选择、测试的控制方式和过程、系统集成方式、跟踪规程、测试规程、调试规程、回归测试的规定等以及评价标准。

7）应当对每一个测试结果做全面的检查，以避免漏掉已经检测出的错误。

8）软件测试的结果对于分析程序的逻辑有重要的作用，应妥善保存测试计划、测试用例、出错统计和最终的分析报告，为软件维护提供方便。

五、软件测试的对象

软件测试的对象包括需求分析说明、概要设计和详细设计的规格说明、源程序。很多软件的错误是在需求分析和设计阶段产生的，不只是在编程阶段才会产生错误。

第二节　软件测试的方法与技术

一、软件测试方法简介

软件测试分为静态测试与动态测试。静态测试不需要执行被测程序，动态测试又称机器测试，是指在设定的测试数据上执行被测程序的过程。静态测试也称为代码复审，目的在于检查程序的静态结构，找出编译过程无法发现的错误。常用且有效的动态测试方法有黑盒测试与白盒测试。结合软件测试，以发现错误原因和错误位置的技术称为调试。本节重点阐述黑盒测试与白盒测试方法。静态测试、调试技术及软件测试工具分别在本章的第六、七、八节进行阐述。

二、黑盒测试

黑盒测试方法是测试者把被测程序看成一个黑盒，不管程序的内部结构，仅以程序的外部功能为根据来设计测试用例。黑盒测试着重测试程序的功能是否正确，也被称为功能测试。黑盒测试根据程序的功能设计测试用例，设计其测试用例的步骤如下。

1）建立等价类表。

2）为每一个等价类规定一个唯一的编号。

3）设计一个新的测试用例，使其尽可能多地覆盖尚未被覆盖的有效等价类。重复这一步，直到所有的有效等价类都被覆盖为止。

4）设计一个新的测试用例，使其覆盖一个尚未被覆盖的无效等价类。重复这一步，直到所有的无效等价类都被覆盖为止。

1. 等价类的划分

等价类划分的方法是把所有可能的输入数据，即程序的输入域划分成若干部分，然后从每一部分中选取少数有代表性的数据作为测试用例。

【例 1】求整数绝对值的程序，其输入域为所有的整数，将这一输入域划分为正数、负数、0 三个部分，然后用一个正数 6、一个负数-6 和 0 作为测试用例的输入值进行功能测试。在等价类正数中任意取一个正数，在等价类负数中取一个负数，它们对于揭露程序中的错误都是等效的。

（1）等价类

等价类是指某个输入域的子集，在该子集中，各个输入数据对于揭露程序中的错误都是等效的。在例 1 中有 3 个等价类：正数、负数和 0。

测试某等价类的代表值就等价于对这一等价类其他值的测试。如果用某个等价类中的一个输入条件作为测试数据进行测试，若查出了错误，则使用这一等价类的其他输入条件进行测试也会查出同样的错误。反之，若使用某个等价类中的一个输入条件作为测试数据进行测试没有查出错误，则使用这一等价类的其他输入条件进行测试同样查不出错误。因此，可以把全部输入数据合理划分为若干个等价类，在每一个等价类中取一个数据作为测试的输入条件，就可以用少量代表性的测试数据取得较好的测试效果。

例 1 中有三个等价类，可从每个等价类中分别取一个数据作为输入条件。等价类正数中取 6 作为测试数据，等价类负数中取-6 作为测试数据，0 作为测试数据。

（2）有效等价类

有效等价类是指对程序的需求规格说明而言是合理的、有意义的输入数据构成的集合，利用它可以验证程序是否实现了规格说明预先规定的功能和性能。

（3）无效等价类

无效等价类是指对程序的需求规格说明而言是不合理的、无意义的输入数据构成的集合。程序员主要利用这一类测试用例检查程序中的功能和性能的实现是否不符合规格说明的要求。

2. 黑盒测试举例

【例 2】用黑盒法测试求解一元二次方程 $ax^2+bx+c=0$ 的功能。

测试根据得到的根的值不同分为 5 个有效等价类和 1 个无效等价类。建立等价类表并选择测试用例。等价类及测试用例如表 5-1 所示。

表 5-1　例 2 的等价类及测试用例

输入条件	等价类编号	测试数据（a，b，c）	根的性质	根植
$a<>0$ 且 $b^2-4ac=0$	①	（1，2，1）	两个相等的实根	（-1，-1）
$a<>0$ 且 $b<>0$ 且 $b^2-4ac>0$	②	（1，4，1）	两个不相等的实根	$(-2+\sqrt{3}, -2-\sqrt{3})$
$a<>0$ 且 $b=0$ 且 $b^2-4ac>0$	③	（-1，0，1）	两个大小相等符号相反的实根	（-1，1）
$a=0$ 且 $b<>0$	④	（0，1，2）	有唯一实根	-2
$a<>0$ 且 $b^2-4ac<0$	⑤	（1，2，4）	有两个虚根	—
$a=0$ 且 $b=0$	⑥	（0，0，2）	程序报错	—
少于 3 个系数	⑥	（6，8，-）	程序报错	—
多于 3 个系数	⑥	（1，2，3，4）	程序报错	—

三、白盒测试

白盒测试是软件测试中的一种测试方式，它将测试重点放在程序的代码级。测试者需要了解程序内部的逻辑结构，从程序的逻辑结构出发，按照一定的原则设计测试用例。通过检查代码中的语句、路径、条件等，以确定代码是否满足用户需求和设计规范。

【例 3】 abs(a)是求整数 a 的绝对值的函数。采用黑盒测试方法，只需要了解该函数的功能是求一个整数 a 的绝对值，分别输入正数、负数、0 时，检验函数执行的结果是否正确。

采用白盒测试，必须了解 abs(a)的程序结构，如图 5-2 所示。

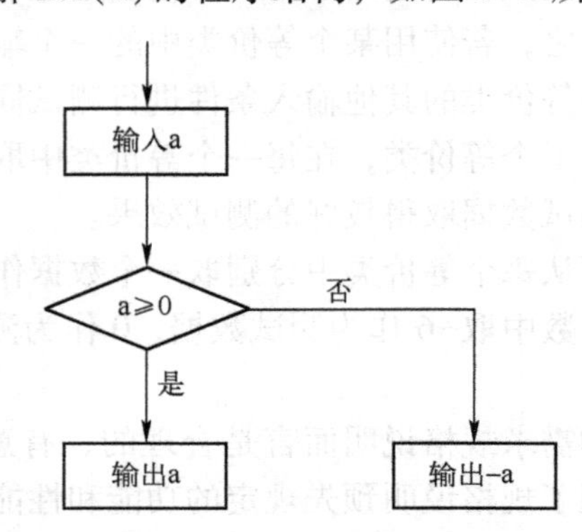

图 5-2　abs(a)的程序流程图

白盒测试利用程序内部的逻辑结构设计和选择测试用例。

1. 检查范围

利用白盒测试检查程序中的错误时检查的范围如下。

1） 对程序模块的所有独立的执行路径至少测试一次。

2） 对所有的逻辑判断，取“真”与取“假”的两种情况都至少测试一次。

3） 在循环的边界和运行界限内执行循环体。

4） 测试内部数据结构的有效性。

2. 白盒测试的测试用例设计

（1） 逻辑覆盖

逻辑覆盖是以程序内部的逻辑结构为基础的测试用例设计技术。逻辑覆盖分为语句覆盖、判定覆盖、条件覆盖、判定-条件覆盖、条件组合覆盖及路径覆盖。

本节以下面的例子说明每一种逻辑覆盖的特点及测试用例的设计。

【例 4】

```
#include <stdio.h>
int main(){
int A, B, X;
scanf("%d%d%d",&A,&B,&X);
if(A > 1 && B == 0){
        X = X / A;
```

```
        }
    if(A == 2 || X > 1){
            X = X + 1;
        }
    printf("A = %d, B = %d, X = %d\n", A, B, X);
    return 0;
    }
```

图 5-3 表示了例 4 程序的详细程序流程图。在图 5-3 中分别用 a、b、c、d、e 表示程序执行的分支路径，程序执行的可能路径有 4 条，即（a，b，d）、（a，b，e）、（a，c，d）、（a，c，e）。下面以例 4 的程序测试分别说明语句覆盖、判定覆盖、条件覆盖、判定-条件覆盖、条件组合覆盖及路径覆盖的定义以及相应的测试用例的设计、测试方法的优缺点分析。

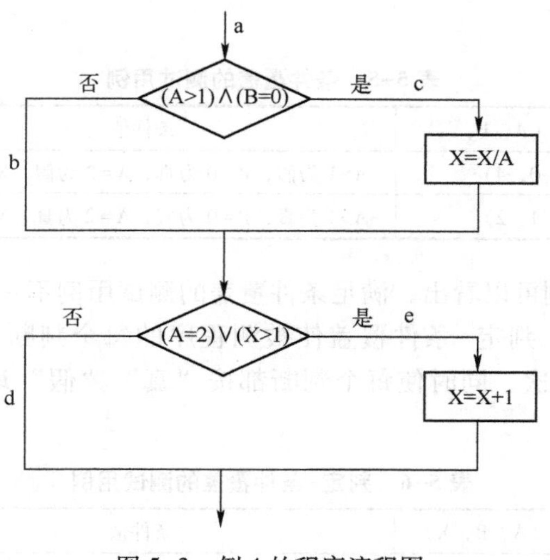

图 5-3　例 4 的程序流程图

1）语句覆盖：语句覆盖使被测程序的每条语句都执行至少一次。测试用例如表 5-2 所示。

表 5-2　语句覆盖测试用例

输入（A，B，X）	预期结果（A，B，X）
（2，0，4）	（2，0，3）

该测试用例覆盖了路径（a，c，e），使程序中的两条语句 X=X/A 及 X=X+1 都执行了一次，满足语句覆盖的要求。其缺陷是若将第一个判断的“∧”错写成了“∨”，表 5-2 中的测试用例就无法发现这一错误。

2）判定覆盖：判定覆盖使被测程序的每个判断的取真分支和取假分支都执行至少一次，如表 5-3 和表 5-4 所示。

表 5-3　判定覆盖的测试用例 1

输入（A，B，X）	预期结果（A，B，X）	覆盖路径
(2，0，4)	(2，0，3)	(a，c，e)
(1，1，2)	(1，1，3)	(a，b，e)

表 5-4　判定覆盖的测试用例 2

输入（A，B，X）	预期结果（A，B，X）	覆盖路径
(2，1，1)	(2，1，2)	(a，b，e)
(3，0，3)	(3，0，1)	(a，c，d)

判定测试的缺陷是若将第二个判断中的 X>1 写成 X<1，上面两组用例都查不出。判定覆盖不一定能发现条件中的错误。

3）条件覆盖：条件覆盖使被测程序的每个条件都按“真”和“假”执行至少一次，如表 5-5 所示。

表 5-5　条件覆盖的测试用例

输入（A，B，X）	预期结果（A，B，X）	条件值	覆盖路径
(1，0，3)	(1，0，4)	A>1 为假，B=0 为真，A=2 为假，X>1 为真	(a，b，e)
(2，1，1)	(2，1，2)	A>1 为真，B=0 为假，A=2 为真，X>1 为假	(a，b，e)

从表 5-5 的测试用例可以看出，满足条件覆盖的测试用例不一定满足判定覆盖。

4）判定-条件覆盖：判定-条件覆盖使被测程序的每个判断中的每个条件都按“真”“假”取值各执行至少一次，同时使每个判断都按“真”“假”取值各执行至少一次，如表 5-6 所示。

表 5-6　判定-条件覆盖的测试用例

输入（A，B，X）	预期结果（A，B，X）	条件值	覆盖路径
(2，0，4)	(2，0，3)	A>1 为真，B=0 为真，A=2 为真，X>1 为真	(a，c，e)
(1，1，1)	(1，1，1)	A>1 为假，B=0 为假，A=2 为假，X>1 为假	(a，b，d)

判定-条件覆盖测试的缺点一是对第一个判断，当条件 A>1 为假时，不检测条件 B=0，若 B=0 有错误，表 5-6 的测试用例检测不出来。缺点二是对第二个判断，当条件 A=2 为真时不检测条件 X>1，若条件 X>1 有错误，表 5-6 的测试用例检测不出来。

5）条件组合覆盖：条件组合覆盖测试是使每个判断的所有可能的条件取值组合都执行至少一次，如表 5-7 所示。对例 4 的两个判断的 4 个条件取值的组合编号如下。

① A>1,B=0
② A>1,B<>0
③ A≤1,B=0
④ A≤1,B<>0
⑤ A=2,X>1
⑥ A=2,X≤1

⑦ A<>2,X>1

⑧ A<>2,X≤1

表 5-7　条件组合覆盖的测试用例

输入（A，B，X）	预期结果（A，B，X）	覆盖路径	覆盖的条件组合编号
(2，0，4)	(2，0，3)	(a，c，e)	①，⑤
(2，1，1)	(2，1，2)	(a，b，e)	②，⑥
(1，0，3)	(1，0，4)	(a，b，e)	③，⑦
(1，1，1)	(1，1，1)	(a，b，d)	④，⑧

表 5-7 中条件组合覆盖的测试用例没有测试路径（a，c，d）。

6）路径覆盖：路径覆盖使测试用例覆盖程序中的所有可能路径，如表 5-8 所示。

表 5-8　路径覆盖的测试用例

输入（A，B，X）	预期结果（A，B，X）	覆盖路径
(2，0，4)	(2，0，3)	(a，c，e)
(1，1，1)	(1，1，1)	(a，b，d)
(1，1，2)	(1，1，3)	(a，b，e)
(3，0，3)	(3，0，1)	(a，c，d)

（2）基本路径测试

路径覆盖测试技术就是设计足够多的测试用例，覆盖程序中所有可能的路径。在实际问题中，要实现对程序的路径测试，必须使程序中的所有路径都至少执行一遍，也就是进行路径的穷举测试。由于程序复杂性带来的路径数太多，这种测试的成本极高。但是可以将测试覆盖的路径数控制在一定限度内，如循环体内的路径只执行一次，基于这种想法的测试被称为基本路径测试。

基本路径测试的步骤如下。

1）画出程序流程图。

2）导出程序图。

3）计算环路复杂性。

4）找出基本路径集。基本路径集是独立路径的集合，独立路径定义为：至少包含一条在其他独立路径中从未有过的边的路径。

【例 5】图 5-4a 为某个程序的流程图，图 5-4b 为其程序图，由图 5-4b 可以找出对应图 5-4a 的基本路径集。

此例的基本路径集如下：

路径 1：1-11

路径 2：1-2-3-4-5-10-1-11

路径 3：1-2-3-6-8-9-10-1-11

路径 4：1-2-3-6-7-9-10-1-11

白盒测试的优点在于它可以在开发早期发现很多潜在的软件错误和缺陷。它可以通过检查代码、分析系统的逻辑、执行路径和变量，发现与功能实现不符合的代码片段，进而发现存在的错误和缺陷。此外，白盒测试可以帮助开发人员优化代码，提高软件性能和可维护性。

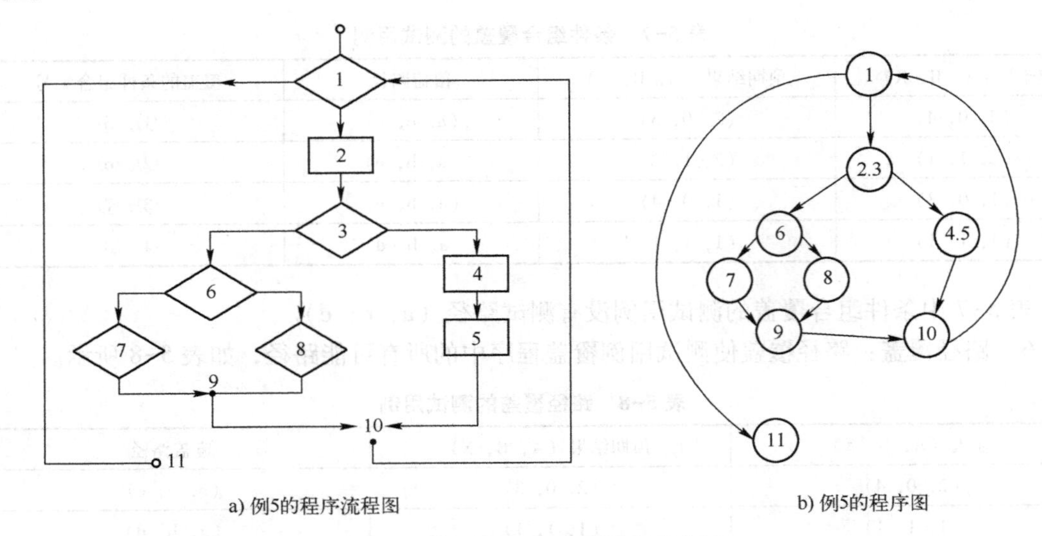

a) 例5的程序流程图　　b) 例5的程序图

图 5-4　例 5 的程序流程图和程序图

白盒测试也存在一些缺点。首先，白盒测试需要开发人员有足够的技能和经验。其次，它需要大量的开发时间和测试人员的协助。最后，它并不一定能够检测到所有的错误和缺陷，可能会忽略其他测试方法（如黑盒测试）暴露的一些问题。

总的来说，白盒测试是一种非常有效的测试方式，它可以帮助测试人员在内部结构上了解软件，并将专业知识转化为测试策略和测试报告，降低错误率，帮助开发人员快速修复错误和缺陷，从而提高软件的质量和可靠性。

四、穷举测试与选择测试

根据测试的范围不同，测试可以分为穷举测试和选择测试。穷举测试是让被测试的程序在一切可能的输入情况下都执行一遍。选择测试是选择有代表性的测试用例进行有限的测试。

穷举测试的优点是能证明程序无错，缺点是实现的代价高，对规模很大的程序无法实现穷举测试。如图 5-5 所示，对于有两个输入、一个输出的程序，若输入 x、y，输出 z，x、y 为整数，则对 32 位字长的机器，穷举测试的案例数为 $2^{32}\times2^{32}=2^{64}$，若测试一个案例的时间为 1 ms，每天 24 h 不停地进行测试工作，则需要 5 亿年的时间完成这一简单的测试。对现在广泛使用的 64 位字长的机器，穷举测试的案例数会达到 2^{128} 个的规模。

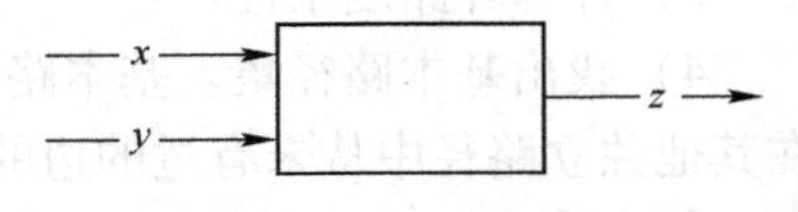

图 5-5　穷举测试示例

五、边界值分析

经验表明，在处理边界情况时程序很容易出错。人们从长期的测试工作经验得知，大量错误是发生在输入或输出范围的边界上，而不在输入范围的内部。因此针对各种边界情况设计测试用例，查出错误的概率更大。

例如，在做三角形计算时，要输入三角形的 3 个边长：A、B 和 C。应注意到这 3 个数值应当满足 $A>0$，$B>0$，$C>0$，$A+B>C$，$A+C>B$，$B+C>A$，才能构成三角形。但如果把 6 个不等式中的任何一个大于号“>”错写成大于等于号“≥”，那就不能构成三角形，问题正处在易被疏忽的边界附近。边界是指相对于输入等价类和输出等价类而言，稍高于其边界值及稍低于其边界值的一些特定情况。

使用边界值分析方法设计测试用例，首先应确定边界情况。通常，输入等价类与输出等价类的边界就是应重点测试的边界情况。应当选取正好等于、刚刚大于或刚刚小于边界的值作为测试数据，而不是选取等价类中的典型值或任意值作为测试数据。边界值分析方法选择测试用例的原则如下。

1）如果输入条件规定了值的范围，则应取刚达到这个范围的边界的值，以及刚刚超越这个范围边界的值作为测试输入数据。例如，若输入值的范围是［-1.0，1.0］，则可选取-1.0、1.0、-1.001、1.001 作为测试输入数据。

2）如果输入条件规定了值的个数，则用最大个数、最小个数比最大个数多 1、比最小个数少 1 的数作为测试数据。例如，一个输入文件可有 1~255 个记录，则可以分别设计有 1 个记录、255 个记录以及 0 个记录和 256 个记录的输入文件。

3）根据规格说明的每个输出条件，使用前面的原则 1）。例如，某程序的功能是计算折扣量，最低折扣量是 0 元，最高折扣量是 1050 元，则设计一些测试用例，使它们恰好产生 0 元和 1050 元的结果。此外，还可考虑设计结果为负值或大于 1050 元的测试用例。

由于输入值的边界不与输出值的边界相对应，因此检查输出值的边界不现实，要产生超出输出值值域的结果也不一定办得到。尽管如此，必要时还需要尝试做这样的测试。

4）根据规格说明的每个输出条件，使用前面的原则 2）。例如，一个信息检索系统根据用户输入的命令，显示有关文件的摘要，但最多只能显示 4 篇摘要。这时可设计一些测试用例，使程序分别显示 1 篇、4 篇、0 篇摘要，并设计一个有可能使程序错误地显示 5 篇摘要的测试用例。

5）如果程序的规格说明给出的输入域或输出域是有序集合（如有序表、顺序文件等），应选取集合的第一个元素和最后一个元素作为测试用例。

6）如果程序中使用了一个内部数据结构，则应当选择这个内部数据结构的边界上的值作为测试用例。例如，如果程序中定义了一个数组，其元素下标的下界是 0，上界是 99，那么应选择这个数组下标边界的值作为测试用例，如 0 与 99。

7）分析规格说明，找出其他可能的边界条件。

第三节 单元测试

本节主要介绍单元测试的一般步骤及测试内容。

一、单元测试的步骤

单元测试是对单个程序模块（如一个具有特定功能的函数）进行的测试，又称模块测试。单元测试是对软件设计的最小单位（即程序模块）进行正确性检验的测试工作。单元测试需要从程序的内部结构出发设计测试用例，多个模块可以并行的方式，同时独立地进行单元测试。

在模块编码完成后就可以开始根据需求规格说明和设计文档进行测试用例的设计，对于每一个测试用例都应该有输入数据和预期的正确结果数据。单元测试的一般步骤如图 5-6 所示。

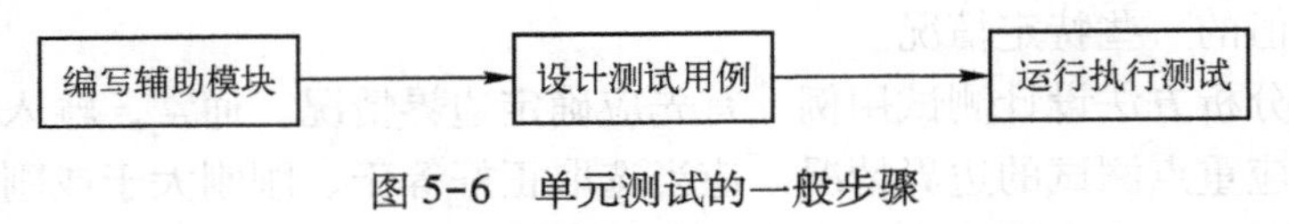

图 5-6 单元测试的一般步骤

单个程序模块并不一定是一个完整的程序系统，例如，购物系统由很多功能函数构成（注册模块、登录模块、将商品加入购物车的模块等），每个功能函数可以看作一个模块，购物系统是一个完整的程序系统，测试模块、登录模块只是其中的子程序模块。在对模块进行单元测试时，需要考虑被测模块与其他模块的联系，因此，需要借助一些测试时编写的辅助模块用于模拟与被测模块相关的其他模块，这些辅助模块分为驱动模块和桩模块。

1）驱动模块相当于被测试模块的调用者程序。驱动模块接收测试数据，再把这些数据传送给被测模块，最后输出实际的测试结果。

2）桩模块用于代替被测模块所调用的模块。桩模块仅进行少量的数据操作，不需要把被测模块所调用模块的功能都放进来。

被测模块与驱动模块、桩模块构成的单元测试环境如图 5-7 所示。

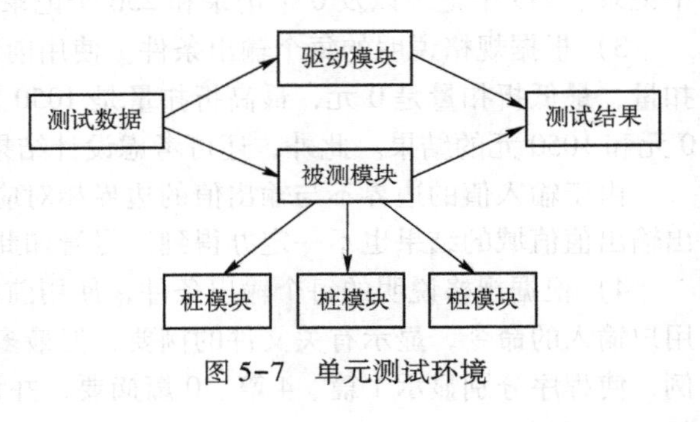

图 5-7 单元测试环境

驱动模块和桩模块的编写会为测试带来额外的开销，特别是桩模块需要模拟实际子模块的功能，编写桩模块程序的工作量较大。

二、单元测试的内容

在进行单元测试时，测试人员要根据需求规格说明书和设计文档，了解每个模块的功能及逻辑结构、模块的输入/输出条件，以白盒测试为主，黑盒测试为辅，两种测试方法相结合的方式对模块进行严格的测试。

在单元测试阶段需要分别从模块接口、局部数据结构、路径、错误处理、边界 5 个方面对模块进行检查，详细内容如下。

1. 模块接口测试

在单元测试的开始，应首先测试模块能否正确地输入及输出数据。对模块接口的测试项目如下。

1）检查模块的输入参数与模块的形式参数的数量、类型、顺序是否匹配。

2）检测被测模块调用子模块时，子模块接收到的输入参数与子模块的形式参数的数量、属性、顺序是否匹配。

3）是否修改了仅作为输入的形式参数。

4）输出给标准函数的参数的数量、类型、顺序是否正确。

5）全局变量的定义在各模块中是否一致。

6）是否限制了仅采用形式参数进行参数传递。

当模块通过外部设备进行输入/输出时，必须增加如下测试项目。

1）输入/输出文件的属性是否正确。

2）OPEN 语句与 CLOSE 语句是否正确。

3）规定的输入/输出格式说明与输入/输出语句是否匹配。

4）缓冲区容量与记录长度是否匹配。

5）在进行读写操作之前是否打开了文件；在结束文件操作时是否关闭了文件。

6）是否对输入/输出错误进行了检查和错误处理。

2. 局部数据结构测试

模块的局部数据结构是最常见的错误来源，应该设计测试用例对如下内容进行检查。

1）是否存在不正确或不一致的数据类型说明。

2）是否使用了没有赋值或没有被初始化的变量。

3）局部变量是否被设置了错误的缺省值或初始值。

4）局部变量名的拼写是否存在错误。

3. 路径测试

由于对模块的执行路径不可能做到穷举测试，因此在单元测试阶段要为模块选择规模适当的重要执行路径构造测试用例，对其进行测试，测试的内容如下。

1）是否存在错误的计算。常见的计算错误有运算的优先次序错误、运算的对象在类型上不相容、算法错误、初始化错误、运算精度不够导致的错误、表达式的符号表示错误等。

2）是否存在比较错误或控制流的错误。常见的比较错误和控制流错误有不同数据类型的相互比较、错误的逻辑运算或优先级、因浮点运算精度导致的值比较错误、关系表达式中有错误的变量和比较符、边界值错误、错误的循环条件导致的死循环、当遇到发散的迭代时不能终止的循环、不适当地修改了循环变量。

4. 错误处理测试

比较完善的模块设计要求能预见出错的条件，并设置适当的出错处理。例如，预见用户会输入非法文件名，可以编写相应的错误处理程序，以提示用户“您输入了非法文件名”。当出现如下情况时，表明模块的错误处理功能存在错误或者缺陷。

1）出错描述难以理解。

2）出错描述不足以对错误定位，难以确定出错原因。

3）预测的错误与实际的错误不符。

4）对错误条件的处理不正确。

5）在对错误进行处理之前，错误条件已经引起系统的干预。

5. 边界测试

程序很容易在一些边界值上出错，如循环的边界值引起的错误、数组下标的边界值引起的错误、比较条件的边界值错误等。因此，需要特别注意数据流、控制流中刚好等于、大于或小于确定的比较值时出错的可能性，对这些地方应该仔细设计或选择测试用例，认真进行测试。

除上述 5 个方面的测试内容外，如果对模块的时间性能有要求，还需要专门进行关键路径测试，以确定最坏情况下和平均意义下模块运行的时间性能以及影响时间性能的因素。

模块测试针对的程序规模较小，易于查错。发现错误后容易确定错误位置，易于排错，多个模块可以并行测试，便于提高测试效率。做好模块测试可为后续的各种测试打下好的基础。此外，模块测试的所有测试用例和测试结果都是重要的资料，应妥善保管。

第四节　组 装 测 试

组装测试也叫作集成测试。通常，在单元测试的基础上，需要将所有的模块按照设计要求组装成系统，这时需要考虑以下问题。

1）当把各个模块连接起来的时候，穿越模块接口的数据是否会丢失？

2）一个模块的功能是否会对另一个模块的功能产生不利的影响？

3）各个子功能组合起来，能否达到预期要求的父功能？

4）全局数据结构是否会引起错误？

5）单个模块的误差累积起来是否会使组合后模块的误差达到不可接受的程度？

组装测试有一次性组装测试和增殖式组装测试两种方式，增殖式组装测试方式分为自顶向下的组装测试方式、自底向上的组装测试方式及混合组装测试方式。

一、一次性组装测试方式

一次性组装测试是把单元测试过的所有模块组装在一起进行测试。缺点是查找错误位置和错误原因、纠正错误都比较困难。一次性组装测试方式的过程如图 5-8 所示，某系统由 A、B、C、D 四个模块构成，其调用关系如图 5-8 所示。在单元测试阶段先测试每一个模块，测试单个模块前需要为测试该模块编写驱动模块或桩模块。在组装测试阶段，将所有经过单元测试的模块一次组装成系统，对组装后的系统进行测试，一次性组装测试不需要为组装测试编写额外的辅助模块。用来调用被测试模块的模块是驱动模块，图 5-8 中，d1、d2、d3 是驱动模块。被测试模块调用的模块是桩模块，图 5-8 中，S1、S2、S3 是桩模块。

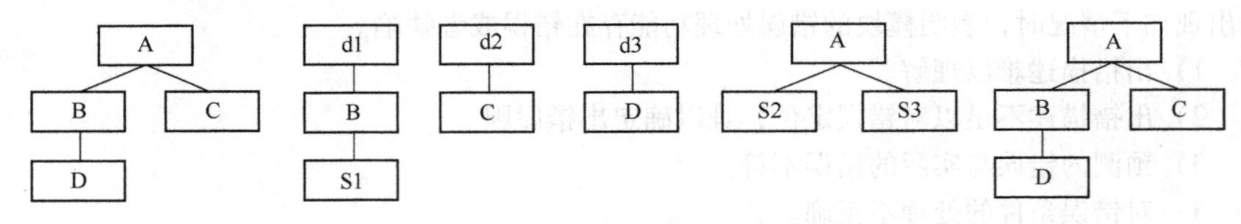

图 5-8　一次性组装测试方式的过程

二、自顶向下的组装测试方式

1. 自顶向下的组装测试的步骤

1）把主模块作为所测模块的驱动模块，所有直属于主模块的下属模块全部用桩模块代替，对主模块进行测试。

2）采用深度优先或分层的策略，用实际模块替代相应桩模块，再用桩模块代替这些实际模块的直接下属模块，与已测试的模块或子系统组装成新的子系统。该过程如图 5-9 所示，在组装测试过程中需要编写桩模块 S1、S2、S3。

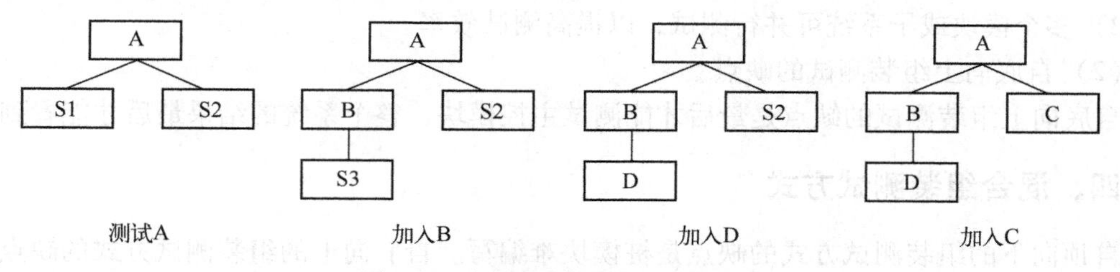

图 5-9　自顶向下的组装测试示例

3）进行回归测试，即重新执行以前做过的全部或部分测试，检查和排除组装过程中可能引入的新错误。

4）判断是否所有的模块都已经组装到系统中，以判断是否终止测试。若还有没被组装到系统中的模块，则转到第 2）步执行组装测试。否则，终止组装测试。

2. 自顶向下的组装测试的评价

（1）自顶向下的组装测试的优点

1）能较早看到整个系统的效果。

2）能较早发现主要控制中的错误。

3）先测试输入分支，可为以后的测试提供保证。

（2）自顶向下的组装测试的缺点

自顶向下的组装测试的缺点是需要编写桩模块，而编写桩模块是比较困难的。

三、自底向上的组装测试方式

自底向上的组装测试方式是从程序模块结构中最底层的模块开始组装和测试。

1. 自底向上的组装测试的步骤

1）由驱动模块控制最底层模块的并行测试，也可以把最底层的模块组合成实现某一特定功能的簇，由驱动模块控制对它的测试。

2）用实际模块代替驱动模块，与直属于该实际模块且已测试过的模块组装为子系统。

3）为子系统配备驱动模块，进行新的测试。

4）判断是否已经组装到主模块，是则结束测试，否则执行步骤 2）。

自底向上的组装测试的过程如图 5-10 所示，其中，d1、d2、d3 是组装测试过程中需要的驱动模块。

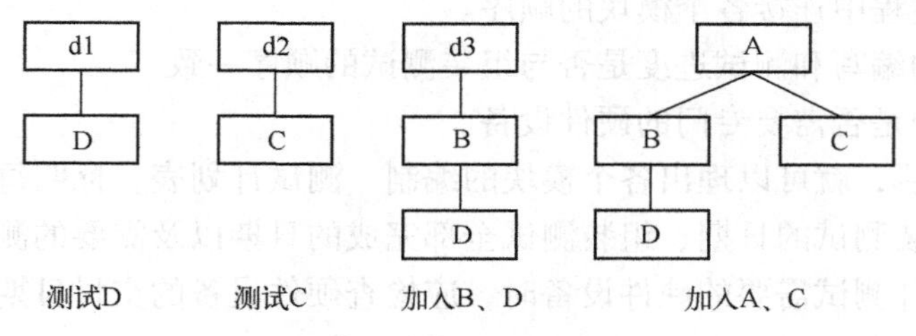

图 5-10　自底向上的组装测试的示例

2. 自底向上的组装测试的评价

(1) 自底向上组装测试的优点

1) 自底向上组装测试的驱动模块比较容易编写。

2) 多个模块或子系统可并行测试，以提高测试效率。

(2) 自底向上组装测试的缺点

自底向上组装测试的缺点是最后才能测试主控模块，整个系统的结果最后才能看到。

四、混合组装测试方式

自顶向下的组装测试方式的缺点是桩模块难编写。自底向上的组装测试方式的缺点是程序系统直到最后一个模块加上去才能形成完整的系统，在此之前一直无法看到系统运行的最终结果。可以采用两种方式结合的混合组装测试方式完成组装测试。

(1) 演变的自顶向下的组装测试

这种方式的基本思想是强化对输入/输出模块和引入新算法模块的测试，并自底向上组装成为功能完整且相对独立的子系统，然后由主模块开始自顶向下进行组装测试。

(2) 自底向上-自顶向下的组装测试

先对包含读操作的子系统采用自底向上直到根节点的组装测试，然后对含有写操作的子系统做自顶向下的组装测试。

(3) 回归测试

回归测试采用自顶向下的方式测试被修改过的模块及其子模块，然后将该部分作为子系统，再进行自底向上的测试，以检查该子系统与其上层模块的接口是否适配。做回归测试时，要注意重点测试关键模块的功能。

在进行组装测试时，测试者应当确定关键模块，对这些关键模块尽早进行测试。关键模块一般具有以下几种特征。

1) 满足某些软件需求。

2) 在程序的模块结构中处于较高的层次，是高层的控制模块。

3) 较复杂且易出错。

4) 有明确定义的性能要求。

五、组装测试的组织与实施

组装测试是一种正规测试过程，必须精心计划，并与单元测试的完成时间进行协调，在制订组装测试计划时应考虑如下问题。

1) 采用何种组装方式进行组装测试。

2) 组装测试过程中连接各个模块的顺序。

3) 模块代码的编写和测试进度是否与组装测试的顺序一致。

4) 测试过程中是否需要专门的硬件设备。

解决上述问题后，就可以理出各个模块的编制、测试计划表，标明每个模块单元测试完成的日期、首次组装测试的日期、组装测试全部完成的日期以及需要的测试用例和期望的测试结果。在缺少软件测试需要的硬件设备时，应检查硬件设备的交付日期是否符合组装测试的计划。

六、组装测试完成的标志

组装测试完成的标志如下。

1）成功地执行了测试计划中规定的所有组装测试。

2）修正了测试过程中所发现的错误。

3）测试结果通过了测试小组的评审。

组装测试应由专门的测试小组来进行，测试小组由有经验的系统设计人员、程序员及软件测试人员组成。在完成计划的组装测试工作之后，测试小组应负责对测试结果进行整理、分析，形成测试报告。测试报告中要记录实际的测试结果、在测试过程中发现的错误、修改错误的方法以及修改后再次测试的结果。此外，还应提出目前不能解决、尚需管理人员和开发人员注意的问题。组装测试需要提交的文档有组装测试计划、组装测试规格说明、组装测试分析报告。

第五节　确认测试

确认测试的任务是验证软件的功能、性能及其他特性是否与用户的需求一致。软件需求规格说明书中包括了对软件功能及性能的要求、全部用户可见的软件属性及有效性准则。其中，有效性准则是软件确认测试的基础。

确认测试阶段需要完成的工作及步骤如图 5-11 所示。首先要进行有效性测试、软件配置复审，然后进行验收测试和安装测试，最后要通过专家鉴定后才能将软件交付给用户。

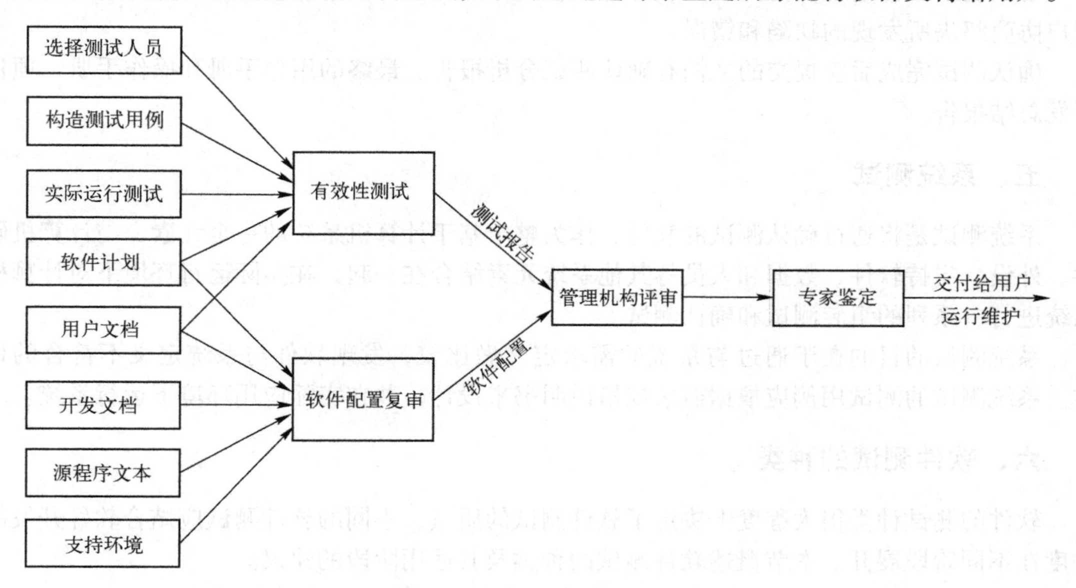

图 5-11　确认测试要完成的工作及步骤

一、有效性测试

有效性测试通过黑盒测试技术完成，其任务是验证被测试的软件是否满足需求规格说明书中定义的所有功能需求和性能要求，同时，要保证所有文档是正确且易于使用的。

二、软件配置复审

软件配置复审的目的是保证软件配置的所有成分都齐全，各方面的质量都符合要求，具有软件维护阶段所必需的细节，而且已经编排好分类的目录。除了按合同规定的内容和要求，由人工审查软件配置之外，在确认测试的过程中，应当严格遵守用户手册和操作手册中规定的使用步骤，以便检查这些文档资料的完整性和正确性，在软件配置复审阶段必须仔细记录发现的遗漏和错误，并且进行适当的补充和修正。

三、验收测试

验收测试是以用户为主，由软件开发人员和质量保证人员参加的测试。用户参加测试用例设计，通过软件的用户界面输入测试数据并分析测试的输出结果，测试数据一般选择应用场景中的实际数据。在验收测试过程中，除了测试软件的功能及性能外，还要对软件的可移植性、兼容性、可维护性以及错误的恢复功能等进行确认。

四、确认测试的结果

确认测试过程中可能出现以下两种情况。

1）功能和性能与用户的要求一致，软件可以接受。

2）功能和性能与用户的要求有差距。

若出现第二种情况，需要列出软件各项缺陷，提交软件缺陷表或软件问题报告，通过与用户协商解决所发现的缺陷和错误。

确认测试完成后应提交的文档有确认测试分析报告、最终的用户手册和操作手册、项目开发总结报告。

五、系统测试

系统测试是将通过确认测试的软件，作为整个基于计算机系统的一个元素，与计算机硬件、外设、支持软件、数据和人员等其他系统元素结合在一起，在实际运行环境下对计算机系统进行一系列的组装测试和确认测试。

系统测试的目的在于通过与系统的需求定义做比较，发现软件与系统定义不符合的地方。系统测试的测试用例应根据需求规格说明书来设计，并在实际应用环境下运行系统。

六、软件测试的种类

软件的测试种类很大程度上决定了软件测试的质量，不同的软件测试应结合软件开发的进度在不同阶段展开。本节概述软件测试的种类及其适用阶段的建议。

1）设计评审：对软件设计方案及软件设计规格说明书进行检查和评审。

2）代码审查：由评审小组通过阅读、讨论，对程序代码进行分析、检查的过程。

3）功能测试：功能测试是在规定的一段时间内运行软件系统的所有功能，以检测该软件是否有严重错误。

4）结构测试：结构测试是在详细了解程序模块结构的情况下进行的测试，详细内容见本章第二节中关于白盒测试的内容。

5）回归测试：该测试用于检查软件经过修改后是否引入了新的错误。

6）可靠性测试：若需求规格说明书中有对软件可靠性的要求，则需要对软件进行可靠性测试。衡量可靠性的指标如下。

① 平均失效间隔时间。

② 因故障造成的停机时间。

7）强度测试：强度测试是检查在系统运行环境发生不正常开始到发生故障的情况下，系统可以运行到何种程度的测试。强度测试通过提供非正常数量、频率或总资源数量的情况下运行系统，观察系统在这些情况下的运行状态。例如，在网络服务器平均每秒钟接受10~20个订单的情况下，设计每秒接受100个以上订单的测试用例。

8）性能测试：性能测试是要检查系统是否满足需求规格说明书中规定的性能，尤其是对实时系统和嵌入式系统，软件不仅要满足功能需求，还必须满足对时间性能的要求。性能测试可以在单元测试、组装测试、确认测试及系统测试各个阶段进行。性能测试经常需要与强度测试结合起来，并且通常需要同时进行软件和硬件的测试。性能测试一般会通过对系统的响应时间（从提交输入数据开始到程序执行过程中出现第一次信息反馈所用的时间）、吞吐量（单位时间内处理的工作量）、辅助存储区（缓冲区、工作区）大小的检测来完成。

9）恢复测试：恢复测试是要证实在克服硬件故障（如掉电、硬件或网络出现故障）后系统能否正常地继续进行工作，且不会对系统造成任何损害。为此，可采用各种人工干预的手段，模拟硬件故障，故意造成软件出错，并由此对如下情况进行检测。

① 系统能否发现硬件故障。

② 能否切换或启用备用设备。

③ 在故障发生时能否保护正在运行的任务和系统状态。

④ 在系统恢复后能否从最后记录的无错误状态开始继续执行任务。

恢复测试中，掉电测试是需要特别重视的一类测试，其目的是测试软件系统在发生电源掉电时能否保护当时的状态且不毁坏数据，然后在电源恢复时从保存的断点处继续执行，必须测试不同长短时间内电源掉电和在进行系统恢复过程中反复多次发生掉电的情况。

10）启动/停止测试：该类测试的目的是检测在机器启动及关机阶段，软件系统正确处理的能力。此类测试包括反复启动软件系统（如操作系统的引导、网络的启动、应用程序的调用等）。

11）配置测试：该类测试是要检查计算机系统内各个设备或各种资源之间的联结和功能分配中的错误。主要包括如下测试。

① 配置命令测试：验证全部配置命令的可操作性，要对最大配置和最小配置、软件配置及硬件配置均须进行测试。软件配置参数有网络内存的大小、不同的操作系统版本和网络软件、系统表格的大小及可能使用的规范等。硬件配置的参数有节点的数量，外设的类型、数量及配置的拓扑结构等。

② 修复测试：检查每种配置状态及哪个设备是坏的，用自动或手工方式进行配置状态间的转换。

12）安全性测试：系统的安全性测试是要检验在系统中已经存在的系统安全性及保密性措施是否发挥作用、有无漏洞。为此需要了解破坏安全性的方法和工具，并设计一些模拟测试用例对系统进行测试。企图破坏系统的保护机制以进入系统的方法列举如下。

① 直接或间接攻击系统中易受损坏的那些部分。

② 以系统输入为突破口，利用输入的容错性进行系统攻击。

③ 通过申请或占用过多资源来破坏系统的安全措施，从而进入系统。

④ 通过使系统出错，利用系统恢复的过程，窃取用户口令及其他有用信息。

⑤ 通过浏览计算机中的残留信息，以获取口令、安全码、译码关键字等重要信息。

⑥ 浏览全局数据，寻找进入系统的关键字。

⑦ 浏览逻辑上不存在但物理上还留存的各种记录和资料。

在有充分资源和时间的情况下，安全性测试应该突破保护机制，进入系统。因此，系统设计者的任务应该是尽可能增加进入系统的代价。

13）可使用性测试：可使用性测试主要从使用的合理性和方便性等角度对软件系统进行检查，发现使用上的问题。要保证用户界面便于使用，对输入信息有容错能力，响应时间和响应方式合理，输出信息有意义、正确并前后一致。系统的出错信息能够引导用户解决问题。软件文档全面、正规、确切。如果产品销往国外，要有足够的译本。由于软件系统的可用性评价具有主观因素，因此要重视用户使用系统的反馈信息。

14）可支持性测试：该类测试是要验证系统的支持策略对于公司与用户是否切实可行。它所采用的方法是试运行类似补丁程序并对其进行质量分析，评审诊断工具、维护过程、内部维护文档；衡量修复一个明显错误所需要的平均最少时间。也可以在发行产品前，将产品交给用户，向用户提供支持服务的计划，从用户处得到对支持服务的反馈。

15）安装测试：该类测试是检测软件安装过程中出现的错误。在安装软件时会有多种选择，需要分配和载入文件与程序库，布置适用的硬件配置，进行程序的联结，安装测试的目的就是找出这些工作过程中可能出现的错误。安装测试是在系统安装之后进行的，它要检测的内容如下。

① 用户的所有选择之间是否相容。

② 系统的每一个部分是否完备。

③ 所有文件是否都已产生并有所需要的内容。

④ 硬件的配置是否合理。

16）互连测试：该类测试是要验证两个或多个系统之间的互连性。这类测试对支持标准规格说明或承诺支持与其他系统互连的软件系统有效。

17）兼容性测试：该类测试主要是验证软件产品在不同版本之间的兼容性。有两类基本的兼容性测试：向下兼容测试和交错兼容测试。向下兼容测试是测试新版本保留其早期版本功能的情况，如腾讯 QQ 的版本更新后保留在即时聊天窗口中显示聊天或留言时间的功能等。

18）容量测试：容量测试是要检验系统能力最高能达到什么程度。例如，对于编译程序，让其编译代码行很多的源程序；对于有多个终端的分时系统，让所有终端都同时工作；对于网络信息查询系统，使同时查询的用户数和任务数达到峰值，即在使系统的资源达到满负荷工作的情况下，测试系统的承受能力。

19）文档测试：该测试用于检查用户文档的清晰度和准确性。用户文档（如用户使用手册）所使用的示例必须是经过测试的，确保叙述正确无误。

上述 19 类测试有些是必须完成的，有些是可做可不做的，各类测试所处的阶段也会有所不同。表 5-9 列出了各类测试所处的阶段和是否需要完成的情况，可供制订测试计划者参考。

表 5-9　各类测试所处的阶段和是否需要完成的情况

	设计	单元测试	模块测试	组装测试	部件测试	有效性测试	验收测试	系统测试
设计评审	M			S				
代码审查		M		H		M		
功能测试		H	M	M	M		M	
结构测试		H	M					
回归测试			S	H	H	M		
可靠性测试						M	M	
强度测试								
性能测试			S			M	M	
恢复测试						M		
启动/停止测试						M		
配置测试					H	M		M
安全性测试						H		
可使用性测试					S	H		
可支持性测试								
安装测试						M		
互连测试			S			M		M
兼容性测试					M	M		
容量测试					H	M		H
文档测试						M	M	

说明：M 表示必要的，H 表示积极推荐的，S 表示建议使用的。

第六节　静 态 测 试

一、程序的静态分析

程序的静态分析方法是发现程序中的错误的有效方式，采用静态分析方法不要求在计算机上实际执行被测程序。通常采用以下一些方法进行源程序的静态分析。

1. 生成各种引用表

为了支持对源程序进行静态分析，可在源程序编制完成后生成各种引用表。引用表按功能划分为以下 3 类。

1）直接从表中查出说明/使用错误，如循环层次表、变量交叉引用表、标号交叉引用表。

2）为用户提供辅助信息，如子程序/宏/函数引用表、等价表、常数表。

3）用来做错误预测和程序复杂度计算，如操作符和操作数的统计表等。

对以上3类的部分常用引用表的具体使用说明如下。

1）标号交叉引用表。在表中列出在各模块中出现的全部标号，其顺序可以是按标号出现的先后次序，也可以是字典顺序。在表中标出标号的属性，如已说明、未说明、已使用、未使用。表中还包括在模块以外的全局标号、计算标号等。

2）变量交叉引用表。即变量定义与引用表，变量在表中的顺序可以按其在程序中出现的先后次序，也可以按字典顺序，还可以按变量的类型排序。表中应标明各变量的属性：已说明、未说明、隐式说明、类型及使用情况。还可以区分是否出现在赋值语句的右侧，是否属于全局变量或特权变量等。

3）子程序/宏/函数引用表。在表中列出各个子程序、宏和函数的属性：已定义、未定义、定义类型；输入参数的个数、输入参数的顺序、输入参数的类型；输出参数的个数、输出参数的顺序、输出参数的类型；已引用、未引用、引用次数等。

4）等价表。表中列出在等价语句或等值语句中出现的全部变量和标号。

5）常量表。表中列出全部数字常数和字符常数，并指出它们在哪些语句中首先被定义，即首先出现在哪些赋值语句的左侧或出现在哪些数据语句或参数语句中。

2. 静态错误分析

静态错误分析用于确定在源程序中是否有某类错误或“危险”结构。静态错误分析的工作内容分为以下几种。

（1）变量类型分析

为了强化对源程序中数据类型的检查，在程序设计语言中扩充一些新的数据类型，例如，仅能在数组中使用的“下标”类型及循环语句中当作控制变量使用的“计数器”类型。经过这样的预处理，便于分析程序中的变量类型错误。

（2）引用分析

在静态错误分析中，经常需要分析的内容就是发现引用异常。变量在赋值以前被引用或变量在赋值以后未被引用，都属于引用异常。

为了查出引用异常，需要检查通过程序的每一条路径，通常采用类似深度优先的方法遍历程序流图的每一条路径。也可以建立引用异常的探测工具，这种工具包括两个表：定义表和未引用表，每张表中都包含一组变量名。未引用表中包括已被赋值但还未被引用的一些变量。

（3）表达式分析

对表达式进行分析，以发现和纠正在表达式中出现的错误，这些错误包括以下内容。

1）在表达式中不正确地使用括号造成的错误。

2）数组下标越界造成的错误。

3）除数为零造成的错误。

4）对负数开平方或对π求正切值造成的错误。

5）浮点数计算误差造成的错误。使用二进制数不精确地表示十进制浮点数，常常使计算结果出乎意料且无法接受。

（4）接口分析

接口分析需要完成的工作如下。

1）接口一致性的设计分析。检查模块之间接口的一致性和模块与外部数据库之间接口的一致性。

2）关于程序接口的静态错误分析。检查过程、函数过程之间接口的一致性。要检查形参与实参在类型、数量、维数、顺序、使用上的一致性，检查全局变量和公共数据区在使用上的一致性。

二、人工测试

静态分析中的人工测试方法主要有桌前检查、代码评审和走查，使用这种方法能够有效地发现30%~70%的逻辑设计和编码错误。

1. 桌前检查

这是一种传统的检查方法，由程序员检查自己编写的程序。程序员在程序通过编译之后对源程序代码进行分析、检查以发现程序中的错误，并补充相关的文档。检查项目如下。

1）检查变量交叉引用表。重点是检查未说明的变量和违反了类型规定的变量。对照源程序，逐个检查变量的引用、变量的使用序列、临时变量在某条路径上的重写情况以及局部变量、全局变量与特权变量的使用。

2）检查标号交叉引用表。检查所有标号的命名是否正确以及转向指定位置的标号是否正确。

3）检查子程序、宏、函数。检查子程序、宏、函数的每次调用与调用位置是否正确，检查确认每次所调用的子程序、宏、函数是否存在，检查调用序列中调用方式与参数顺序、个数、类型上的一致性。

4）等价性检查。检查全部等价变量类型的一致性，解释所包含的类型差异。

5）常量检查。确认每个常量的取值和数制、数据类型，检查常量的每次引用与其取值、数制和类型的一致性。

6）标准检查。检查程序中是否存在违反标准的问题。

7）风格检查。检查程序设计风格方面的问题。

8）比较控制流。比较由程序员设计的控制流图和由实际程序生成的控制流图，寻找和解释每个差异，修改文档和校正错误。

9）选择和激活路径。在程序员设计的控制流图上选择路径，再到实际的控制流图上激活这条路径。如果选择的路径在实际控制流图上不能激活，则源程序可能有错。用这种方法激活的路径集合应保证源程序模块的每行代码都能得到检查，即桌前检查至少应达到语句覆盖。

10）对照程序的规格说明，详细阅读源代码，逐字逐句进行分析和思考，比较实际的代码和期望的代码，从它们的差异中发现程序的问题和错误。

11）补充文档。桌前检查的文档是一种过渡性的文档，不是公开的正式文档。编写文档也是对程序的一种检查和测试，可以帮助程序员发现和捕获更多的错误。管理部门也可以通过审查桌前检查文档，了解模块的质量、完全性、测试方法和程序员的能力。

2. 代码评审

代码评审是由若干程序员和测试员组成一个评审小组，通过阅读、讨论，对程序进行静态分析的过程。

代码评审分两个步骤：第一步，小组负责人提前把设计规格说明书、控制流程图、程序文本及有关要求、规范等分发给小组成员，作为评审的依据。小组成员在充分阅读这些材料之后，进入审查的第二步。

第二步，召开程序审查会。会议中，首先由程序员逐句讲解程序的逻辑。程序员或其他小组成员可以提出问题，展开讨论，审查错误是否存在。会前，应当给评审小组每个成员准备一份常见错误的清单，把以往所有可能发生的常见错误罗列出来，以提高评审的效率。

这个常见错误清单也叫作检查表，它把程序中可能发生的各种错误进行分类，对每一类列举出尽可能多的典型错误，然后把它们制成表格，供会议审查时使用。在代码评审之后，需要做以下几件事。

1）把发现的错误登记造表，并交给程序员。

2）若发现错误较多或发现重大错误，则在改正之后，再次组织代码评审。

3）对错误登记表进行分析、归类，以提高审议效果。

3. 走查

走查与代码评审基本相同，其过程分为两步。

先把材料发给走查小组每个成员，让他们认真研究程序，再开会。开会的程序与代码评审不同，不是简单地读程序和对照错误检查表进行检查，而是让与会者充当计算机。即首先由测试组成员为所测程序准备一批有代表性的测试用例，提交给走查小组。走查小组开会，集体扮演计算机角色，让测试用例沿程序的逻辑运行一遍，随时记录程序的踪迹，供分析和讨论用。走查小组成员借助于测试用例的媒介作用，对程序的逻辑和功能提出各种疑问，结合问题开展讨论能够发现更多的问题。

第七节　调试技术

软件调试是在测试之后开始的工作。软件测试的目的是尽可能多地发现软件中的错误，调试的任务则是发现错误的原因和位置并改正程序中的错误。调试活动由以下两部分组成。

1）确定程序中可疑错误的确切性质和位置。

2）对程序（设计、编码）进行修改，排除这个错误。

调试工作是一项需要很强技巧性的工作，软件人员在分析测试结果的时候会发现：软件运行失效或出现问题往往只是潜在错误的外部表现，而外部表现与内在原因之间可能没有明显的联系。调试是软件开发过程中的一项必不可少的工作，程序调试的大致过程如图 5-12 所示，本节简要介绍程序调试的步骤、方法和原则。

图 5-12　程序调试的大致过程

一、调试的步骤

程序调试的步骤如下。

1）从错误的外部表现形式入手，确定程序出错的位置。

2）研究有关部分的程序，找出错误的内在原因。

3）修改设计和代码以排除错误。

4）重复进行暴露了这个错误的原始测试及其他有关测试，以确认是否排除了该错误以及是否引发了新的错误。

5）如果所做的修正无效，则撤销这次改动，将程序恢复到修改之前的状态。重复上述过程，直到找到一个有效的解决办法为止。

从技术角度来看，查找错误的难点主要如下。

1）现象与原因所处的位置可能相距甚远。就是说，现象可能出现在程序的一个位置，而原因可能在离此很远的另一个位置，高耦合的程序结构中这种情况尤为明显。

2）当其他错误得到纠正时，这一错误所表现出的现象可能会暂时消失，但并未实际排除真正造成错误的原因。

3）现象实际上是由一些非错误原因（如舍入得不精确）引起的。

4）现象可能是由一些不容易发现的人为错误引起的。

5）错误是由时序问题引起的，与处理过程无关。

6）现象是由难以精确再现的输入状态（如实时应用中输入顺序不确定）引起的。

7）现象可能是周期性出现的。

二、调试的方法

调试的关键在于推断程序内部的错误位置及原因。调试可采用如下方法。

（1）强行排错

这是调试过程中使用较多、效率较低的调试方法。比较典型的强行排错的方法如下。

1）通过内存全部打印来排错。将计算机存储器和寄存器的全部内容打印出来，然后在这些大量的数据中寻找出错的位置。

2）在程序特定部位设置打印语句。把打印语句插入到出错源程序的各个关键变量值发生变化处、重要分支处、子程序调用处，跟踪程序的执行，监视重要变量的变化。这种方法能显示出程序的动态过程，允许检查与源程序有关的信息。因此，比全部打印内存信息优越，但是它也有缺点，一是可能输出大量需要分析的信息，造成费用过大。二是必须修改源程序以插入打印语句，这种修改可能会掩盖错误，改变关键的时间关系或把新的错误引入程序。

3）自动调试工具。利用某些程序语言的调试功能或专门的交互式调试工具，分析程序的动态过程，而不必修改程序。可供利用的典型的语言功能有：打印出语句执行的追踪信息，追踪子程序调用以及指定变量的变化情况。自动调试工具的功能是设置断点，当程序执行到某个特定的语句或某个特定的变量值发生改变时，程序暂停执行。程序员可在终端观察程序此时的状态。

应用以上任意一种方法之前，都应当对错误进行全面彻底的分析，得出对出错位置及错误性质的推测，再使用一种适当的排错方法来检验推测的正确性。

（2）回溯法排错

回溯法是适合小程序排错的一种有效方法，采用这种方法，当发现错误时，先分析错误现象，确定最先发现错误表现的位置。然后，沿程序的控制流程，回溯程序代码，直到找到错误根源或确定引发错误的程序代码的范围。

例如，程序中某条打印语句的输出值出错，通过输出值可推断出程序在这一点上变量的值。再从这一点出发，回溯程序的执行过程，分析“如果程序在这一点上变量的值是 10，那么程序在之前的某条语句中一定使该变量的值为 100……”，如此回溯，直到找到真正引起前述打印语句输出值出错的语句或程序片段。

对于小程序，回溯法往往能把错误范围缩小到程序中的一小段代码，仔细分析这段代码，不难确定出错的准确位置。但对于大程序，由于回溯的路径数目较多，回溯会变得很困难。

（3）归纳法排错

归纳法是一种从特殊性总结出一般规律的方法。归纳法排错的基本思想是从错误现象着手，通过分析它们之间的关系找出错误。归纳法排错的大致步骤如下。

1）收集有关的数据。列出所有已知的测试用例和程序执行结果，看哪些输入数据的运行结果是正确的，哪些输入数据的运行结果存在错误。

2）组织数据。由于归纳法是从特殊到一般的推断过程，因此需要组织和整理数据，以便发现规律。

3）提出假设。分析与错误相关的线索之间的关系，利用在线索结构中观察到的矛盾现象，设计一个或多个关于出错原因的假设。如果一个假设也提不出来，归纳过程就需要收集更多的数据，此时，应当再设计与执行一些测试用例，以获得更多的数据。如果提出了许多假设，则首先选用最有可能成为出错原因的假设。

4）证明假设。把假设与原始线索或数据进行比较，若它完全能解释一切与错误有关的现象，则假设得以证明。否则，说明假设不合理或不完全，也可能存在多个错误。如果越过这一步去改正错误，而对假设是否合理、是否完全、是否同时存在多个错误都不清楚，会导致不能有效地消除存在的多个错误。

（4）演绎法排错

演绎法是一种从一般原理或前提出发，经过排除和精化的过程来推导出结论的思考方法。演绎法排错是测试人员首先根据已有的测试用例，设想及枚举出所有可能出错的原因作为假设，然后再用原始测试数据或新的测试数据执行程序，从中逐个排除不正确的假设。最后，再用测试数据验证剩余的假设是引发错误的原因。

用演绎法排错的 4 个主要步骤如图 5-13 所示。

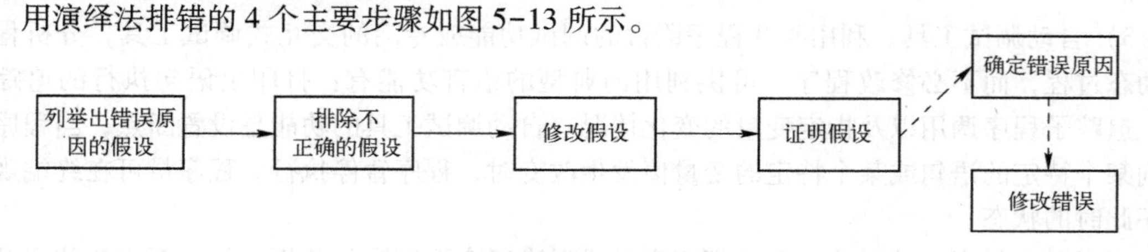

图 5-13 演绎法排错的 4 个主要步骤

1）假设所有可能出错的原因。将所有可能的错误原因列成表，它们不需要完全的解释，而仅仅是一些可能因素的假设。通过它们可以组织、分析现有数据。

2）利用已有的测试数据排除不正确的假设。仔细分析已有的数据，寻找矛盾之处，排除不可能的假设。

3）改变剩余假设。利用已知的线索，进一步改进余下的假设，使之更具体化，以便可以精确地确定出错位置。

4）证明剩余的假设。这一步极为重要，具体做法与归纳法排错的第4）步相同。

通过不同的调试方法找到程序出错的原因和错误位置后，需要修改源程序，并对修改过的程序重新进行测试。

三、调试的原则

调试的原则分为确定错误性质与位置的原则和修改错误的原则，说明如下。

1. 确定错误的性质和位置的原则

1）用头脑去分析、思考与错误征兆有关的信息。最有效的调试方法是用头脑分析与错误现象有关的信息，一个能干的程序调试员应能做到不使用计算机就能够确定大部分错误。

2）避开死胡同。如果程序调试员遇到了花费了大量时间、使用了各种办法也无法找到错误原因的情况，最好暂时搁置问题，过一两天重新思考或者向他人描述问题，也许会在讨论该问题时突然发现问题所在。

3）只把调试工具当作辅助手段来使用。调试工具可以帮助思考，但不能代替思考，因为调试工具是一种无规律的调试方法。实验证明，即使是对一个不熟悉的程序进行调试，不用工具的人往往比使用工具的人更容易成功。

4）避免用试探法。最多只能把试探法当作最后的手段，初学调试的人最常犯的一个错误是想通过修改程序来解决问题。这是一种碰运气的盲目途径，成功率很低，而且还容易把新的错误带入被调试程序。

2. 修改错误的原则

1）在出现错误的地方，很可能还有别的错误。经验证明，错误有群集现象，当某一程序段有错误时，该程序段中还存在其他错误的概率也很高。因此，在修改一个错误时，还要查看是否还有其他错误。

2）修改错误的一个常见失误是只修改了这个错误的表现，而没有修改错误的本质。如果提出的修改不能解释与这个错误有关的全部线索，那就表明只修改了错误的一部分。

3）修正一个错误的同时有可能会引入新的错误。在程序调试过程中，要注意看起来正确的修改可能会带来的副作用，即引进新的错误。因此在修改了错误之后，必须进行回归测试，以确认是否引入了新的错误。

4）修改错误的过程将迫使程序员暂时回到程序设计阶段。修改错误也是程序设计的一种形式。一般来说，在程序设计阶段所使用的任何方法都可以应用到错误修正的过程中。

5）发现错误的原因和位置后，应修改源代码程序，而不要改变目标代码。在对一个大的系统，特别是对一个使用汇编语言编写的系统进行调试时，容易存在试图通过直接改变目标代码来修改错误的倾向，并打算以后再改变源程序（“当我有时间时”）。这种方式有两个问题：第一，因目标代码与源代码不同步，当程序重新编译或汇编时，错误很容易再现。第二，这是一种盲目的实验调试方法，因此，也是一种草率的、不妥当的做法。

第八节　软件测试工具

软件测试工作在软件开发的整个过程中占有极重要的位置，而人工测试既困难又低效，所以，测试过程的自动化成为测试的发展方向。目前，软件测试方面的工具、平台已经被广泛使用，如各种支持 C++、C#、Java、JavaScript、Python 等文档和源程序的静态分析工具、动态测试工具、测试数据自动生成工具、模块测试台及组装测试环境。本节对软件测试工具做简要介绍。

一、静态分析工具

静态分析工具不需要执行所测试的程序，它扫描相关文档、被测试程序的正文，对程序的数据流和控制流进行分析，然后输出测试报告。通常，它具有以下几类功能。

1）检查模块中的所有变量是否都已定义，是否引用了未定义的变量，是否有已赋过值但从未使用的变量。

2）检查模块接口的一致性。检查子程序调用时形式参数与实际参数的个数、类型是否一致，输入/输出参数的定义与使用是否匹配，数组参数的维数、下标变量的范围是否正确，子程序中使用的外部变量、全局变量定义是否一致等。

3）检查在逻辑上可能有错误的结构以及不可能被执行到的程序段。

4）建立变量/语句交叉引用表、子程序调用顺序表、公用区/子程序交叉引用表等。利用它们找出变量错误可能影响到哪些语句，影响到哪些其他变量等。

5）检查被测程序违反编程标准的错误，例如模块大小、模块结构、注释的规定、某些语句形式的使用，以及文档编制的规定等。

6）对一些静态特性的统计功能，如各种类型源语句的出现次数、标识符在每条语句中的使用情况、函数与过程引用情况、任何输入数据都执行不到的孤立代码段、未经定义或未曾使用过的变量、违背编码标准之处等。

静态分析工具一般由源程序的预处理器、数据库、错误分析器和报告生成器 4 部分组成。预处理器把词法分析与语法分析结合在一起，以识别各种类型的语句。源程序被划分为若干程序模块单元（如主程序与一些子程序），同时生成包含变量使用、变量类型、标号与控制流等信息的许多表格，表格都存入数据库。错误分析器在用户指导下利用命令语言或查询语言与系统通信以进行查错，由报告生成器生成和输出检查结果表。

二、动态测试工具

动态测试就是通过选择适当的测试用例，实际运行所测程序，比较实际运行结果和预期结果以找出错误。动态测试分为结构测试与功能测试，在结构测试中常采用语句测试、分支测试或路径测试方法。动态测试工具应能使被测试程序有控制地运行，自动监视、记录、统计程序的运行情况。典型的方法是在所测试程序中插入检测各语句执行次数、各分支点、各路径的探针，以便统计各种覆盖情况。有些程序设计语言的源程序清单中没有标号，在进行静态分析或动态测试时，还要重新对语句进行编号，以便能标志各分支点和路径。在有些程序的测试中，可能要统计各条语句执行时的 CPU 时间，以便对花费时间最多的语句或程序段进行优化。

动态测试工具可按功能分为测试覆盖监视程序、断言处理程序、符号执行程序及测试结果分析程序。

（1）测试覆盖监视程序

测试覆盖监视程序主要用在结构测试中，可以监视测试的实际覆盖程度。主要的工作有分析并输出执行语句的执行特性；分析并输出各分支或各条路径的执行特性；计算并输出程序中谓词的执行特性。为此，测试覆盖监视程序的工作过程分为以下 3 个阶段。

1）对所测试程序做预处理。

2）编译预处理后的源程序，运行目标程序。在运行过程中，利用探针监视、检查程序的动态行为，收集与统计有关的信息。

3）一组测试后，可以根据要求输出某语句的执行次数、某转移发生的次数、某赋值语句的数值范围、某循环控制变量的数据范围以及某子程序运行的时间、被调用次数等，从而发现在程序中从未执行的语句、不应该执行而实际执行了的语句、应该执行但实际没有执行的语句，以及不按预定要求终止的循环、下标值越界、除数为零等异常情况。

（2）断言处理程序

“断言”是指变量应满足的条件。在被测试源程序中，在指定位置按一定格式用注释语句写出的断言叫作断言语句。在程序执行时，对照断言语句检查事先指定的断言是否成立，有助于复杂系统的检验、调试和维护。

断言分局部性断言和全局性断言两类。局部性断言，是指在程序的某一位置上，例如，重要的循环或过程的入口和出口处，或者在一些可能引起异常的关键算法之前设置的断言语句。全局性断言，是指在程序运行过程中自始至终都适用的断言，例如，变量 NUM 只能取 0~100 之间的值，变量 M、N 只能取 2、4、6、8 四个值。全局性断言写在程序的说明部分。程序员在每个变量、数组的说明之后，都可加入反映其全局特性的断言。

动态断言处理程序的工作过程如下。

1）动态断言处理程序对源程序做预处理，为注释语句中的每一个断言插入一段相应的检验程序。

2）运行经过预处理的程序，验证被检查程序的实际运行结果与断言所规定的逻辑状态是否一致。

动态断言处理程序要统计检验的结果（即断言成立或不成立的次数），在发现断言不成立的时候，要记录当时的现场信息，如有关变量的状态等。处理程序可按测试人员的要求，在某个断言不成立的次数达到指定值时终止程序的运行，并输出统计报告。

3）一组测试结束后，程序输出统计结果、现场信息，供测试人员分析。

（3）符号执行程序

符号执行法是一种介于程序测试用例执行与程序正确性证明之间的方法。它使用一个专用的程序对输入的源程序进行解释，在解释执行时，所有的输入都以符号形式输入到程序中。这些输入包括基本符号、数字及表达式等。符号执行的结果有两个用途：其一是可以检查公式的执行结果是否达到程序预期的目的；其二是通过程序的符号执行产生程序的路径，为进一步自动生成测试数据提供条件。

(4) 测试结果分析程序

测试结果分析程序的功能包括调节分析、成本估算、时间分析、资源利用等。

1) 调节分析：确定所测程序哪部分执行次数最多，哪部分执行次数最少，甚至未执行过。

2) 成本估算：确定所测程序哪些部分执行开销最大。

3) 时间分析：报告某一程序或其部分程序的 CPU 执行时间。

4) 资源利用：分析与硬件和系统软件相关的资源利用情况。

三、测试数据自动生成工具

测试数据自动生成工具可以为被测试程序自动生成测试数据。开发这类工具的目的是减轻生成大量测试数据中付出的劳动和时间，自动生成的测试数据比程序人员设计得更加客观。由于测试用例包括两个部分：测试输入数据和预期的结果，而自动生成测试数据工具仅能生成测试输入数据，因此，预期结果通常靠手工计算、模拟或利用测试规格说明系统得到。根据功能的不同，测试数据自动生成工具主要分为以下几类。

1) 路径测试数据生成工具。

2) 随机测试数据生成工具。

3) 根据数据规格说明生成测试数据的生成工具。

四、模块测试台

由于模块仅仅是系统中的一个组成部分，它与其他模块之间存在调用与被调用关系，因此，对一个模块进行测试时需要为它编写驱动模块和桩模块以代替它的上下层有关模块。模块测试台就是承担生成这类模块的工具，它提供一种专门的测试用例描述语言，负责将输入数据传送给被测试模块，然后将实际输出结果与描述测试用例的语言中所表述的期望结果进行比较，以找出错误。

除了上述最基本的功能以外，模块测试台还具有如下功能。

1) 语句跟踪。

2) 动态断言。

3) 覆盖度量。

4) 建立用户自定义符号的符号表。

5) 生成内容表。

6) 生成某种格式的输出。

五、组装测试环境

用于测试的自动工具还有很多，如环境模拟程序、代码检查程序、测试文档生成程序、测试执行验证程序、输出比较程序、程序正确性证明程序等，随着自动测试工具的发展，出现了将多种测试工具融为一体的集成化测试系统。集成化测试系统将多种不同的自动测试功能集成在一个测试系统中，管理测试过程并提供自动化软件测试功能，一个组装测试系统可能涵盖从单元测试到组装测试以及基于网络的端到端测试等各个方面，能大大提高测试效率和质量。

本章小结

本章首先概述了软件测试的定义、步骤、目标、原则和对象。然后详细介绍了软件测试常用的黑盒法、白盒法、边界值分析方法；按照软件测试的步骤依次介绍了单元测试、组装测试、确认测试、系统测试的目的和方法；介绍了软件测试的种类（范围）、静态测试方法；对发现软件错误原因和位置的程序调试进行了阐述。最后介绍了不同的软件测试工具。

本章的内容小结如下。

1）介绍什么是软件测试、软件测试的步骤、软件测试的目标、软件测试的原则和软件测试的对象。

2）软件测试的几种技术：黑盒测试、白盒测试和边界值分析。黑盒测试需要了解被测试程序的功能，输入数据的等价类划分，黑盒法测试用例的设计；白盒测试需要了解程序的结构，白盒法测试分语句覆盖、判定覆盖、条件覆盖、判定-条件覆盖、条件组合覆盖和路径覆盖，需要掌握每一种覆盖测试用例的设计方法；边界值分析的意义、边界值分析方法选择测试用例的原则。

3）按照软件测试的步骤，本章介绍了单元测试的概念与方法；组装测试的概念与方法：一次性组装测试、自顶向下的组装测试、自底向上的组装测试、混合组装测试，进行组装测试时需要设计桩模块和驱动模块，桩模块和驱动模块的作用及设计方法；确认测试的任务及测试步骤、有效性测试、软件配置复审、验收测试以及确认测试的结果；系统测试的任务。

4）程序的静态测试包括利用不同的方法和工具进行程序的静态分析；人工测试程序包括桌前检查、代码评审、走查。

5）程序调试的目的、程序调试的步骤、程序调试的方法：强行排错、回溯法排错、归纳法排错、演绎法排错；程序调试的原则。

6）软件测试工具：静态分析工具、动态测试工具、测试数据自动生成工具、模块测试台、组装测试环境。

习　　题

一、单项选择题

1. 下列选项中，不会采用白盒法进行软件测试的测试阶段是【　】。

A. 单元测试　　B. 组装测试　　C. 系统测试　　D. 模块测试

2. 关于驱动模块的叙述，下列选项中正确的是【　】。

A. 驱动模块用于代替被测模块的子模块

B. 驱动模块用于代替被测模块的调用模块

C. 仅在单元测试阶段需要编写驱动模块

D. 仅在组装测试阶段需要编写驱动模块

3. 对求整数绝对值的函数进行黑盒测试所设计的测试用例中，应将输入数据划分为等价类的个数为【　】。

A. 1　　B. 2　　C. 3　　D. 4

4. 对求整数绝对值的函数进行判定覆盖测试，至少需要设计的测试用例个数为【　】。

A. 2　　B. 3　　C. 4　　D. 5

5. 下列选项中，软件测试对象一般不包括【　】。

A. 源程序　　B. 可执行程序

C. 概要设计说明书　　D. 详细设计说明书

6. 关于软件测试的原则，下列说法正确的是【　】。

A. 软件测试应该尽可能由程序开发者自己完成

B. 在编码阶段不需要进行软件测试

C. 软件测试工作的目标是保证程序没有错误

D. 测试用例需要作为测试文档的一部分予以保留

7. 下列选项中，单元测试阶段进行的重要路径测试不需要测试的内容包括【　】。

A. 程序的时间性能是否符合要求

B. 程序的输入参数的类型是否正确

C. 是否存在运算精度不够导致的错误

D. 是否存在循环边界值引起的错误

8. 下列方法中，不适合用于调试复杂的大程序的方法是【　】。

A. 白盒法　　B. 回溯法　　C. 黑盒法　　D. 归纳法

9. 关于测试用例的设计，下列叙述正确的是【　】。

A. 测试用例中的输入数据必须是合法数据

B. 测试用例必须由程序员通过分析程序结构生成

C. 测试用例中应该包含程序运行的预期结果

D. 测试用例应该覆盖所有的输入/输出组合

10. 某计算机系统的整型数长度为 32 位，若一个软件系统有两个整型输入数据，一个整型输出数据，则该系统采用穷举测试需要运行的测试用例数量为【　】。

A. 2^{32}个　　B. 2^{48}个　　C. 2^{64}个　　D. 2^{96}个

二、简答题

1. 软件测试的目的是什么?

2. 什么是黑盒测试? 什么是白盒测试?

3. 组装测试的方式有哪几种?

4. 系统测试在什么环境下进行?

5. 确认测试阶段需要完成哪些工作?

6. 软件测试是否能保证软件没有错误?

7. 软件的静态分析工具有哪些功能? 动态测试工具有哪些功能?

三、应用题

1. 请为下列 C 语言程序设计语句覆盖测试和路径覆盖测试的测试用例。

```
#include <stdio.h>
int main() {
    int A, B, X;
```

```
    X=0;
scanf("%d%d%d",&A,&B);
if(A > 1 && B == 0){
        X = X * 100;
    }
if(A == 2 || B == 2){
        X = X + 1;
    }
printf("X = %d\n", X);
return 0;
}
```

2. 设计一个求整数绝对值的函数并给出用于对其进行黑盒测试的等价类。

第六章 软件维护

学习目标：

1. 掌握软件维护的定义及分类、引起软件维护的原因。
2. 掌握影响软件工作量的因素及软件维护成本的评估。
3. 掌握软件维护工作的基本步骤和工作流程。
4. 掌握什么是软件的可维护性及评价软件可维护性的指标。
5. 领会提高软件可维护性的技术。
6. 掌握软件维护过程中修改程序时应注意的问题。
7. 领会软件维护过程中文档的重要性和维护文档的必要性。

教师导读：

1. 考生理解进行软件维护的必要性。
2. 考生重点学习如何进行软件维护。
3. 在领会软件可维护性的度量、软件维护成本和工作量相关内容的基础上能够在软件开发和维护工作中应用相关的策略、技术，严格按照软件维护工作的组织和步骤进行软件的维护工作。
4. 建议考生按照如下思路进行本章的学习：为什么要进行软件维护？如何进行软件维护？如何保证软件维护工作的可控、有效、工作效率、低成本？

本章介绍软件维护的定义、软件维护的必要性、软件维护的策略，阐述如何组织软件维护工作，说明软件维护的工作流程，介绍如何评价软件的可维护性、影响软件维护成本的因素。

第一节 软件维护概述

一、软件维护的定义及分类

1. 软件维护的定义

软件维护就是在软件已经交付使用之后，为了改正错误或满足新的需要而修改软件的过程。

2. 引起软件维护的原因

引起软件维护的原因可归纳为以下3点。

1）用户在使用软件的过程中发现了软件测试阶段没有发现的错误。

2）软件在使用过程中环境发生变化（如更换了新的操作系统、更新了设备等）。

3）用户在使用软件的过程中产生了新的需求。

3. 软件维护的分类

由不同原因引起的软件维护分为以下4类。

1）改正性维护。在软件交付使用后，由于开发时测试的不彻底、不完全，必然会有一部分隐藏的错误被带到运行阶段。这些隐藏的错误在某些特定的使用环境下就会暴露，为了识别和纠正软件错误、改正软件性能上的缺陷、排除实施中的误使用，应当进行的诊断和改正错误的过程，就叫作改正性维护。

2）适应性维护。随着计算机的飞速发展，外部环境（新的硬件及软件配置）或数据环境（数据库、数据格式、数据输入/输出方式、数据存储介质）可能发生变化，为了使软件适应这种变化而去修改软件的过程叫作适应性维护。

3）完善性维护。在软件的使用过程中，用户往往会对软件提出新的功能与性能要求。为了满足这些要求，需要修改或再开发软件，以扩充软件功能，增强软件性能，改进加工效率，提高软件的可维护性，这种情况下进行的维护活动就是完善性维护。

在维护阶段的最初一两年内，改正性维护的工作量较大。随着错误发现率急剧降低，并趋于稳定，就进入了正常使用期。然而，由于改造的要求，适应性维护和完善性维护的工作量逐步增加，在维护过程中又会引入新的错误，从而加重了维护的工作量。实践表明，在几种维护活动中，完善性维护所占的比重最大，即大部分维护工作是改变和加强软件，而不是纠错。所以，维护并不一定是救火式的紧急维修，而可以是一种有计划的再开发活动。事实证明，扩充和加强软件功能、提高性能的维护活动约占整个维护工作的50%。

4）预防性维护。预防性维护是为了提高软件的可维护性、可靠性等，为以后进一步改进软件打下良好基础所进行的软件维护。

二、影响软件维护工作量的因素

软件维护的工作量非常大，由此导致软件维护的成本可能会很高，因此，需要在考虑影响软件维护工作量因素的基础上制定软件维护策略，从而有效地维护软件并控制维护的成本。在软件维护中，影响软件维护工作量的因素如下。

1）软件系统的规模。系统越大，所执行的功能越复杂，理解起来会越困难，因而维护工作量就越高。系统规模可用程序中的语句数量、程序数量、输入输出文件数量、数据库所占字节数及预定义的用户报表数来度量。

2）程序设计语言。开发软件使用的程序设计语言对软件维护的工作量影响很大，使用强功能的程序设计语言可以控制程序的规模。语言的功能越强，完成相同功能的程序所需的代码行就越少。语言的功能越弱，实现同样功能所需的代码行就越多，程序就越大。许多软件是用较老的程序设计语言编写的，程序逻辑复杂而混乱，且没有做到模块化和结构化，直接影响到程序的可读性，维护可读性差的程序是很困难的。

3）系统年龄。老系统比新系统的软件维护工作量更大。老系统随着不断的修改，其结构会越来越乱，由于维护人员经常更换，程序又变得越来越难以理解。而且许多老系统在当初并未按软件工程的要求进行开发，因而没有文档，或文档太少，或在长期的维护过程中文档的许多内容与程序实现变得不一致，这样在维护时就会遇到很大困难。

4）数据库技术的应用。使用数据库可以简单而有效地管理和存储用户程序中的数据，还可以减少生成用户报表应用软件的维护工作量，数据库工具可以很方便地修改和扩充报表。

5）先进的软件开发技术。在软件开发时，若采用能使软件结构比较稳定的分析与设计技术，及程序设计技术，如面向对象技术、软件复用技术等，可减少大量的软件维护工作量。

除以上5种因素外，应用的类型、数学模型、任务的难度、IF语句的嵌套深度、索引数或下标数等，对维护工作量都有影响。若在开发软件时并未考虑将来的修改，会为软件的维护增加难度。

三、软件维护的策略

根据影响软件维护工作量的各种因素，可针对改正性维护、适应性维护和完善性维护采取不同的策略，以控制维护成本。

1. 改正性维护

一般来说，生成100%可靠的软件并不一定合算，成本太高，但通过使用新技术，可大大提高可靠性，并减少进行改正性维护的需要。这些新技术包括数据库管理系统、软件开发环境、程序自动生成系统、较高级的程序设计语言，应用这些方法可产生更加可靠的程序代码。此外，以下4种方法有利于产生更加可靠的软件。

1）利用应用软件包可开发出比完全由用户自己开发的系统可靠性更高的软件。

2）采用结构化技术开发的软件易于理解和测试。

3）利用防错性程序设计，把自检功能引入程序，通过非正常状态的检查，提供审查跟踪。

4）通过周期性维护审查，在形成维护问题之前就可确定软件质量方面的问题。

2. 适应性维护

这一类的维护不可避免，但可以控制。

1）在配置管理时，把硬件、操作系统和其他相关环境因素的可能变化考虑在内，可以减少某些适应性维护的工作量。

2）把与硬件、操作系统，以及其他外围设备有关的程序归到特定的程序模块中。可把因环境变化而必须修改的程序局限于某些程序模块之中。

3）使用内部程序列表、外部文件，以及处理的例行程序包可为维护时修改程序提供方便。

3. 完善性维护

利用前两类维护中列举的方法，也可以减少这一类维护的工作量。特别是数据库管理系统、程序生成器、应用软件包，可减少系统或程序员的维护工作量。此外，建立软件系统的原型并在实际系统开发之前提供给用户，用户通过研究原型，进一步完善他们的功能要求，就可以减少以后完善性维护的需要。

四、软件维护的成本

软件维护的成本往往高于软件开发的成本，而且维护成本很难控制。软件维护的成本包括资金的投入和一些“隐形”投入，主要内容如下。

1）一些看起来是合理的修复或为客户安排维护工作不够及时，造成客户对软件维护工作不满意。

2）修改软件时把一些潜在的错误引入正在维护的软件中，使得软件整体质量下降。

3）将软件开发人员抽调到维护工作中去，会影响软件开发工作的进度和质量。

软件维护的代价体现在生产率方面的巨幅下降，有报告指出，生产率将降到原来的1/40。例如，为开发一行源代码要耗资 25 美元，而维护每一行源代码则需要耗资 1000 美元。

软件维护工作可以分成生产性活动（如分析和评价、设计、修改和实现）和非生产性活动（如试图理解代码的功能和所使用的算法、数据结构的作用、模块之间传递了哪些参数等）。下面的公式给出了一个维护工作量的模型：

$$M=p+K^{c-d}$$

其中，M 是维护中消耗的总工作量，p 是生产性工作量，K 是一个经验常数，c 是因缺乏好的设计和文档而导致复杂性的度量，d 是对软件熟悉程度的度量。这个模型指明，如果使用了不好的软件开发方法，软件文档不齐全，程序难以理解，原来参加开发的人员或小组不能参加维护，维护人员对软件不熟悉，则工作量及成本将按指数级增加。

第二节 软件维护的过程

本节介绍如何组织维护活动，说明软件维护工作的步骤及工作内容。

一、软件维护的组织与申请

1. 软件维护工作的机构组织

为了有效组织软件维护，使维护工作有序开展，应确立正式或非正式的维护机构，图 6-1 是一个软件维护工作机构的组织方案。

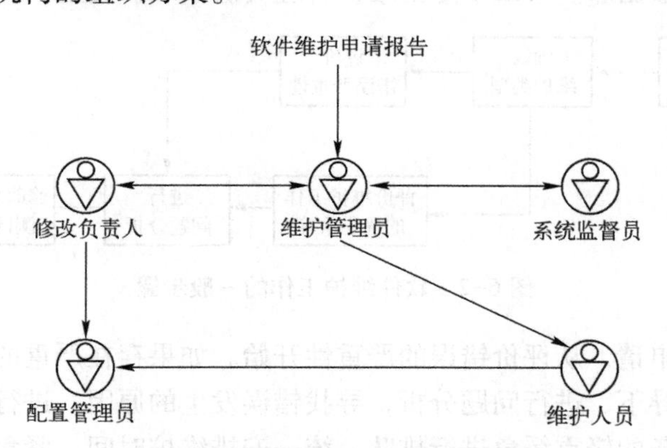

图 6-1 软件维护工作机构的组织方案

将软件维护申请报告提交给维护管理员，维护管理员把申请交给某个系统监督员去评价。系统监督员是技术人员，必须熟悉产品程序的某一部分。系统监督员对软件维护申请做出评价后由修改负责人确定如何进行软件的修改，在维护人员对程序进行修改的过程中，由配置管理员严格把关，控制修改的范围，对软件配置进行审计。

维护管理员、系统监督员、修改负责人等，均代表在维护工作承担某类工作的角色，修改负责人和维护管理员可以是指定的某个人，也可以是一个包括管理人员、高级技术人员在内的小组。系统监督员也可以同时承担其他角色的工作，但应具体分管某一个软件包。

在开始维护工作之前，就把责任明确下来，为参加维护工作的人员指定角色，规定不同角色所承担的责任，可以大大减少维护过程中的混乱。

2. 软件维护的申请

在开始软件维护工作前，应按规定的方式提出软件维护申请，提交软件维护申请报告。软件维护申请报告由申请维护的用户填写。

如果遇到一个错误，用户必须完整地说明产生错误的情况，包括输入数据、错误清单以及其他有关材料。如果申请的是适应性维护或完善性维护，用户必须提出一份修改说明书，列出所有希望的修改，维护申请报告将由维护管理员和系统监督员来研究处理。

维护申请报告是由软件组织外部提交的文档，它是筹划维护工作的基础。软件组织内部应形成相应的软件修改报告，报告应对以下内容进行说明。

1）所需修改变动的性质。

2）申请修改的优先级。

3）为完成某个软件维护申请报告中的维护内容所需的工作量。

4）预计修改后的状况。

软件修改报告应提交给修改负责人，经批准后才能开始进一步安排维护工作。

二、软件维护的流程

1. 软件维护工作的基本流程

软件维护工作的一般步骤如图 6-2 所示。第一步是先确认维护要求。这需要维护人员与用户反复协商，弄清错误概况以及对业务的影响大小，以及用户希望做什么样的修改，并把这些情况存入故障数据库。第二步是由维护管理员确认维护类型。

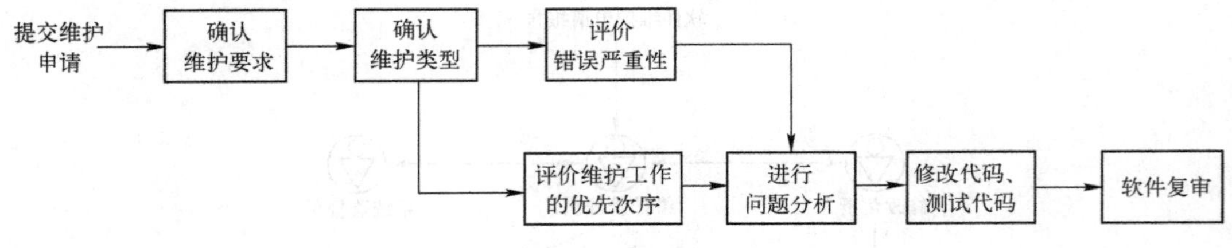

图 6-2　软件维护工作的一般步骤

对于改正性维护申请，从评价错误的严重性开始。如果存在严重的错误，则必须安排人员在系统监督员的指导下，进行问题分析，寻找错误发生的原因，进行紧急维护。对于不严重的错误，可根据任务的轻重缓急进行排队，统一安排维护时间。紧急维护是指如果发生的错误非常严重，不马上处理会导致重大事故的维护。对这一类维护可暂不顾及正常的维护控制过程，不必考虑可能发生的副作用，在维护完成、交付用户之后再去做补偿工作。

对于适应性维护和完善性维护申请，需要先确定每项申请的优先次序，若某项维护申请的优先级非常高，就可立即开始维护工作，否则，维护工作和其他的开发工作一样进行排队，以统一安排时间。并不是所有的完善性维护申请都必须接受，因为进行完善性维护相当于做二次开发，工作量很大，所以需要根据商业需要、可利用资源的情况以及目前和将来软件的发展方向等考虑，决定是否接受维护申请。

尽管维护申请的类型不同，但都要进行同样的技术工作。这些工作有修改软件需求说明、修改软件设计、进行设计评审、对源程序做必要的修改、进行软件测试、进行软件配置评审等。

2. 维护档案记录

为了估计软件维护的有效程度，确定软件产品的质量，同时确定维护的实际开销，需要在维护的过程中做好维护档案记录。其内容包括程序名称、源程序语句条数、机器代码指令条数、所用的程序设计语言、程序安装的日期、程序安装后的运行次数、与程序安装后运行次数有关的故障处理次数、程序改变的层次及名称、修改程序所增加的源程序语句条数、修改程序所减少的源程序语句条数、每次修改所付出的“人时”数、修改程序的日期、软件维护人员的姓名、维护申请报告的名称、维护类型、维护开始时间和维护结束时间、花费在维护上的累计“人时”数、维护工作的净收益等。对每项维护任务都应该收集上述数据。

3. 进行维护评价

由于缺乏可靠的数据导致评价维护活动比较困难。但如果维护档案记录做得比较好，就可以得出一些维护性能方面的度量值。可参考的度量值如下。

1）每次程序运行时的平均出错次数。

2）花费在每类维护上的总“人时”数。

3）每个程序、每种语言、每种维护类型的程序平均修改次数。

4）因为维护而增加或删除每个源程序语句所花费的平均“人时”数。

5）用于每种语言的平均“人时”数。

6）维护申请报告的平均处理时间。

7）各类维护申请的百分比。

这 7 种度量值提供了定量的数据，据此可对开发技术、语言选择、维护工作计划、资源分配以及其他许多方面做出判定。因此，这些数据可以用来评价维护工作。

三、程序的修改

在软件维护时，必然会对源程序进行修改。对源程序的修改不能无计划地仓促上阵。为了正确、有效地修改程序，需要经历分析理解程序、修改程序和重新验证程序 3 个步骤。

1. 分析理解程序

经过分析，全面、准确、迅速地理解程序是决定维护成败和质量好坏的关键。在这方面，软件的可理解性和文档的质量非常重要。分析理解程序必须完成的工作如下。

1）理解程序的功能和目标。

2）掌握程序的结构，即从程序中细分出若干结构成分，如程序系统结构、控制结构、数据结构和输入/输出结构等。

3）了解数据流信息，即所涉及的数据来自何处，在哪里被使用。

4）了解控制流信息，即执行每条路径的结果。

5）理解程序的操作要求。

为了更容易地理解程序，要求自顶向下地理解现有源程序的程序结构和数据结构，为此可采用如下几种方法。

1）分析程序结构图。搜集所有存储该程序的文件，阅读这些文件，记下它们包含的过程名，建立一个包括这些过程名和文件名的文件。分析各个过程的源代码，建立一个直接调用矩阵或调用树。分析各个过程的接口，估计更改的复杂性。

2）数据跟踪。

① 建立各层次的程序级上的接口图，展示各模块或过程的调用方式和接口参数。

② 利用数据流分析方法对过程内部的一些变量进行跟踪，维护人员通过这种数据流跟踪，可获得有关数据在过程间如何传递，在过程内如何处理等信息，对于判断问题原因特别有用。在跟踪的过程中可在源程序中间插入自己的注释。

3）控制流跟踪。控制流跟踪同样可在结构图基础上或源程序基础上进行，可采用符号执行或实际动态跟踪的方法，了解数据是如何从输入源到达输出点的。

4）在分析的过程中，充分阅读和使用源程序清单和文档，分析现有文档的合理性。

5）充分使用由编译程序或汇编程序提供的交叉引用表、符号表，以及其他有用的信息。

6）如有可能，积极参加开发工作。

2. 修改程序

对程序的修改，必须事先做出计划，周密且有效地实施修改。

（1）设计程序的修改计划

程序的修改计划要考虑人员和资源的安排。小的修改可以不需要详细的计划，而对于需要耗时数月的修改，就需要立案和计划。此外，在编写有关问题和解决方案的大纲时，必须充分地描述修改作业的规格说明。程序修改计划的内容主要包括以下内容。

1）规格说明信息。数据修改、处理修改、作业控制语言修改、系统之间接口的修改等。

2）维护资源。新程序版本、测试数据、所需的软件系统等。

3）人员。程序员、用户相关人员、技术支持人员、厂家联系人、数据录入员等。

4）需要的工作资源。纸、笔、计算机媒体等。

针对以上每一项，要说明必要性、从何处着手、是否接受、日期等。通常可采用自顶向下的方法，在理解程序的基础上进行以下工作。

1）研究程序的各个模块、模块的接口及数据库，从全局的观点提出修改计划。

2）依次把要修改的以及受修改影响的模块和数据结构分离出来。

3）详细分析要修改的以及受变更影响的模块和数据结构的内部细节，设计修改计划，标明新逻辑及要改动的现有逻辑。

4）向用户提供回避措施。用户的某些业务因软件中发生的问题而中断，为不让系统长时间停止运行，需要把问题局部化，在可能的范围内继续开展业务。为此，可以采取的措施如下。

① 在问题的原因还未找到时，先根据问题的现象提供回避问题的操作方法，可能的情况有以下几种。

a. 意外停机，系统完全不能工作。作为临时的处置，消除特定的数据，插入临时代码

（打补丁），以人工方式运行系统。

b. 安装的期限到期，系统有时要延迟变更。例如，税率改变时，继续执行其他处理，同时修补有关的部分再执行它，或者制作特殊的程序，然后再根据执行结果做修正。

c. 发现错误运行系统，人工查找错误并修正。

必须正确地了解以现在状态运行系统将给应用系统的业务造成什么样的影响，研究使用现行系统将如何及多大程度地促进应用的业务。

② 如果弄清了问题的原因，可通过临时修改或改变运行控制以回避在系统运行时产生的问题。

（2）修改程序

修改程序时应遵循以下要求。

1）正确、有效地编写修改程序。

2）谨慎修改程序，尽量保持程序的风格及格式，要在程序清单上注明改动的指令。

3）不要删除程序语句，除非确定它是无用的。

4）不要试图共用程序中已有的临时变量或工作区，为了避免冲突或混淆用途，应自行设置自己的变量。

5）插入错误检测语句。

6）修改过程中做好修改的详细记录，消除变更中任何有害的副作用（波动效应）。

3. 重新验证程序

在将修改后的程序提交给用户之前，需要用以下的方法进行充分的确认和测试，以保证修改后的整个程序的正确性。

（1）静态确认

修改软件伴随着引起新错误的危险。为了能够做出正确的判断，验证修改后的程序至少需要两个人参加。静态确认应检查以下内容。

1）修改是否涉及规格说明？修改结果是否符合规格说明？有没有误解规格说明？

2）程序的修改是否足以修正软件中的问题？源程序代码有无逻辑错误？修改时有无修补失误？

3）修改部分对其他部分有无副作用？

对软件进行修改常常会引发别的问题，因此有必要检查修改的影响范围。

（2）计算机确认

在充分进行了静态确认的基础上，要用计算机对修改程序进行确认测试。确认测试的工作内容如下。

1）确认测试顺序。先对修改部分进行测试，然后隔离修改部分，测试程序未修改的部分，最后把它们组合起来进行测试。

2）准备标准的测试用例。

3）充分利用软件工具帮助重新验证过程。

4）邀请用户参加重新确认的过程。

（3）维护后的验收

在交付新软件之前，维护主管部门要对以下内容进行检验。

1）全部文档完备并已更新。

2）所有测试用例和测试结果已经正确记载。

3）记录软件配置所有副本的工作已经完成。

4）维护工序和责任已经确定。

四、修改程序的副作用

副作用是指修改软件造成的错误或其他不希望发生的情况，有以下3种副作用。

1. 修改代码的副作用

在使用程序设计语言修改源代码时可能引入错误。例如，删除或修改一个子程序、删除或修改一个标号、删除或修改一个标识符、改变程序代码的时序关系、改变占用存储的大小、改变逻辑运算符、修改文件的打开或关闭、把设计上的改变翻译成代码的改变、为边界条件的逻辑测试做出改变时，都容易引入错误。

2. 数据的副作用

在修改数据结构时，可能造成软件设计与数据结构不匹配，因而导致软件出错。数据的副作用就是修改软件信息结构导致的结果。例如，重新定义局部的或全局的常量、重新定义记录或文件的格式、增大或减小一个数组或高层数据结构的大小、修改全局或公共数据、重新初始化控制标志或指针、重新排列输入/输出或子程序的参数时，容易导致设计与数据不相容的错误。数据的副作用可以通过详细的设计文档加以控制，在此文档中描述了一种交叉引用，把数据元素、记录、文件和其他结构联系起来。

3. 文档的副作用

对数据流、软件结构、模块逻辑或任何其他有关特性进行修改时，必须对相关技术文档进行相应修改。否则会导致文档与程序功能不匹配、缺省条件改变、新错误信息不正确等错误，使得软件文档不能反映软件的当前状态。对于用户来说，软件事实上就是文档。如果对可执行软件的修改不反映在文档里，就会产生文档的副作用。例如，如果对交互输入的顺序或格式进行的修改没有正确地记入文档中，就可能引起重大的问题。过时的文档内容、索引和文本可能造成冲突，引起用户的操作失败和不满。因此，必须在软件交付之前对整个软件配置进行评审，以减少文档的副作用。事实上，有些维护请求并不要求改变软件设计和源代码，而是指出在用户文档中不够明确的地方，在这种情况下，维护工作主要集中在文档上。

为了控制因修改而引起的副作用，要做到以下几点。

1）按模块对修改进行分组。

2）自顶向下地安排所修改模块的顺序。

3）每次只修改一个模块。

4）对于每个修改了的模块，在安排修改下一个模块之前，要确定这个修改的副作用。可以使用交叉引用表、存储映象表，执行流程跟踪等。

第三节　软件的可维护性

一、软件可维护性的定义

软件可维护性是指纠正软件系统出现的错误和缺陷，以及为满足新的要求进行软件修改的容易程度。可维护性、可使用性、可靠性是衡量软件质量的3个主要质量特性，也是用户十分关心的方面。影响软件质量的这些重要因素，目前尚没有对它们定量度量的普遍适用的方法，但它们的概念和内涵是很明确的。

提高软件的可维护性是软件开发各阶段的关键目标。目前常用表6-1所示的7个指标衡量软件的可维护性，而且对于不同类型的维护，这7个指标的侧重点也不相同。表6-1标明了在各类维护中应侧重的软件可维护性指标。其中的“√”表示需要侧重考虑的指标。

表6-1 在各类维护中应侧重的软件可维护性指标

	改正性维护	适应性维护	完善性维护
可理解性	√		
可测试性	√		
可修改性	√	√	
可靠性	√		
可移植性		√	
可使用性		√	√
效率			√

上面所列举的这些可维护性指标通常体现在软件产品的许多方面，为使每一个指标都达到预定的要求，需要在软件开发的各个阶段采取相应的措施加以保证，即要将对软件可维护性的各项指标的要求渗透到软件开发的各个阶段和步骤中。

二、软件可维护性的度量

软件的可维护性难以定性度量，本节重点介绍用于定性衡量软件可维护性的几个指标。

1. 可理解性

可理解性表明人们通过阅读源代码和相关文档，了解程序功能及其内部结构的容易程度。一个可理解的程序主要应具备以下一些特性。

1）模块结构良好，功能完整，程序和文档简明。

2）代码风格与设计风格一致。

3）不使用难以理解或含糊不清的代码。

4）使用有意义的变量名、数据名和过程名。

对于可理解性，可以使用一种叫作“90-10测试”的方法来衡量。即把一份待测试的源程序拿给一位有经验的程序员阅读10分钟，然后把这个源程序拿开，让这位程序员凭自己的理解和记忆重写该程序，如果程序员能写出该程序的90%，则认为这个程序具有可理解性，否则这个程序应该要重新编写。

2. 可靠性

可靠性表明一个程序按照用户的要求和设计目标，在给定的一段时间内正确执行的概率。可靠性的度量标准主要有平均失效间隔时间、平均修复时间和有效性。

度量可靠性的方法，主要有以下两类。

1）根据程序错误统计数字进行可靠性预测。常用方法是利用一些可靠性模型，根据程序测试时发现并排除的错误数量预测平均失效间隔时间。

2）根据程序的复杂性预测软件可靠性。用程序的复杂性预测可靠性，是利用程序复杂性度量标准预测哪些模块最可能发生错误，以及可能出现的错误类型。复杂度低的程序，其中的错误容易被发现和定位，经过修改后，程序的可靠性提高。而复杂度较高的程序，其中的错误难以发现和定位，可靠性较低。

3. 可测试性

可测试性表明论证程序正确性的容易程度。程序越简单，证明其正确性就越容易。而且设计好的测试用例基于对程序的全面理解。因此，一个可测试的程序应当是可理解的、可靠的、简单的。

对于程序模块，可用程序复杂性来度量可测试性，程序的环路复杂性越大，程序的路径就越多。因此，全面测试程序的难度就越大。

4. 可修改性

可修改性表明程序容易修改的程度。一个可修改的程序应当是可理解的、通用的、灵活的、简单的。其中，通用性是指程序适用于各种功能变化而无须修改，灵活性是指修改程序比较容易。

测试可修改性的一种定量方法是修改练习。其基本思想是通过做几个简单的修改，来评价修改的难度。设 C 是程序中各个模块的平均复杂性，n 是必须修改的模块数，A 是要修改的模块的平均复杂性。则修改的难度 D 由下式计算：

$$D=A/C$$

对于简单的修改，若 $D>1$，说明该程序修改困难。A 和 C 可用任何一种度量程序复杂性的方法计算。

5. 可移植性

可移植性表明程序转移到一个新的计算环境的难易程度。可移植性好的程序具有的特点是结构良好、灵活，不依赖于某一具体计算机硬件体系结构或操作系统。

6. 效率

效率表明一个程序能执行预定功能而又不浪费计算机系统资源的程度，这些资源包括内存容量、外存容量、通道容量和执行时间。

7. 可使用性

可使用性是指程序方便、实用及易于使用的程度。一个可使用性好的程序应是易于使用、允许用户出错和改变并尽可能不使用户陷入混乱状态的程序。

8. 其他间接定量度量可维护性的方法

其他间接定量度量可维护性的方法中涉及的指标包括以下内容。

1）识别问题的时间。

2）因管理活动拖延的时间。

3）收集维护工具的时间。

4）分析并诊断问题的时间。

5）修改规格说明的时间。

6）具体的改错或修改的时间。

7）局部测试的时间。

8）集成或回归测试的时间。

9）维护过程中的评审时间。

10）软件系统的恢复时间。

这些数据反映了软件维护全过程中检错—纠错—验证的周期，即从发现软件存在的问题开始至修正它们，并经回归测试以验证正确性的这段时间。可以粗略地认为，这个周期越短，维护越容易。

第四节　提高软件可维护性的方法

软件的可维护性对于延长软件的生存期具有决定的意义，因此必须考虑提高软件可维护性的方法。为了做到这一点，须从以下4个方面着手。

一、建立明确的软件质量目标和优先级

一个可维护的程序应是可理解的、可靠的、可测试的、可修改的、可移植的、效率高的，以及可使用的，但要实现所有这些目标需要付出很大的代价，还不一定行得通。因为某些质量特征是相互促进的，例如，可理解性和可测试性；可理解性和可修改性。但另一些质量特性是相互冲突的，例如，效率和可移植性；效率和可修改性等。因此，尽管可维护性要求每一种质量特性都要得到满足，但它们的相对重要性应随程序的用途及计算环境的不同有所区别，例如，编译程序的效率更重要，而管理信息系统的可使用性和可修改性更重要。所以，对程序的质量特征提出目标的同时必须规定它们的优先级，这样有助于提高软件的质量，并对软件生存期的费用产生很大的影响。

二、使用提高软件质量的技术和工具

1. 模块化

模块化是软件开发过程中提高软件质量、降低成本的有效方法之一，也是提高可维护性的有效技术。它的优点是如果需要改变某个模块的功能，则只要改变这个模块，对其他模块影响很小。如果需要增加程序的某些功能，仅需要增加完成这些功能的新模块或模块层，程序的测试与重复测试比较容易，程序错误易于定位和纠正。

2. 结构化程序设计

结构化程序设计不仅使得模块结构标准化，而且将模块间的相互作用也标准化了。因而把模块化又向前推进了一步。采用结构化程序设计可以获得良好的程序结构，提高现有系统的可维护性。结构化程序设计技术包括以下内容。

（1）采用备用件的方法

当要修改某一个模块时，用一个新的结构良好的模块替换掉整个模块。这种方法要求了解被替换模块的外部接口特性，可以不了解其内部工作情况。它有利于减少新的错误，并提供了一个用结构化模块逐步替换掉非结构化模块的机会。

（2）采用结构更新技术

这种方法采用代码评价程序、重定格式程序以及结构化工具等自动软件工具，把非结构

化代码转换成结构良好的代码。使用这种方法产生的结构化程序执行过程与结构化以前的源程序是一样的，它们都对相同的数据执行相同的操作顺序，源程序中存在的逻辑错误也会继承下来。结构化的过程分以下 4 步。

1）对程序编译以确保没有语法错误。

2）借助结构化工具，重新构造程序源代码。

3）利用重定格式程序进行缩进和分段。

4）利用优化编译器重新编译源代码，提高程序效率。

（3）改进现有程序不完善的文档

改进和补充文档的目的是为了提高程序的可理解性，以提高可维护性。程序文档工具很多，如 HIPO 图、数据流图，Warnier 图等。利用文档工具可以建立或补充系统说明书、设计文档、模块说明书，以及在源程序中插入必要的注释。

（4）使用结构化程序设计方法实现新的子系统

（5）采用结构化小组程序设计的思想和结构文档工具

提高现有系统的可维护性的一个比较好的方法是使维护过程结构化，而不是使现有系统重新结构化。

软件开发过程中建立主程序员小组，实现严格的组织化结构，强调规范，明确领导以及职能分工，能够改善通信、提高程序生产率。在检查程序质量时，采取有组织分工的结构普查，分工合作，各司其职，能够有效地实施质量检查。同样，在软件维护过程中，维护小组可以采取与主程序员小组和结构普查类似的方式，以保证程序的质量。

三、进行明确的质量保证审查

质量保证审查是对于获得和维持软件的质量很有用的技术。除了保证软件有适当的质量外，质量保证审查还可以用来检测在开发和维护阶段内发生的质量变化，一旦检测出问题，可以适时采取措施进行修正，以控制软件维护成本，延长软件系统的有效生命期。

为了保证软件的可维护性，有 3 种类型的质量保证审查。

1. 设置检查点进行复审

保证软件质量的最佳方法是在软件开发的最初阶段就把质量要求考虑进去，并在开发过程每一阶段的终点设置检查点进行检查。检查的目的是要证实已开发的软件是否符合标准，是否满足规定的质量需求。在不同的检查点，检查的重点不完全相同。各检查点的设置及任务如图 6-3 所示。

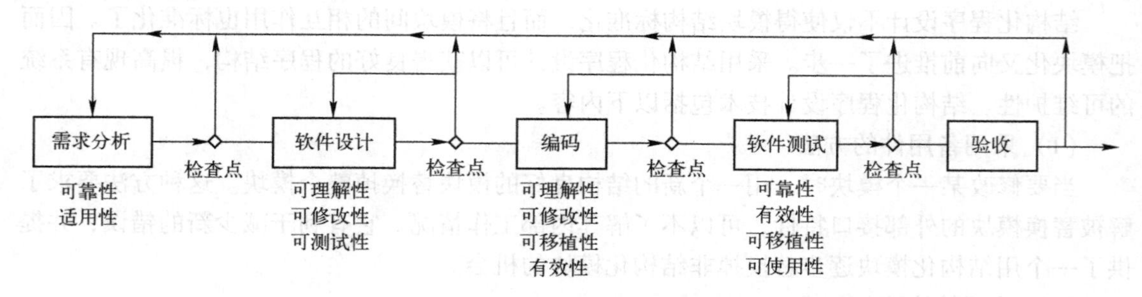

图 6-3 各检查点的设置及任务

软件开发各阶段检查点的检查重点、检查项目及检查方法或工具如表6-2所示。

表6-2 各阶段检查点的检查重点、项目及方法

	检查重点	检查项目	检查方法或工具
需求分析	对程序可维护性的标准是什么	1. 软件需求说明书 2. 限制与条件，优先顺序 3. 进度计划 4. 测试计划	可使用性检查表
设计	1. 程序是否可理解 2. 程序是否可修改 3. 程序是否可测试	1. 设计方法 2. 设计内容 3. 进度 4. 运行、维护支持计划	1. 复杂性度量、标准 2. 修改练习 3. 耦合、内聚估算 4. 可测试性检查表
编码及单元测试	1. 程序是否可理解 2. 程序是否可修改 3. 程序是否可移植 4. 程序是否有效	1. 源程序清单 2. 文档 3. 程序复杂性 4. 单元测试结果	1. 复杂性度量、90-10测试、结构自动检查程序 2. 可修改性检查表、修改练习 3. 编译结果分析 4. 效率检查表、编译对时间和空间的要求
组装与测试	1. 程序是否可靠 2. 程序是否有效 3. 程序是否可移植 4. 程序是否可用	1. 测试结果 2. 用户文档 3. 程序和数据文档 4. 操作文档	1. 测试、错误统计、可靠性模型 2. 效率检查表 3. 比较在不同计算机上的运行结果 4. 验收测试结果、可使用性检查表

2. 验收检查

验收检查是软件交付使用前的最后一次检查，是软件投入运行之前保证可维护性的最后机会。它实际上是验收测试的一部分，只不过它是从软件维护的角度提出验收的条件和标准。下面是验收检查必须遵循的最低验收标准。

（1）需求和规范标准

1）需求应当以可测试的术语进行书写、排列优先次序和定义。

2）区分必需的、任选的、将来的需求。

3）对系统运行时的计算机设备的需求；对维护、测试、操作以及维护人员的需求；对测试工具等的需求。

（2）设计标准

1）程序应设计成分层的模块结构。每个模块应完成唯一的功能，并达到高内聚、低耦合。

2）通过一些知道预期变化的实例，说明设计的可扩充性、可缩减性和可适应性。

（3）源代码标准

1）尽可能使用最高级的程序设计语言，且只使用语言的标准版本。

2）所有的代码都必须具有良好的结构。

3）所有的代码都必须文档化，在注释中说明它的输入、输出，以及便于测试/再测试的特点与风格。

（4）文档标准

文档中应说明程序的输入/输出、使用的方法/算法、错误恢复方法、所有参数的范围以及缺省条件等。

3. 周期性地维护审查

检查点复查和验收检查，可用来保证新软件系统的可维护性，对已有的软件系统，则应当进行周期性的维护检查。

软件在运行期间，为了纠正新发现的错误或缺陷，为了适应计算环境的变化，为了响应用户新的需求，必须进行修改。因此，会导致软件质量有变坏的危险，可能产生新的错误，破坏程序的完整性。所以，必须像硬件的定期检查一样，每个月一次或每两个月一次对软件做周期性的维护审查，以跟踪软件质量的变化。周期性维护审查实际上是开发阶段检查点复查的继续，并且采用的检查方法、检查内容都是相同的。

四、选择易维护的程序设计语言

1. 程序设计语言的选择

程序设计语言的选择对程序的可维护性影响很大。低级语言程序（即机器语言和汇编语言）难理解且难掌握，因此很难维护。高级语言程序比低级语言程序更容易理解，具有更好的可维护性。但同是高级语言，可理解的程度也不一样。例如，现在基于人工智能的应用程序，大多使用 Python 语言而不是 C 语言或 C++语言，既能提高软件开发效率，又能提高软件的可维护性。

2. 改进程序的文档

程序文档是对程序总目标、程序各组成部分之间的关系、程序设计策略、程序实现过程的历史数据等的说明和补充。程序文档对提高程序的可理解性有着重要作用，即使是一个十分简单的程序，要想有效地、高效率地维护它，也需要编制文档来解释其功能及程序结构。而对于程序维护人员来说，要想对程序编制人员的意图重新改造，并对今后变化的可能性进行估计，离开文档就难以完成维护工作。因此，为了维护程序，必须阅读和理解文档，对文档的价值估计过低是由于过低估计了用户对软件维护的需求造成的。好的文档是建立可维护性的基本条件，它的作用和意义有以下 3 点。

1）有相应的好文档的程序比没有文档的程序更容易理解，因为它增加了程序的可读性和可使用性，但质量低劣的文档比没有文档还要糟糕。

2）好的文档意味着简洁、风格一致且易于更新。

3）程序应当成为其自身的文档。在程序中插入清晰、详细的注释可以提高程序的可理解性，好的程序编写风格通常以有层次的缩进、空行等明显的视觉方式来突出程序的控制结构。程序越长、越复杂，对文档的需要就越迫切。

另外，在软件维护阶段，利用历史文档，可以大大简化维护工作。历史文档有以下 3 种。

1）系统开发日志。它记录了项目的开发原则、开发目标、优先次序、选择某种设计方案的理由、决策策略、使用的测试技术和每天出现的问题、计划成功和失败之处等。系统开发日志在日后对维护人员想要了解系统的开发过程和开发中遇到什么问题是非常必要的。

2）错误记载。把出错的历史情况记录下来对于预测今后可能发生的错误类型及出错频率有很大帮助，也有助于维护人员查明出现故障的程序或模块，以便修改或替换它们。此外，对错误进行统计、跟踪可以更合理地评价软件质量、软件质量度量标准和软件方法的有效性。

3）系统维护日志。系统维护日志记录了在维护阶段有关系统修改目的和修改的信息，包括修改的宗旨、修改的策略、存在的问题、问题所在的位置、解决问题的办法、修改要求和说明、注意事项、新版本说明等信息。它有助于了解程序修改背后的思维过程，以进一步了解修改的内容和修改所带来的影响。

本章小结

本章概述了软件维护的定义及分类、影响软件维护工作量的因素、软件维护的策略与成本，介绍了如何度量软件的可维护性、提高软件的可维护性。本章小结如下。

1）软件维护的定义；软件维护的分类；影响软件维护工作量的因素；软件维护的策略；软件维护的成本，软件维护工作量模型 $M=p+K^{c-d}$。

2）软件维护的工作内容与步骤：软件维护工作机构的组织方案；软件维护的申请报告；软件维护工作的基本流程；维护档案记录；维护工作质量的度量。

3）程序的修改：分析理解程序需要完成的工作；分析理解程序的方法；制定修改程序的计划、修改程序、重新验证程序。修改程序的副作用：修改代码的副作用、数据的副作用、文档的副作用。

4）软件可维护性的定义；软件可维护性的度量；提高软件可维护性的方法：明确软件质量的目标和优先级、使用能提高软件质量的技术和工具、进行明确的质量保证审查、使用易维护的程序设计语言。

习　　题

一、单项选择题

1. 任何软件交付使用后都可能需要进行软件维护，下列关于引起软件维护的原因中，错误的是【　】。

A. 软件投入运行的时间太长

B. 软件交付使用后发现了新的错误

C. 软件使用一段时间后，用户提出了新的需求

D. 软件的运行环境发生了变化，需要进行软件的迁移

2. 下列选项中，因用户提出新的功能需求而进行的软件维护所属的类型是【　】。

A. 完善性维护　　　　B. 适应性维护

C. 预防性维护　　　　D. 改正性维护

3. 下列选项中，会导致软件维护工作量和难度变大的因素是【　】。

A. 软件文档丰富、详细　　　　B. 采用高级程序设计语言

C. 采用结构化软件开发技术　　　　D. 采用汇编语言编写基于网络的 App

4. 软件维护工作量的模型 $M=p+K^{c-d}$ 中，变量 c 的含义是【　】。

A. 生产性工作量　　　　B. 对复杂性的度量

C. 软件维护的工作量　　　　D. 对软件熟悉的程度

5. 下列选项中，能有效提高软件可维护性的措施是【 】。

Ⅰ. 对源程序增加详细的注释　Ⅱ. 提供软件需求说明书

Ⅲ. 对软件进行充分的测试　Ⅳ. 提供正确而详细的软件设计文档

A. Ⅰ　B. Ⅰ、Ⅲ　C. Ⅱ、Ⅳ　D. Ⅰ、Ⅱ、Ⅲ、Ⅳ

6. 下列选项中，属于软件维护中修改程序所产生的副作用有【 】。

A. 程序注释不详细　B. 文档内容与程序不一致

C. 程序的算法性能下降　D. 软件的灵活性变差

7. 下列角色中，软件维护申请报告应该提交给【 】。

A. 配置管理员　B. 系统监督员

C. 维护管理员　D. 程序维护人员

8. 关于软件维护工作机构的组织，下列叙述中正确的是【 】。

A. 软件维护机构的工作不需要用户参与

B. 软件维护机构中任何人只能承担一种角色的工作

C. 软件维护机构中的维护管理员也可以参与程序修改工作

D. 必须建立正式的软件维护机构或部门以承担软件维护工作

9. 对于一个基于智能技术的预测系统，有利于提高其系统可维护性的程序设计语言是【 】。

A. C 语言　B. 机器语言

C. Python 语言　D. 汇编语言

10. 保证软件质量的最佳方法是在软件开发的最初阶段就把质量要求考虑进去，并在开发过程每一阶段的终点设置检查点进行检查。在软件设计阶段的检查点需要完成的检查项目不包括【 】。

A. 运行计划　B. 维护支持计划

C. 软件设计方法　D. 程序复杂性

二、简答题

1. 软件维护有哪几种类型？

2. 如何评价软件维护的成本？

3. 软件维护的组织机构应该包含哪些角色？

4. 软件维护的工作步骤是什么？

5. 什么是软件的可维护性？评价软件可维护性的指标有哪些？如何提高软件的可维护性？

6. 可理解性好的程序有哪些特点？

三、应用题

腾讯公司开发的微信，你认为还需要进行哪些完善性维护？你是否发现其中有需要进行改正性维护的问题？对微信软件系统的维护应该采取哪些策略？

第七章　软件项目管理

学习目标：

1. 掌握项目管理工作涉及的对象：人员、产品、过程、项目。

2. 掌握软件项目的开发步骤、软件项目的特点以及软件项目管理涉及的工作。

3. 理解软件度量的基本概念，掌握面向规模、面向功能以及软件质量的度量内容和度量方法。

4. 理解风险评估的意义，掌握风险评估的内容和风险识别、风险估计、风险驾驭与监控的基本方法。

5. 掌握软件开发成本评估的基本方法。

6. 掌握软件项目进度计划、进度表示和进度控制的基本方法。

教师导读：

1. 考生先从总体上理解软件项目管理的目的、特点及工作内容。

2. 考生针对软件项目管理工作涉及的基本内容分别进行深入的学习。

3. 首先理解软件项目管理的本质是利用工程化的方法管理软件的开发，然后分别学习软件项目管理中的度量、软件项目的风险评估和成本评估、软件项目的进度管理等基本内容。

本章介绍软件项目管理的对象，软件项目团队的组织，软件项目管理工作的基本内容。重点阐述了软件项目中的度量及度量方法；软件项目的风险评估及管理；软件项目的成本估算；软件项目的进度管理。

第一节　软件项目管理概述

一、软件项目管理的对象

软件项目管理的对象包括人员、产品、过程和项目（4P：人员 People、产品 Product、过程 Process、项目 Project）。软件开发是人员密集型的劳动，在软件项目管理中首先要重视人员的选择和团队的建立、沟通，离开了对人员管理的重视，软件项目很难成功。

此外，对所开发的产品要有充分的评估，通过广泛交流，对产品的功能、应用、要求做充分的了解。在产品开发过程中，对进度、质量等环节要进行有效的控制，对软件项目进行有计划的管理。

二、软件项目团队

1. 团队人员的构成

人的因素对于一个软件项目的成败起着非常重要的作用。项目团队应该通过各种激励机制以及易于团队成员成长的环境来留住人才。卡内基·梅隆大学的软件工程研究所开发了一个人员能力成熟度模型，该模型针对软件人员定义了以下关键实践域：人员配备、沟通与协调工作环境、业绩管理、培训、报酬、能力素质分析与开发、个人事业发展、工作组发展以及团队精神或企业文化培养等。人员成熟度达到较高水平的组织，更有可能实现有效的软件项目管理。人们开发计算机软件，并取得项目的成功，是由于他们受过良好的训练并得到认可。

参与软件过程及每一个软件项目的相关者可以分为以下5类。

1）高级管理者（产品负责人）。负责定义业务问题，这些问题往往对项目产生很大影响。

2）项目或技术管理者。负责激励、组织和管理软件开发人员。

3）拥有开发产品或应用软件所需技能的团队成员。

4）客户。客户要阐明待开发软件的需求，客户还包括关心项目成败的其他利益相关者。

5）最终用户。最终用户是软件发布成为产品后直接与软件进行交互的人。

每个软件项目都由上述人员组成。项目团队必须以能够最大限度地发挥每个人的技术和能力的方式进行组织和管理，一个好的团队可能高效地开发成功的软件产品。团队人员的选择、组织、管理的第一责任人是团队负责人。一个优秀的团队负责人应该具备以身作则、积极奉献、挑战现状、信任团队成员及鼓舞人心等素质。

2. 团队的组织

对新的软件项目中所直接涉及的人员进行组织，是项目经理的职责。“最佳”团队结构取决于组织的管理风格、团队中的人员数量与技能水平，以及问题的总体难易程度。规划软件工程团队结构时应该考虑的7个项目因素如下。

1）待解决问题的难度。

2）所开发程序的规模。程序的规模可以代码行或者功能点来度量。

3）团队成员需要共同工作的时间。

4）能够对问题进行模块化划分的程度。

5）待开发系统的质量要求和可靠性要求。

6）交付日期的严格程度。

7）项目所需要的友好交流的程度。

无论团队如何组织，每个项目经理的努力目标都是建立一个有凝聚力的团队。一个有凝聚力的团队是一组团结紧密的人，他们的整体力量大于个体力量的总和，一旦团队开始具有凝聚力，项目成功的可能性就大大提高。

3. 团队沟通

使软件项目陷入困境的原因很多，诸如项目规模很大、复杂性高、团队成员之间的关系难以协调。软件开发过程中存在很多不确定性，这些不确定性不可避免地会引起团队工作的各种变更。必须寻求切实可行的方法来协调团队成员之间的关系，建立团队成员之间以及多个团队之间正式的和非正式的交流机制。

三、软件产品

1. 软件范围

对于一个软件产品，在软件项目的初期要调研并了解其功能、性能范围及边界，软件项目经理需要定量地估算成本和有组织地计划项目的进展。软件项目开发过程中，详细、可靠的需求分析信息需要花费很长的时间，因此，很难在软件开发的初期获取评估软件项目风险、成本、可用性、可行性方面的确定信息。更困难的是，用户需求通常是不固定的，经常随着项目的进展会发生变化。尽管困难重重，从项目一开始，就要研究应该开发哪些产品以及要解决哪些问题，确定软件功能和性能的范围及边界。

2. 问题分解

问题分解有时被称为问题划分或问题细化，它是软件需求分析的核心活动。在确定软件范围的活动中，并不试图去完全分解问题，只是分解其中的两个主要方面。

1）必须交付的功能和内容。

2）所使用的软件过程模型。

在面对复杂问题时，将一个复杂的问题划分成若干更易处理的小问题，这是项目计划开始时所采用的策略。在开始估算软件项目开发需要的资源、成本及软件开发进度等问题之前，必须对软件范围中所描述的软件功能进行评估和细化，以提供更多的细节。因为成本和进度估算都是面向功能的，所以需要对功能进行某种程度的分解。

四、选择软件过程

在第一章我们介绍了软件过程模型。在软件项目开始时需要根据项目的特点选择适合待开发软件的软件过程模型（如瀑布模型、原型模型等）。项目开发团队可根据以下因素选择软件过程模型。

1）该产品的客户和从事开发的团队人员。

2）产品本身的特性。

3）软件团队项目的工作环境。

选定软件过程模型后，项目团队可以基于这组过程框架活动来制订初步的项目计划，进而对项目的工作进行分解，制订出项目完整的工作计划。

五、项目管理过程

为了成功地管理软件项目，必须了解在软件项目进行的过程中可能会出现哪些问题。经验和研究表明可能会出现的问题如下。

1）软件人员不理解客户的需要，导致软件需求不明确。

2）在一些项目中，团队缺乏应变的管理措施和能力。需要应对的变化包括技术发生了变化、业务需求改变了、项目失去了赞助等。

3）管理者可能设定了不切实际的最后期限。

4）用户抵制系统。

5）项目团队不具有所需的技能。

6）有些开发人员不会从错误中吸取经验。

从成功的软件项目中吸取经验有利于项目的成功。成功的软件项目和精心设计的过程模型中存在的特征如下。

1）所有利益相关者都接受明确且易于理解的需求。

2）用户在整个开发过程中不断地积极参与工作。

3）项目经理需要具备领导能力，且能和团队分享项目愿景。

4）在利益相关者的参与下制订项目计划和进度表，以达到用户目标。

5）团队成员具备所需技能且敬业。

6）开发团队的成员具有相容的个性，喜欢在协作环境下工作。

7）监控并维护所估算的切实可行的计划和预算。

8）理解并满足客户需求。

9）团队成员的工作满意度高。

10）工作产品能反映期望的范围和质量。

为了使软件项目的开发获得成功，对软件项目工作要进行工程化管理，软件项目管理的工作内容按照实施的先后顺序阐述如下。

1. 启动软件项目

通常，在软件项目启动阶段需要完成的工作如下。

1）确定项目的目标和范围。目标标明了软件项目的目的，范围标明了软件要实现的基本功能，并尽量以定量的方式界定这些功能。

2）考虑可能的解决方案，标明技术和管理上的要求。

3）确定合理、精确的成本估算。

4）进行切实可行的任务分解。

5）制订可管理的进度安排。

2. 度量

度量的作用是为了有效、定量地进行管理。度量的目的是把握软件工程过程的实际情况和它所生产的产品质量。在进行度量时，需要解决的问题是：哪些度量适合过程和产品？如何使用收集到的数据？用于比较个人、过程或产品的度量是否合理？

3. 估算

在软件项目管理过程中的一项关键工作是就项目需要的人力、时间、成本进行估算。这种估算大多是参考以前的花费进行的，如果新项目与以前的某个项目在大小和功能上十分类似，则新项目所需要的工作量、开发时间成本大致与那个老项目相同。但对于背景完全生疏的项目，只凭过去的经验估算可能就不够了，现在已有许多用于软件开发的估算技术。虽然各有其优缺点，但以下几方面是共同的：事先确立软件的工作范围；以软件度量（以往的度量）为基础进行估算；把项目分解为可单独进行估算的小块。管理人员可使用各种估算技术，并可用一种估算技术作为另一种估算技术的交叉检查。

4. 风险分析

每当新开发计算机程序时，总是存在某些不确定性，例如，是否能准确地理解用户的要求？是否能按预定的时间完成和提交项目？是否存在目前仍未发现的技术难题？是否会因某些意料之外的变化造成项目延期？

风险分析实际上就是贯穿在软件工程过程中的一系列风险驾驭步骤，其中包括风险识别、风险估计、风险驾驭策略、风险解决和风险监督，它能让人们去主动防范和控制风险。

5. 进度安排

软件项目的进度安排与任何一个工程项目的进度安排相同，都需要首先识别一组项目任务，再建立任务之间的相互关联，然后估算各个任务的工作量，分配人力和其他资源，制订进度计划。

6. 追踪和控制

由项目管理人员根据项目的进度计划追踪在进度安排中标明的每一个任务。如果任务实际完成日期滞后于进度安排，则管理人员可以使用一种自动的项目进度安排工具来确定在项目的中间里程碑上进度误期所造成的影响。此外，还可对资源重新调配，对任务重新安排，或者可以修改交付日期以调整已经暴露的问题，用这种方式可以较好地控制软件的开发。

六、软件项目管理的特点

软件项目管理的解决，涉及系统工程学、统计学、心理学、社会学、经济学，乃至法律等方面的问题，需要用到多方面的综合知识，特别是涉及社会的因素、精神的因素、人的因素，比技术问题复杂得多。仅靠技术、工程或科研很难解决项目的效率、质量、成本和进度等问题，必须结合工作条件、人员和社会环境等多种因素。

1. 软件项目的特点

软件产品与其他任何产业的产品都不同，它是无形的，完全没有物理属性。对于这样看不见、摸不着的产品，难以理解和驾驭，它把思想、概念、算法、流程、组织、效率、优化等融合在一起了。因此，要开发这样的产品，在许多情况下，用户一开始给不出明确的想法，提不出确切的要求，难以充分表达用户需求。在软件开发的过程中，程序与其相关的文档常常需要修改，在修改的过程中又可能产生新的问题，并且这些问题很可能在过了相当长的时间以后才会发现，文档编制的工作量在整个项目研制过程中占有很大的比重。但从实践中看出，人们对它不感兴趣，认为是不得不做的苦差事，不愿认真地去做，因而直接影响了软件的质量。软件开发工作技术性很强，要求参加工作的人员具有一定的技术水平和实际工作经验。在现实工作中，人员的流动对工作的影响很大，离去的人员不但带走了重要的信息，还带走了工作经验。

2. 软件项目管理的困难

软件项目管理中存在的困难如下。

1）智力密集，可见性差。软件工程过程充满了大量高强度的脑力劳动。软件开发的成果是不可见的逻辑实体，软件产品的质量难以用数据加以度量。对于不深入掌握软件知识或缺乏软件开发实践经验的人员，不可能做好软件管理工作。

2）单件生产，难以复制。软件具有特定的功能和性能要求，开发工具和运行环境各异，使得软件具有独一无二的特色，几乎找不到完全相同的软件产品。这种建立在内容、形式各异的基础上的研制或生产方式，与其他领域中的大规模现代化生产有着很大的差别，也自然会给管理工作造成许多实际困难。

3）劳动密集，自动化程度低。软件项目经历的各个阶段都渗透了大量的手工劳动，这些劳动十分细致、复杂和容易出错。尽管近年来软件工程和人工智能技术的快速发展支持一些代码的自动生成，但总体来说，仍远未达到自动化的程度。

4）程序编写烦琐，维护困难。一方面，用户使用软件需要掌握计算机的基本知识，或者接受专门的培训，否则面对多种使用手册、说明和烦琐的操作步骤，学会使用比较困难。另一方面，软件提交后，若出现错误或者用户需求发生变更、软件的运行环境发生变化（如更新了硬件设备），需要进行软件维护，软件维护困难（在第六章我们专门阐述了软件维护可能遇到的困难）。

5）软件工作渗透了人的因素。为高质量地完成软件项目，不仅要求软件人员具有一定的技术水平和工作经验，而且要求他们具有良好的心理素质，软件人员的情绪和他们的工作环境对他们的工作效率、质量有很大的影响。与其他行业相比，这个特点十分突出，必须给予足够的重视。

3. 造成软件项目失败的原因

在总结和分析足够数量失败的软件项目之后，可以发现软件项目失败多与管理工作有关。在软件项目开始执行时，遇到的问题往往是可供利用的资料太少、项目负责人的责任不明确、项目的定义模糊、没有计划或计划过分粗糙、资源要求未按时安排而落空、没有明确规定子项目完成的标准、缺乏使用工具的知识、项目已有变动但预算未随之改变。

在软件项目开发的过程中可能会发生的问题是项目审查只注意琐事而走过场、人员变动造成对工作的干扰、项目进行情况未能定期汇报、对阶段评审和评审中发现的问题如何处置未做出明确规定、未能做到严格遵循需求规格说明书、项目管理工作不足。

项目进行到最后阶段可能会发生的问题是未做质量评价、很少交流知识和经验、未对人员工作情况做出评定、未做严格的移交、扩充性建议未写入文档资料。

总之，问题涉及软件项目研制中的计划制订、进度估计、资源使用、人员配备、组织机构和管理方法等软件管理的许多方面。

4. 软件项目管理的主要职能

软件管理的主要职能如下。

1）制订计划。规定待完成的任务、要求、资源、人力和进度等。

2）建立组织。为实施计划，保证任务的完成，需要建立分工明确的责任制机构。

3）配备人员。任用各种层次的技术人员和管理人员。

4）指导工作。鼓励和动员软件人员完成所分配的工作。

5）检验工作进展。对照计划或标准，监督和检查实施的情况。

第二节 软件项目中的度量

对于任何一个工程项目来说度量都是最基本的工作，软件项目也不例外。软件项目的度量包括对生产率、产品质量、工作量等方面的度量。

一、软件度量

软件度量涉及范围较广。在软件项目管理范围内，应主要关心生产率与质量的度量，即根据投入工作量，对软件开发活动和开发成果的质量进行度量。

对软件进行度量的目的是表明软件产品的质量、弄清软件开发的生产率、弄清新的软件工程方法和工具在生产率和质量两方面的效益、建立项目估算的“基线”、帮助调整对新的工具和附加培训的要求。

在物理世界中，度量有两种方式：一种是直接度量，例如，度量一个物品的尺寸；另一种是间接度量，例如，用次品率来度量生产出的物品的质量。软件度量也分为两类，软件工程过程的直接度量包括所投入的成本和工作量，包括产生的代码行数、执行速度、存储量大小、在某种时间周期中所报告的错误数。软件产品的间接度量则包括功能、复杂性、效率、可靠性、可维护性和许多其他的质量特性。只要事先建立特定的度量规则，很容易做到直接度量开发软件所需要的成本和工作量、产生的代码行数等。但是，软件的功能、复杂性、效率、可靠性、可维护性等质量特性却很难用直接度量表明，只能通过间接度量推断。

可将软件度量范围按图 7-1 所示进行分类。从图中可知，生产率度量主要集中在软件工程过程的输出；质量度量可指明软件能够在多大程度上满足明确和不明确的用户要求；而技术度量则主要集中在软件的一些特性（如逻辑复杂性、模块化程度等）而不是软件开发的全过程。从图 7-1 中还可以看到另一种分类方法：面向规模的度量用于收集与直接度量有关的软件工程的输出信息和质量信息；面向功能的度量提供直接度量的尺度；面向人的度量则收集有关软件开发人员开发计算机软件所用方式的信息和开发人员理解有关工具和方法的效率信息。

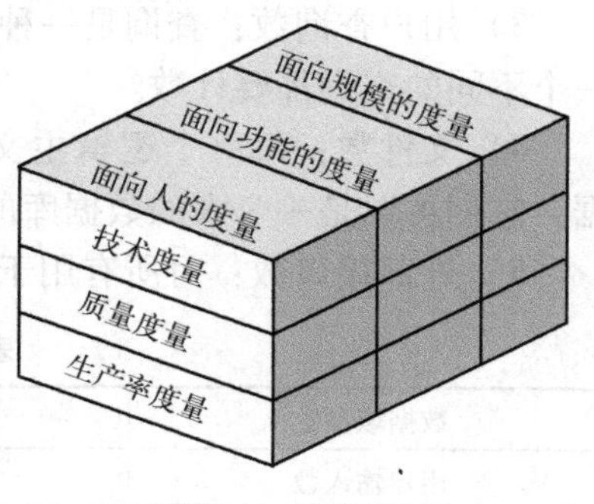

图 7-1　软件度量

二、面向规模的度量

面向规模的度量是对软件和软件开发过程的直接度量。软件开发组织可以建立一个如表 7-1 所示的面向规模的度量表来记录项目的某些信息。

表 7-1　面向规模的度量表

项目编号	工作量/人月	成本/万元	KLOC（千代码行）	文档页数	错误数	人数
A-20-1	26	28	13	360	21	4
B-21-2	70	40	28	1060	50	6
C-21-3	50	35	23	970	42	5
……	……	……	……	……	……	……

该表格列出了在过去几年完成的每一个软件开发项目和这些项目面向规模的部分数据。如项目 A-20-1 的开发规模为 13 KLOC（千代码行），工作量用了 26 个人月，成本为 28 万元，文档为 360 页，在交付用户使用后第一年内发现了 21 个错误，有 4 个人参加了项目的软件开发工作。需要注意的是，在表格中记载的工作量和成本是整个软件工程的活动成本，包括需求分析、软件设计、编码和测试，而不仅仅是编码活动。

三、面向功能的度量

面向功能的度量是对软件和软件开发过程的间接度量。面向功能的度量的注意力集中于程序的“功能性”和“实用性”。该度量是一种叫作功能点方法的生产率度量法。该方法利用有关软件数据域的一些计数度量和软件复杂性估计的经验关系式导出功能点（Function Point，FP）。

功能点通过填写表 7-2 所示的表格来计算。首先要确定 5 个数据域的特征，并在表格中相应位置给出计数。5 个数据域的值以如下方式定义。

1）用户输入数：每个用户输入应是面向不同应用的输入数据，对它们都要进行计数；

输入数据应区别于查询数据，应对它们分别计数。

2）用户输出数：各个用户输出是为用户提供的面向应用的输出信息，它们均应计数。在这里的“输出”是指报告、屏幕信息、错误信息等，在报告中的各个数据项不应再分别计数。

3）用户查询数：查询是一种联机输入，它引发软件以联机方式产生某种即时响应，每一个不同的查询都要计数。

4）文件数：每一个逻辑主文件都应计数。这里的逻辑主文件，是指逻辑上的一组数据，它们可以是一个大的数据库的一部分，也可以是一个单独的文件。

5）外部接口数：对所有用于将信息传送到另一个系统中的接口均应计数。

表 7-2　面向功能的度量表示例

数据域参数	计数	权值	加权计数
用户输入数		3	
用户输出数		5	
用户查询数		7	
文件数		6	
外部接口数		4	
总计数			

一旦收集到上述数据，就可以计算出与每一个计数相关的加权复杂性值。使用功能点方法的单位要自行拟定一些准则，利用不同的权值区分一个特定项是简单的、平均的还是复杂的。复杂性的确定不可避免地带有主观因素。使用如下的关系式计算功能点：

$$FP = 总计数 \times [0.65 + 0.01 \times \mathrm{sum}(F_i)]$$

其中，总计数是由表 7-2 得到的所有加权复杂性值的和；$F_i(i \in [1,14])$是复杂性校正值，它们应通过逐一回答图 7-2 所提问题来确定。$\mathrm{sum}(F_i)$是求和函数。上述等式中的常数和应用于数据域计数的加权因数可根据经验确定。

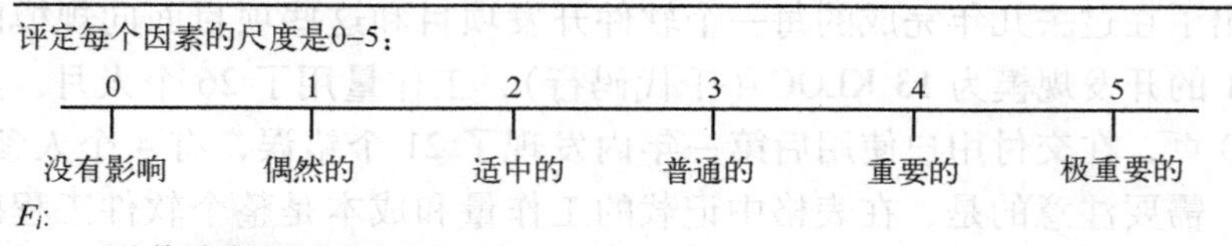

1. 系统是否需要可靠的备份和回复？
2. 是否需要数据通信？
3. 是否有分布处理的功能？
4. 性能是否关键？
5. 系统是否运行在既存的高度实用化的操作环境中？
6. 系统是否需要联机数据项？
7. 联机数据项是否需要输入处理以建立多重窗口显示或操作？
8. 主文件是否联机更新？
9. 输入、输出、文件、查询是否复杂？
10. 内部处理过程是否复杂？
11. 程序代码是否被设计成可复用的？
12. 设计中是否包括转换和安装？
13. 系统是否被设计成可重复安装在不同机器中？
14. 应用是否被设计成便于修改和易于用户使用？

图 7-2　计算功能点的校正值

计算出功能点后，就可以仿照 LOC 的方式度量软件的生产率、质量和其他属性：

生产率 = FP/PM（人月）

质量 = 错误数/FP

成本 = 金额/FP

文档 = 文档页数/FP

功能点度量的扩充称为特征点（Feature Point，FP）度量。它适用于实时处理、过程控制、嵌入式软件这些算法复杂性高的应用的度量。

四、软件质量的度量

质量度量贯穿于软件工程的全过程以及软件交付用户使用之后。在软件交付之前得到的度量为判断设计和测试质量的好坏提供了定量的依据，这一类度量包括程序复杂性、有效的模块性和总的程序规模。在软件交付之后的度量则把注意力集中于残存的错误数和系统的可维护性方面。特别要强调的是，运行期间的软件质量度量可向管理者和技术人员表明软件工程过程的有效性达到什么程度。

软件质量可以从以下 4 个方面进行度量（不仅限于以下 4 个方面）。

1）正确性。正确性要求软件正确地执行所要求的功能。对于正确性，最基础的度量是每千代码行（KLOC）的差错数，其中将差错定义为已被证实是不符合需求的缺陷。差错在程序交付用户普遍使用后由程序的用户报告，按标准的时间周期（典型情况是 1 年）进行计数。

2）可维护性。软件维护比起其他的软件工程活动需要更多的工作量。可维护性只能采取间接度量，比如可以采用平均修改时间（Mean Time To Change，MTTC）来度量软件的可维护性。MTTC 包括开始分析变更要求、设计合适的修改、实现变更并测试它，以及把这种变更发送给所有用户的时间。

3）完整性。在计算机犯罪和病毒困扰的时代里，完整性越来越重要。这个属性度量一个系统抗拒对它的安全性攻击（包括事故的和人为的）的能力。软件的所有 3 个成分，程序、数据和文档都会遭到攻击。为了度量完整性，需要定义两个子属性：危险性和安全性。危险性是特定类型的攻击将在一给定时间内发生的概率，可以估计或从经验数据中导出它。安全性是排除特定类型攻击的概率，也可以估计或从经验数据中导出它。

4）可使用性。在关于软件产品的讨论中，“用户友好性”很普遍。如果一个程序不具有“用户友好性”，即使它所执行的功能很有价值，也常常会失败。可使用性力图量化“用户友好性”，并依据 4 个特征进行度量，即：为学习系统所需要的体力上的和智力上的技能、为达到适度有效使用系统所需要的时间、当软件被某些人适度有效地使用时所度量的在生产率方面的净增值、用户角度对系统的主观评价（可以通过问题调查表得到）。

第三节　软件项目的评估

一、风险评估

在考虑软件项目的风险时，主要基于 3 点：一是关心未来风险是否会导致软件项目失败？二是关心变化，在用户需求、开发技术、目标机器以及所有其他与项目有关的实体中会发生什么变化？三是如果必须面临选择：应当采用什么方法和工具？应当配备多少人力？在质量上强调到什么程度才满足要求？风险驾驭的内容包括风险识别、风险估计、风险评价、风险驾驭与监控。

1. 风险识别

从宏观上来看，可将风险分为项目风险、技术风险和商业风险。

项目风险包括潜在的预算、进度、人员及人员的组织、资源、用户和需求方面的问题，以及它们对软件项目的影响，如项目复杂性、规模和结构等都可构成风险因素。

技术风险包括设计、实现、接口、检验和维护方面的问题。此外，规格说明的多义性、技术上的不确定性、技术陈旧、最新但不成熟的技术也是风险因素。技术风险之所以出现是由于问题的解决比所预想的要复杂。

主要的商业风险有以下5种。

1）市场风险。实现的软件虽然很优秀但缺乏市场，缺乏需要它的用户。

2）建立的软件不适合整个软件产品战略。

3）销售部门不清楚如何推销这种软件。

4）由于课题改变或人员改变等不可预知的因素而失去上级管理部门对项目的支持。

5）预算风险。失去预算或人员的承诺。

需要注意的是有时对某些风险不能简单地归类，而且某些风险事先无法预测。

风险识别的任务是要识别属于上述类型中某些特定项目的风险。方法是利用一组提问来帮助项目计划人员了解在项目和技术方面有哪些风险。可以使用一个“风险项目检查表”列出与每一个风险因素有关的所有可能的提问。例如，管理或计划人员可以通过回答下列问题得到有关人员方面的风险的认识：可投入的人员是最优秀的吗？按技能对人员做了合理的组合吗？投入的人员足够吗？在整个项目开发进行期间，人员如何投入？有多少人员不是全时投入这个项目的工作？项目组成员对于手头上的工作是否有正确的目标？项目的成员接受过必要的培训吗？项目中的成员是否稳定和连续？对于这些提问，通过判定分析或假设分析，给出确定的回答，就可以帮助管理或计划人员估算风险的影响。

2. 风险估计

可以使用两种方法来对每一种风险进行估计。一种方法是估计一个风险发生的可能性，另一种方法是估计与风险有关的问题可能产生的后果。通常，项目计划人员与管理人员、技术人员一起，进行4种风险估计活动。

1）建立一个尺度或标准来表示一个风险的可能性。

2）描述风险的后果。

3）估计风险对项目产生的影响。

4）风险估计的正确性。

尺度可以用布尔值、定性的或定量的方式定义。在极端的情况下，风险项目检查表中的每一项提问都可以用“yes”或“no”来回答，但这是非常不够的。很少用这种绝对的方式评价风险。一种比较好的方法是使用定量的概率尺度，它具有下列的值：极罕见的、罕见的、普通的、可能的、极可能的。这样，计划人员就可以估计风险的出现概率，例如，概率为90%就意味风险很高。这些概率数据可以使用从过去项目、直觉或其他信息收集来的度量数据进行统计分析估算出来。例如，由45个项目中收集的度量表明：在37个项目中用户要求变更次数达到两次，作为预测，新项目可能遇到极端的要求变更次数的概率是37/45≈0.82，因而极端的要求变更的风险很大。

最后，根据已掌握的风险对项目的影响，可以给风险加权，且把它们安排到一个优先队列中，造成影响的因素有3种：风险的表现、风险的范围和风险的时间。

风险的表现指出在风险出现时可能出现的问题，例如，一个定义得很差的用户硬件的外部接口（技术风险）会妨碍早期的设计和测试，而且很可能在项目后期造成系统组装上的问题。

风险的范围则组合了风险的严重性及其总的分布，即对项目的影响有多大，对用户的损害又有多大。

风险的时间则考虑风险的影响什么时候开始，要影响多长时间。在多数情况下，项目管理人员可能希望“坏消息”出现得越早越好，但在有些情况下则拖得比较长。

图7-3表示，风险影响和出现概率对风险驾驭有不同的影响。一个具有较高影响权值但出现概率极低的风险因素应当不占用很多有效管理时间。然而，具有中等或高概率且对后果具有高影响的风险和具有高概率、低影响的风险，就必须进行风险的管理。

3. 风险评价

在风险驾驭过程中进行风险评价的时候，应当建立一个三元组：

$$[r_i, l_i, x_i]$$

其中，r_i是风险，l_i是风险出现的可能性（概率），而x_i是风险的影响。在做风险评价时，应当进一步检验在风险估计时所得到的估计的准确性，尝试对已暴露的风险进行优先排队，并着手考虑控制和消除可能出现风险的方法。

一个对风险评价很有用的技术就是定义风险参照水准。对于大多数软件项目来说，成本、进度和性能就是3种典型的风险参照水准。对于成本超支、进度延期、性能降低（或它们的某种组合，例如成本超支且进度延期），有一个表明导致项目终止的水准。如果风险的某种组合造成了一些问题，从而超出了一个或多个参照水准，就要终止工作。在做软件风险分析的环境中，一个风险参照水准就有一个单独的点，叫作参照点或崩滑点。在这个点上，要公正地判断是继续还是终止执行项目工作。因此，可能需要利用性能分析、成本模型、任务网络分析、质量因素分析等做判断。例如，图7-4表示项目成本和进度组合超出风险水准的情况，在图中用曲线表示水准，当超出时，将导致项目终止（灰色阴影区域）。在参照点上要对继续进行还是终止的判断公正地加权。

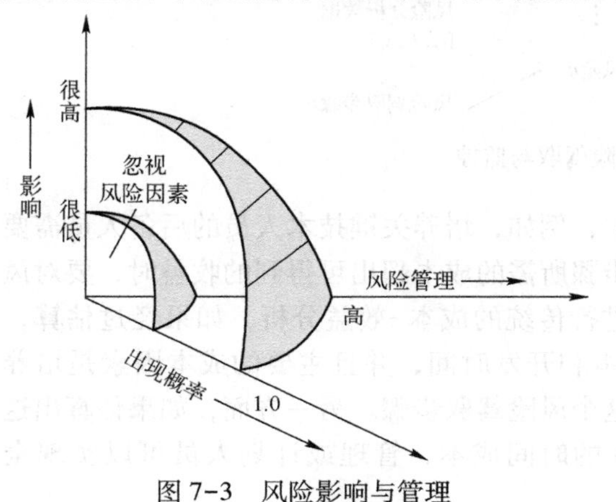

图7-3　风险影响与管理

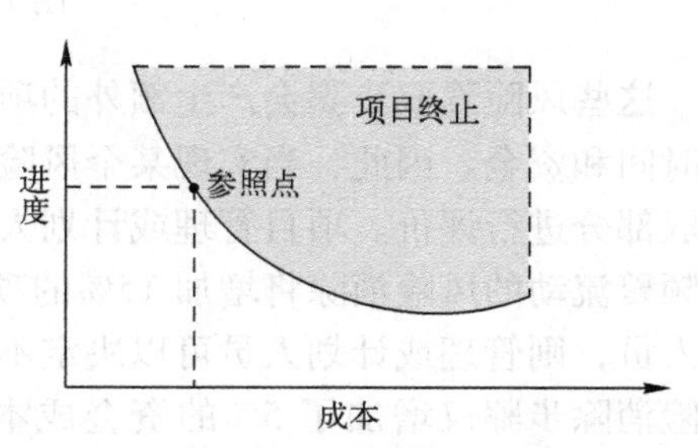

图7-4　风险参照水准

实际上，参照点能在图上表示成一条平滑的曲线的情况很少，在多数情况下，它是一个区域，这个区域可能是易变动的区域，在这些区域内想要基于参照值组合进行管理判断往往是不可能的。因此，在做风险评价时按以下步骤执行。

1）为项目定义风险参照水准。

2）尝试找出在每个$[r_i, l_i, x_i]$和每个参照水准之间的关系。

3）预测参照点组以定义一个终止区域，用一条曲线或一组易变动的区域来界定。

4）努力预测复合的风险组合将如何形成一个参照水准。

4. 风险驾驭与监控

风险驾驭是指利用某些技术，如原型化、软件自动化、软件心理学、可靠性工程学以及某些项目管理方法等设法避开或转移风险。风险驾驭的图解说明如图 7-5 所示。与每个风险相关的三元组［风险描述，风险可能性，风险影响］是建立风险驾驭（风险消除）步骤的基础。例如，假如人员的频繁流动是一项风险 r_i，基于过去的历史和管理经验，频繁流动可能性的估算值 l_i 为 70%，而影响 x_i 的估计值是：项目开发时间增加 15%，总成本增加 12%，给出了这些数据之后，建议执行以下风险驾驭步骤。

1）与在职的人员协商，了解人员流动的原因，如工作压力大、收入低等。

2）在项目开始前，把避开风险的工作列入已拟定的控制计划中。

3）当项目启动时，做好会出现人员流动的准备，确保人员离开后项目仍能继续。

4）建立项目组，使大家都及时了解有关开发活动的信息。

5）制定文档标准，并建立一种机制以保证能够及时生成文档。

6）对所有工作组织细致的评审，以使更多的人能够按计划进度完成自己的工作。

7）对每一个关键性的技术人员，培养后备人员。

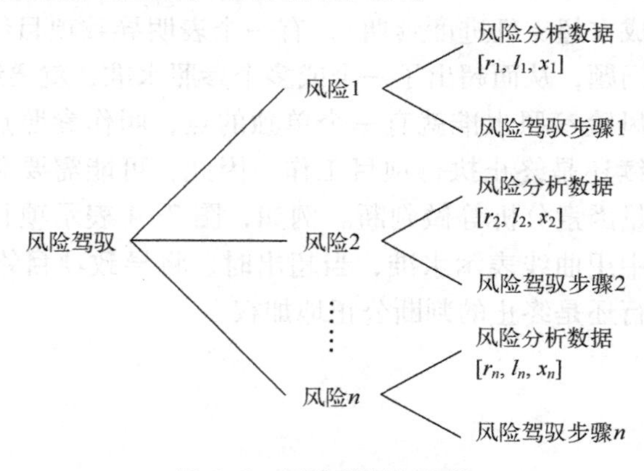

图 7-5 风险驾驭与监控

这些风险驾驭步骤会产生额外的项目成本，例如，培养关键技术人员的后备人员需要花费时间和资金。因此，当实现某个风险驾驭步骤所需的成本超出可得到的收益时，要对风险驾驭部分进行评价。项目管理或计划人员要进行传统的成本-效益分析。如果经过估算，人员频繁流动的风险消除将增加 15% 的项目成本和开发时间，并且主要的成本因素是培养后备人员，则管理或计划人员可以决定不实施这个风险驾驭步骤。另一方面，如果估算出这些风险消除步骤仅增加了 5% 的资金成本和 3% 的时间成本，管理或计划人员可以实现全部步骤。

对于一个大型的软件项目，可能会识别出30~40项风险，如果每一项风险有3~7个风险驾驭步骤，那么风险驾驭也可能成为一个项目。经验表明，所有项目风险的80%能够通过20%的已识别风险来说明。在早期的风险分析中所做的工作可以帮助管理或计划人员确定哪些风险在这20%之内。由于这个原因，对某些风险可进行识别、估计、评价，但可以不写进风险驾驭计划中，因为它们不属于关键的、最高项目优先级20%的那些风险。

风险驾驭步骤要写进风险驾驭与监控计划中，以记录并描述风险分析的全部工作，提供给项目管理人员使用。

一旦制订出风险驾驭与监控计划，且项目已开始执行，就应开始进行风险监控。风险监控是一种项目追踪活动，它有3个主要目标。

1）进行里程碑事件跟踪和主要风险因素跟踪，判断一个预测的风险是否发生了。

2）进行风险再分析，确保针对风险制定的风险消除步骤被实施。

3）收集可用于将来进行风险分析的信息。

在多数情况下，项目中发生的问题总能追踪到许多风险，风险监控的另一项工作就是要把“责任”（什么风险导致问题发生）分配到项目中去。

风险分析需要占用许多有效的项目计划工作量，识别、估计、评价、管理和监控都需要时间，但这些工作量可以为软件项目的成功提供强有力的保障。

二、成本评估

本小节讨论软件开发成本，主要是指软件开发过程中所花费的工作量及相应的代价，不包括原材料和能源的消耗，主要是人的劳动的消耗。此外，软件产品不存在重复制造过程，它的开发成本是以一次性开发过程所花费的代价来计算的。因此软件开发成本的估算，应是从软件计划、需求分析、设计、编码、单元测试、组装测试到确认测试的整个软件开发全过程所花费的人工代价作为依据的。

1. 软件开发成本估算方法

对于一个大型的软件项目，由于项目的复杂性，开发成本的估算不是一件简单的事，要进行一系列的估算处理，主要靠分解和类推的方式进行。基本估算方法分为3类。

（1）自顶向下的估算方法

这种估算方法从项目的整体出发进行类推，即估算人员根据以前已完成项目所耗费的总成本或总工作量，推算将要开发的软件的总成本或总工作量。然后，按比例将它分配到需求分析、软件设计、编码、测试等开发任务中去。这种方法的优点是估算工作量小、速度快，缺点是估算出的成本偏差大。

（2）自底向上的估算方法

这种方法是把待开发的软件细分，直到每一个子任务都已经明确所需要的开发工作量，然后把它们加起来，得到软件开发的总工作量，这是一种常见的估算方法。它的优点是估算各个部分的准确性高，缺点是缺少各项子任务之间相互联系所需要的工作量，还缺少许多与软件开发有关的系统级工作量，如配置管理、质量管理、项目管理，所以往往估算值偏低，必须用其他方法进行检验和校正。

（3）差别估算方法

这种方法综合了上述两种方法的优点，其估算思路是把待开发的软件项目与过去已完成的软件项目进行类比，从其开发的各个子任务中区分出类似的部分和不同的部分，类似的部分按实际量进行计算，不同的部分则采用相应的方法进行估算，这种方法的优点是可以提高估算的准确程度，缺点是不容易明确“类似”的界限。

2. 软件开发成本估算的经验模型

软件开发成本估算的依据是开发成本估算模型。开发成本估算模型通常采用经验公式来预测软件项目计划所需要的成本、工作量和进度，用以支持大多数模型的经验数据都是从有限的项目样本中得到的。因此，还没有一种估算模型能够适用于所有的软件类型和开发环境，从这些模型中得到的结果必须慎重使用。软件开发成本估算模型有 IBM 模型、Putnam 模型、COCOMO 模型。

（1）IBM 模型

IBM 模型是一种静态单变量模型，它利用已估算的特性，如源代码行数，来估算各种资源的需要量。模型一般是在可收集到足够有效的历史数据的局部环境中推导出来的。在 IBM 模型中，通常，一条机器指令为一行源代码，一个软件的源代码行数不包括程序注释、作业命令、调试程序。对于用非机器指令编写的源程序，例如汇编语言或高级语言程序，应转换成机器指令源代码行数来考虑，转换计算时需要用到转换系数。定义转换系数为机器指令条数/非机器语言执行步数。几种不同编程语言程序的转换系数如表 7-3 所示。

表 7-3　不同编程语言的转换系数

语言	简单汇编	C 语言	C#	Python
转换系数	1	4~6	5~8	6~10

此外，定义一个人参加劳动时间的长短为劳动量，其度量单位为 PM（人月）、PY（人年）或 PD（人日）。进一步地，定义单位劳动量所能完成的软件产品的数量为软件生产率，其度量单位为 LOC/P（每人的代码行数），这一般是开发全过程的一个平均值。例如，一个软件共有源代码 2900 行，其中，500 行用于测试，2400 行是执行程序的源代码，一个人开发时长为 10 个月。则劳动生产率是：

$$2400/10=240\ (\text{LOC/PM})$$

表示每人每月平均开发 240 行机器级源代码。

IBM 模型虽然是一种静态单变量模型，但不是一个通用公式，在应用中要根据具体实际情况对公式中的参数进行修改。

（2）Putnam 模型

Putnam 模型是一种动态多变量模型。它假定在软件开发的整个生存期中工作量有特定的分布，将项目的资源需求作为时间的函数。在软件工程过程中的一系列的时间步内定义资源，并把工作量按一定的百分比分配给每一个时间步，每一个时间步又可进一步划分成一些任务。最后，建立一条连续的“资源需求曲线”，根据这条曲线导出一系列等式，模型化资源特性。Putnam 模型是依据在一些总工作量达到或超过 30 人年的大型项目中收集到的工作量分布情况推导出来的，但也可以应用在一些较小的软件项目中。

（3）COCOMO 模型（Constructive Cost Model）

这是一种精确、易于使用的成本估算方法。在该模型中使用的基本量有以下几个。

1）源指令条数：定义为代码或卡片形式的源程序行数。若一行有两条语句，则将两条语句算作一条指令。它包括作业控制语句和格式语句，但不包括注释语句。

2）度量单位为人月（PM）表示的开发工作量。定义1 PM = 19 人日 = 152 人时 = 1/12 人年。

3）度量单位为月表示的开发进度。它由工作量决定。

在COCOMO模型中，考虑开发环境，软件开发项目的总体类型可分为3种。

1）组织型。相对较小、较简单的软件项目。对此种软件，一般需求不那么苛刻。开发人员对软件产品开发目标理解充分，与软件系统相关的工作经验丰富，对软件的使用环境很熟悉，受硬件的约束较少，程序的规模不是很大（代码行低于5万行）。例如，多数应用软件及老的操作系统和编译程序均属此种类型。

2）嵌入型。此种软件要求在紧密联系的硬件、软件和操作的限制条件下运行，通常与某些硬设备紧密结合在一起。因此，对接口、数据结构、算法要求较高，软件规模任意。例如，大而复杂的事务处理系统、大型/超大型的操作系统、航天用控制系统、大型指挥系统，均属此种类型。

3）半独立型。对此种软件的要求介于上述两种软件之间，但软件的规模和复杂性都属于中等以上，代码量最大可达30万行。例如，大多数事务处理系统、新的操作系统、新的数据库管理系统、大型的库存/生产控制系统、简单的指挥系统，均属此种类型。

COCOMO模型按其详细程度分成三级：基本COCOMO模型、中间COCOMO模型和详细COCOMO模型。基本COCOMO模型是静态单变量模型，它用一个以已估算出来的源代码行数LOC为自变量的经验函数来计算软件开发工作量。中间COCOMO模型则在用LOC为自变量的函数计算软件开发工作量的基础上，再用涉及产品、硬件、人员、项目等方面属性的影响因素来调整工作量的估算。详细COCOMO模型包括中间COCOMO模型的所有特性，但用上述各种影响因素调整工作量估算时，还要考虑对软件工程过程中分析、设计等每一个步骤的影响。

第四节　进度计划及管理

软件项目的进度安排有两种考虑方式：一种是系统最终交付日期已经确定，软件开发部门必须在规定期限内完成；另一种方式是系统最终交付日期只确定了大致的年限，最后的交付日期由软件开发部门确定。后一种安排能够对软件开发项目进行细致的分析，最好地利用资源，合理地分配工作，而最后的交付日期则可以在对软件进行仔细地分析之后再确定下来。但前一种安排在实际工作中常遇到，如不能按时完成，用户会不满意，甚至还会要求赔偿经济损失，所以必须在规定的期限内合理地分配人力和安排进度。

进度安排的准确程度可能比成本估算的准确程度更重要。软件产品可以靠重新定价或者靠大量的销售来弥补成本超过预算的问题，但是进度安排的落空会导致市场机会的丧失、用户的不满意，而且会导致成本的增加。因此，在考虑进度安排时，要把人员的工作量与花费的时间联系起来，合理分配工作量，利用进度安排的有效方法严密监控软件开发的进展情况，以使得软件开发的进度不致拖延。

一、项目团队与软件生产率

对于一个小型的软件开发项目，一个人就可以完成需求分析、设计、编码和测试工作。但是，随着软件开发项目规模的增大，就会有更多的人共同参与同一软件开发项目的工作。例如，10 个人 1 年可以完成的项目，若让 1 个人干 10 年是不行的，因此，需要多人组成开发小组共同参加一个项目的开发。当几个人共同承担软件开发项目中的某一项任务时，人与人之间必须通过交流来解决各自承担任务之间的接口问题，即通信问题。通信花费的时间和代价，会引起软件错误增加，降低软件生产率。因此，并不是项目团队人数越多，开发进度就越快，需要把项目团队的人数控制在一定范围内，以保证软件的生产率不会因为人数太多，通信开销过大，使得生产率太低而导致项目进度更加难以控制。

二、确定任务及其并行性

当参加同一软件工程项目的人数不止一人的时候，开发工作就会出现并行情形。在软件项目的各种活动中，首先是进行项目的需求分析和评审，此项工作为以后的并行工作打下了基础，一旦软件的需求得到确认并通过了评审，概要设计（系统结构设计和数据设计）工作和测试计划制订工作就可以并行进行。如果系统模块结构已经建立，对各个模块的详细设计、编码、单元测试等工作又可以并行进行，当每一个模块都完成调试，就可以对它们进行组装并进行组装测试，最后进行确认测试，为软件交付进行确认。

软件开发过程中可以设置许多里程碑，里程碑为管理人员提供了指示项目进度的重要依据。当一个软件工程任务成功地通过了评审并产生了文档之后，就完成了一个里程碑。

软件工程项目的并行性提出了一系列的进度要求。因为并行任务是同时发生的，所以必须在进度计划中决定任务之间的从属关系，确定各个任务的先后次序和衔接，确定各个任务完成的持续时间。此外，项目负责人应注意构成关键路径的任务，即若要保证整个项目按进度要求完成，就必须保证这些关键任务按进度要求完成，这样就可以确定在进度安排中应保证的重点。

三、进度安排的方法

软件项目的进度安排与任何一个多重任务工作的进度安排相似，因此，只要稍加修改，就可以把用于一般开发项目的进度安排的技术和工具应用于软件项目。

软件项目的进度计划和工作的实际进展情况，对于较大的项目来说，为了表示各项任务之间进度的相互依赖关系，采用图示的方法比使用语言叙述更清楚。以下介绍几种有效的图示方法。在这几种图示方法中，必须明确标明各个任务的计划开始时间、完成时间；各个任务完成的标志（即○文档编写和△评审）；各个任务与参与工作的人数、各个任务与工作量之间的衔接情况；完成各个任务所需的物理资源和数据资源。

1. 甘特图（Gantt Chart）

甘特图用水平线段表示任务的工作阶段，线段的起点和终点分别对应着任务的开工时间和完成时间，线段的长度表示完成任务所需的时间。

图 7-6 所示为一个具有 5 个任务的甘特图，图中的任务名分别为 A、B、C、D、E。如果这 5 条线段分别代表完成任务的计划时间，则在横坐标方向附加一条可向右移动的纵线。

它可随着项目的进展，表明已完成的任务（纵线扫过的）和计划完成的任务（纵线尚未扫过的）。从甘特图上可以很清楚地看出各子任务在时间上的对比关系。

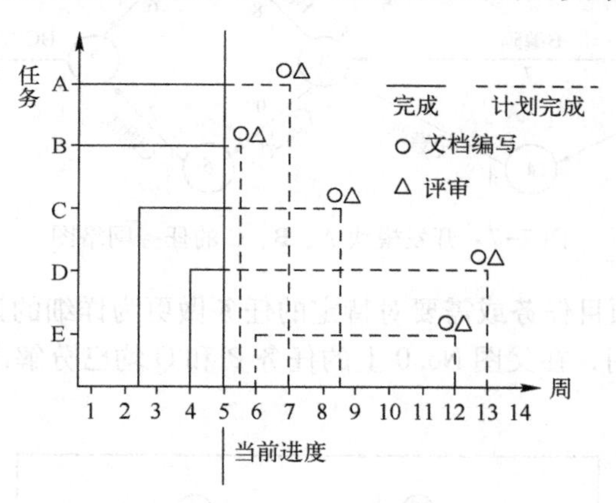

图 7-6　软件项目进度的甘特图

在甘特图中，每一个任务完成的标准不是以能否继续下一阶段任务为标准，而是必须交付应交付的文档与通过评审为标准。因此，在甘特图中，文档编写与评审是软件开发进度的里程碑。甘特图的优点是标明了各任务的计划进度和当前进度，能动态地反映软件开发进展情况。缺点是难以反映多个任务之间存在的复杂的逻辑关系。

2. PERT 和 CPM

PERT（Porgram Evaluation and Review Technique，计划评审技术）和 CPM（Critical Path Method，关键路径法）都是安排开发进度、制订软件开发计划最常用的方法。它们都采用网络图来描述一个项目的任务网络，也就是从一个项目的开始到结束，把应当完成的任务用图的形式表示出来。通常用两张图来定义网络图，一张图显示某一特定软件项目的所有任务，另一张图显示应按照什么次序来完成这些任务，以及各个任务之间的衔接。

PERT 和 CPM 都为项目计划人员提供了以下一些定量的工具。

1）确定关键路径，即决定项目开发时间的任务链。

2）应用统计模型，对每一个单独的任务确定最可能的开发持续时间的估算值。

3）计算边界时间，为具体的任务定义时间窗口。重要的边界时间有：任务可以开始的最早时间；在保证项目不被延迟的情况下任务的最迟开始时间；任务的最早完成时间；任务的最迟完成时间；在安排进度计划时，为保证网络上的关键路径能按进度要求执行而允许的时间余量。边界时间的计算使得计划人员能够确定关键路径，为管理人员提供一种定量的方法，用以在某些任务完成的时候评估项目的进展情况。

下面举例说明，假定某一开发项目在进入编码阶段之后，考虑如何安排 3 个模块 A、B、C 的开发工作。其中，模块 A 是公用模块，模块 B 与 C 的测试有赖于模块 A 调试的完成。模块 C 是已有的模块，但对它要在理解之后做部分修改。直到对模块 A、B 和 C 进行组装测试。这些工作步骤按图 7-7 来安排。在此图中，各边表示要完成的任务，边上均标注任务的名称，如“A 编码”表示模块 A 的编码工作。边上的数字表示完成该任务的持续时间。图中有数字编号的结点是任务的起点和终点，图中的 0 号结点是整个任务网络的起点，8 号结点是终点。图中足够明确地表明了各项任务的计划时间，以及各项任务之间的依赖关系。

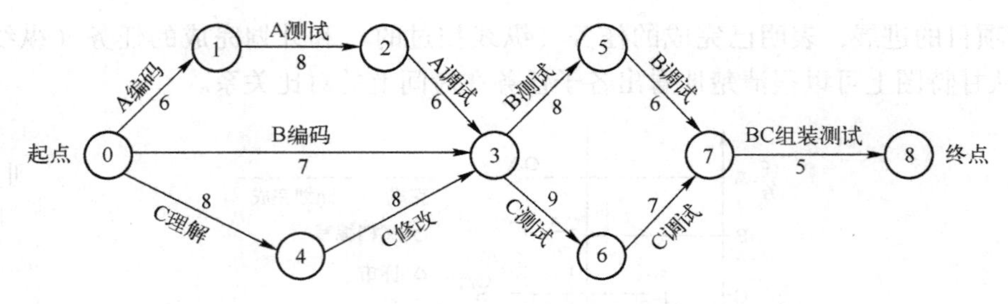

图 7-7　开发模块 A、B、C 的任务网络图

在组织较为复杂的项目任务或需要对特定的任务做更为详细的计划时，可以使用分层的任务网络图。图 7-8 表明，在父图 No. 0 上的任务 P 和 Q 均已分解出对应的两个子图：No. 1 和 No. 2

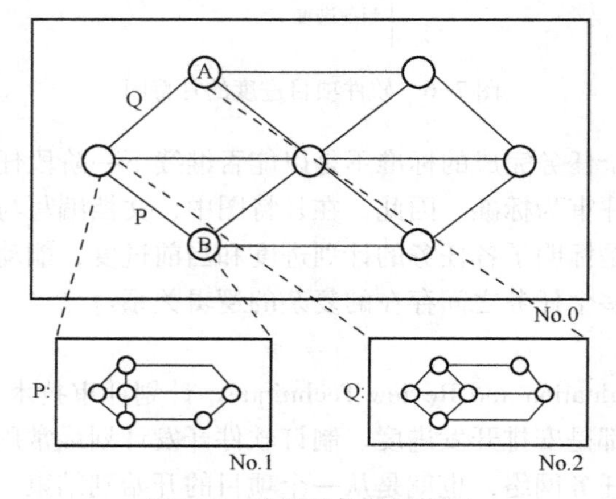

图 7-8　分层的任务网络图

为了有效地使用 PERT 或 CPM 来控制进度安排的实施，可以把网络图及相关的表格存入计算机，并配以相应的软件支持，使它成为强有力的进度计划工具。目前已有在计算机上已实现的相应自动计划调度工具。

需要注意的是，在软件工程项目中必须处理好进度与质量之间的关系。在软件开发实践中常常会遇到当任务未能按计划完成时只好设法加快进度的情况。但事实说明，在进度压力下赶任务，其成果往往是以牺牲产品的质量为代价的。还应当注意到，产品的质量与生产率有着密切的关系，在价格和质量上折中是不可能的，但高质量的软件工程过程为生产者降低成本是可能的。

四、进度的追踪和控制

众所周知，软件项目管理的一项重要工作就是在项目实施过程中进行追踪和控制，可以用不同的方式进行追踪。

1）定期举行项目状态会议。在会上，每一位项目成员报告他的进展和遇到的问题。

2）评价在软件工程过程中所产生的所有评审的结果。

3）确定由项目的计划进度所安排的可能选择的正式的里程碑。

4）比较在项目资源表中所列出的每一个项目任务的实际开始时间和计划开始时间。

5）非正式地与开发人员交谈，以得到他们对开发进展和处于萌芽状态的问题的客观评价。

软件项目管理人员还利用“控制”来管理项目资源、覆盖问题及指导项目工作人员。如果项目按进度安排要求且在预算内实施，各种评审表明进展正常且正在逐步达到里程碑，则控制可以放松一些。但当问题出现的时候，项目管理人员必须实行控制以尽可能快地排解它们。在诊断出问题之后，在问题领域可能需要一些追加资源，人员可能要重新部署，或者项目进度要重新调整。

本章小结

本章介绍了软件项目管理相关的内容，包括软件项目管理工作的主要内容、软件的度量、软件项目的风险评估和成本评估、软件项目的进度管理。本章小结如下。

1）软件项目管理的对象（范围）；软件项目团队的构成和组织；团队沟通。

2）软件产品的范围和问题分解；影响软件过程模型选择的因素；软件项目管理的工作步骤；影响软件项目成败的因素；软件项目的特点；软件项目管理的困难之处。

3）软件度量的范围；直接度量和间接度量；软件度量的分类；面向规模的度量；面向功能的度量，功能点度量方法；软件质量的度量，度量软件质量的属性（正确性、可维护性、完整性、可使用性）。

4）软件项目风险分为项目风险、技术风险和商业风险；风险识别的主要任务；风险估计的活动；风险估计方法；风险评价；风险驾驭步骤；风险监控的主要目标。

5）软件开发的成本估算方法；软件开发的成本估算模型：IBM 模型、Putnam 模型、COCOMO 模型。

6）进度计划与管理；项目团队与工作效率；软件开发工作的并行化；进度安排方法的甘特图；PERT 和 CPM 及相关的定量工具：确定关键路径、应用统计模型、计算边界时间；进度的追踪与控制。

习　题

一、单项选择题

1. 下列关于软件项目管理的叙述中，正确的是【　】。
   A. 软件项目团队中的技术人员越多，软件开发的效率越高
   B. 软件项目管理的对象仅包括软件开发过程和软件产品质量
   C. 软件项目管理需要对软件的风险进行监控
   D. 软件项目管理的重点是保证软件的开发进度
2. 软件开发初期要确定软件的范围，软件的范围包括【　】。
   A. 软件的质量和成本　　B. 软件产品和设计方案
   C. 软件产品和过程　　D. 软件的功能和性能
3. 下列因素中，影响项目开发团队选择软件过程模型的是【　】。
   A. 产品本身的特性　　B. 开发软件所使用的工具

C. 产品的应用领域　　D. 软件的设计方案

4. 下列有关用于成本估算的 IBM 模型的叙述中，正确的是【　】。

A. IBM 模型是静态单变量模型

B. IBM 模型是静态多变量模型

C. IBM 模型是动态单变量模型

D. IBM 模型是动态多变量模型

5. COCOMO 模型用于软件项目的【　】。

A. 进度估算　　B. 风险评估

C. 成本估算　　D. 质量度量

6. 下列选项中，可用于表示软件项目当前进度的工具是【　】。

A. 甘特图　　B. 任务分层图

C. 任务网络图　　D. 应用统计模型

7. 若要保证整个项目能按进度要求完成，下列任务中必须保证完成的部分是【　】。

A. 软件项目中的主要任务　　B. 工作量最大的任务

C. 关键路径上的任务　　D. 难度最高的任务

二、简答题

1. 软件项目管理的主要职能是什么？

2. 软件项目管理的对象是什么？

3. 软件项目启动阶段需要完成的工作包括哪些？

4. 软件质量可以从哪几个方面进行度量？

5. 软件项目的主要商业风险有哪些？

6. 软件开发成本估算方法有哪 3 类？

参考文献

[1] ROGER S P, BRUCE R M. Software Engineering: A Practitioner's Approach [M]. 9th. ed. New York: McGraw Hill, 2021.

[2] WENDY B, MICHAEL B. UML with Rational Rose 从入门到精通 [M]. 邱仲潘，等译. 北京：电子工业出版社，2000.

[3] JAMES R, IVAR J, GRADY B. UML 参考手册 [M]. 姚淑珍，唐发根，等译. 北京：机械工业出版社，2001.

[4] 殷人昆，郑人杰，马素霞，等. 实用软件工程 [M]. 3 版. 北京：清华大学出版社，2010.

[5] FREDERICK P B. 人月神话 [M]. UMLChina，译. 北京：清华大学出版社，2023.

[6] 张海藩，牟永敏. 软件工程导论学习辅导 [M]. 6 版. 北京：清华大学出版社，2013.

[7] 梁洁，金兰. 软件工程实用案例教程 [M]. 2 版. 北京：清华大学出版社，2024.

后　　记

经全国高等教育自学考试指导委员会同意，由电子、电工与信息类专业委员会负责高等教育自学考试《软件工程》教材的审定工作。

本教材由中国石油大学（华东）张琼声副教授编著。参与本教材审稿的有重庆邮电大学李伟生教授、上海交通大学姜丽红教授，谨向他们表示诚挚的谢意。

电子、电工与信息类专业委员会审定通过本教材。

全国高等教育自学考试指导委员会

电子、电工与信息类专业委员会

2023 年 12 月